高 等 数 学

（第 2 版）

主　编　李　敏　张　芳
副主编　王英霞　王　悦

哈爾濱工程大學出版社
Harbin Engineering University Press

内容简介

本教材根据国家《高职高专基础课程基本要求》，结合长期教学实践经验编写而成. 内容尽量保持数学知识体系的连贯完整，又力求适用，简明通俗.

本书共分10章，包括极限与连续、导数与微分、导数的应用、不定积分、定积分、行列式、矩阵、线性方程组、随机变量及其数字特征、参数估计与假设检验.

本书可作为高职专科师范类学生的教材.

图书在版编目(CIP)数据

高等数学／李敏，张芳主编. —2版. —哈尔滨：
哈尔滨工程大学出版社，2018.7(2021.6重印)
ISBN 978-7-5661-2056-4

Ⅰ.①高… Ⅱ.①李… ②张… Ⅲ.①高等数学-高等职业教育-教材 Ⅳ.①O13

中国版本图书馆CIP数据核字(2018)第160218号

选题策划 包国印
责任编辑 薛 力
封面设计 博鑫设计

出版发行 哈尔滨工程大学出版社
社　　址 哈尔滨市南岗区南通大街145号
邮政编码 150001
发行电话 0451-82519328
传　　真 0451-82519699
经　　销 新华书店
印　　刷 哈尔滨市石桥印务有限公司
开　　本 787 mm×1 092 mm 1/16
印　　张 13
字　　数 329千字
版　　次 2018年7月第2版
印　　次 2021年6月第3次印刷
定　　价 39.00元

http://www.hrbeupress.com
E-mail:heupress@hrbeu.edu.cn

前言

本教材的编写,致力于体现当前高职高专教学改革的方针,切实贯彻“理论适度够用,强化技能培养,服务专业教学需求,突出职教改革方向”的指导思想,使课程结构和教学内容更加适合高职专科师范类专业学生的知识需求和接受能力.

教材编写力求做到条理清楚、通俗易懂,注意把基本内容写清楚、写透彻,概念准确,重点突出。本书不追求理论知识体系的系统性,力求将数学教育思想融于数学教学的过程中,体现数学学习的目的在于培养数学应用的能力;在学习基础理论的前提下,突出数学应用技能的训练与培养,促进学生对基本问题解决方法的掌握,体现强化技能训练的特点.

本教材的教学时数约为120课时,教学中可以根据具体专业的要求选择教学内容.

本书由渤海船舶职业学院李敏、张芳担任主编,渤海船舶职业学院王英霞、王悦担任副主编.

本书共10章,第1,5章由王英霞编写,第2,8章由张芳编写,第3章由付文玲编写,第4章由王文成编写,第6,7章由王悦编写,第9,10章由李敏、王殿元、任学军编写。全书由李敏、张芳负责统稿工作.

本书在编写过程中得到许多兄弟学校的支持和帮助,在此深表谢意.

由于编者水平所限,加之时间仓促,书中缺点或错误在所难免,敬请广大读者批评指正.

编者

2018年6月

目　　录

第1章　极限与连续 ······ 1
1.1　函数 ······ 1
1.2　函数的极限 ······ 6
1.3　无穷小量与无穷大量 ······ 10
1.4　函数的连续性与间断点 ······ 13
本章小结 ······ 17
自测与评估(1) ······ 18
第2章　导数与微分 ······ 20
2.1　导数的概念 ······ 20
2.2　函数的求导法则 ······ 26
2.3　高阶导数 ······ 30
2.4　微分的概念及运算 ······ 32
本章小结 ······ 37
自测与评估(2) ······ 37
第3章　导数的应用 ······ 40
3.1　中值定理 ······ 40
3.2　函数单调性的判别 ······ 42
3.3　函数的极值与最值 ······ 44
3.4　函数的凹凸性与拐点 ······ 49
本章小结 ······ 51
自测与评估(3) ······ 51
第4章　不定积分 ······ 54
4.1　不定积分的概念与性质 ······ 54
4.2　换元积分法 ······ 58
4.3　分部积分法 ······ 64
本章小结 ······ 66
自测与评估(4) ······ 67
第5章　定积分 ······ 68
5.1　定积分的概念 ······ 68
5.2　定积分的性质 ······ 71
5.3　微积分的基本公式及定积分的计算 ······ 73
5.4　无穷限的反常积分 ······ 78
5.5　定积分的应用 ······ 80
本章小结 ······ 83
自测与评估(5) ······ 84
第6章　行列式 ······ 86

6.1 n 阶行列式的定义 …… 86
6.2 n 阶行列式的性质 …… 91
6.3 n 阶行列式的计算 …… 95
6.4 克莱姆法则 …… 100
本章小结 …… 103
自测与评估(6) …… 104
第7章 矩阵 …… 107
7.1 矩阵的概念 …… 107
7.2 矩阵的运算 …… 111
7.3 矩阵的逆矩阵 …… 118
7.4 矩阵的秩 …… 123
本章小结 …… 125
自测与评估(7) …… 126
第8章 线性方程组 …… 129
8.1 线性方程组的概念 …… 129
8.2 n 元齐次线性方程组 …… 132
8.3 n 元非齐次线性方程组 …… 135
本章小结 …… 140
自测与评估(8) …… 140
第9章 随机变量及其数字特征 …… 142
9.1 随机变量的概念 …… 142
9.2 随机变量的分布函数及随机变量的函数的分布 …… 145
9.3 几种常见随机变量的分布 …… 148
9.4 随机变量的数字特征 …… 154
本章小结 …… 160
自测与评估(9) …… 161
第10章 参数估计与假设检验 …… 163
10.1 总体、个体和样本 …… 163
10.2 参数的点估计 …… 168
10.3 参数的区间估计 …… 170
10.4 假设检验 …… 173
本章小结 …… 177
自测与评估(10) …… 178
附表 …… 180
附表1 正态分布表 …… 180
附表2 χ^2 分布表 …… 181
附表3 t 分布表 …… 183
附表4 F 分布表 …… 184
参考答案 …… 188
参考文献 …… 200

第1章　极限与连续

函数是高等数学研究的主要对象,也是高等数学中最重要的基本概念之一。本章在中学数学已有的函数知识的基础上,进一步介绍函数的概念及性质、函数极限、无穷小量与无穷大量和函数的连续性。

1.1　函　　数

1.1.1　函数的定义

定义　设有两个变量 x,y,D 是一个给定的数集,若对于 D 中每一个数 x 按照一定的法则 f,总有唯一确定的数值 y 与之对应,则称 y 是 x 的函数,记作 $y=f(x)$. 数集 D 为这个函数的定义域;数集 $M=\{y\mid y=f(x),x\in D\}$ 为函数的值域;x 称为自变量;y 称为因变量.

如果对于自变量 x 的某个确定的值 x_0,由对应法则 f 能够得到一个确定的值 y_0,那么就称函数 $y=f(x)$ 在 x_0 处有定义,y_0 是 $y=f(x)$ 在 x_0 处的函数值,记为 $f(x_0)$ 或 $y\big|_{x=x_0}$.

由函数的定义可知,当函数的定义域和函数的对应关系确定以后,这个函数就完全确定了. 因此,常把函数的定义域和对应关系称为确定函数的两个要素. 两个函数只有当它们的定义域和对应关系完全相同时,这两个函数才认为是相同的.

在定义域的不同范围内用不同的解析式表示的函数称为分段函数. 如函数 $f(x)=\begin{cases}\sqrt{x},x\geqslant 0\\ -x\ \ ,x<0\end{cases}$.

例1　已知分段函数 $f(x)=\begin{cases}2\ ,x<-1\\ 2x,\ -1\leqslant x<2\\ x^2,2\leqslant x<4\end{cases}$,求 $f(0)$,$f[f(-3)]$.

解　$f(0)=2x\big|_{x=0}=0$;　$f[f(-3)]=f(2)=4$.

下列函数是几种常见的分段函数:

1. 绝对值函数

$y=|x|=\begin{cases}x\quad ,x\geqslant 0\\ -x,x<0\end{cases}$,如图1.1所示. $D=(-\infty,+\infty)$, $M=[0,+\infty)$.

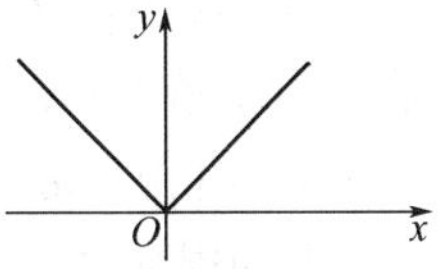

图1.1

2. 符号函数

$y=\operatorname{sgn}x=\begin{cases}-1\ ,x<0\\ 0\quad ,x=0\\ 1\quad ,x>0\end{cases}$,如图1.2所示. $D=(-\infty,+\infty)$, $M=\{-1,0,1\}$.

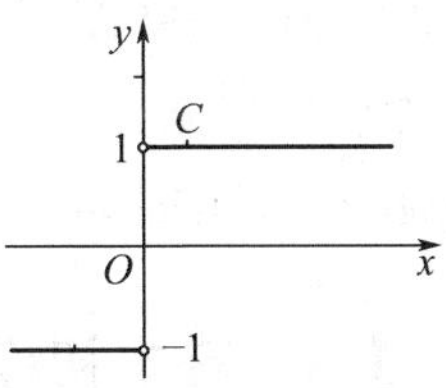

图1.2

3. 取整函数

$y=[x], x\in \mathbf{R}$ $[x]$表示不超过 x 的最大整数,如$[3.38]=3$,$[-6.72]=-7$,$[1]=1$.

1.1.2　反函数

定义　设函数 $y=f(x)$,其定义域为 D,值域为 M. 如果对于 M 中的每一个 $y(y\in M)$的值,都可以从关系式 $y=f(x)$确定唯一的 $x(x\in D)$值与之对应,这样就确定了一个以 y 为自变量的函数,记为 $x=\varphi(y)$或 $x=f^{-1}(y)$,把这个函数称为函数 $y=f(x)$的反函数,它的定义域为 M,值域为 D. 习惯上用 x 表示自变量,y 表示因变量. 因此,函数 $y=f(x)$的反函数可表示为 $y=f^{-1}(x)$. 函数 $y=f(x)$的图像与其反函数 $y=f^{-1}(x)$的图像关于直线 $y=x$ 对称.

求反函数的一般步骤是:从 $y=f(x)$中解出 x,得到 $x=f^{-1}(y)$,再将 x,y 互换,则 $y=f^{-1}(x)$就是 $y=f(x)$的反函数.

例2　求 $y=10^{x+1}$的反函数.

解　由 $y=10^{x+1}$得 $\lg y=x+1$. 所以 $x=\lg y-1$. 互换字母 x,y 得所求反函数: $y=\lg x-1(x>0)$.

1.1.3　函数的几种特性

1. 函数的有界性

如果对属于某一区间 I 的任何 x 的值总有 $|f(x)|\leqslant M$ 成立(M 是一个与 x 无关的非负实数),那么我们称函数 $f(x)$在区间 I 内有界;否则称为无界. 一个函数,如果在它的定义域内有界,称之为有界函数;否则,称之为无界函数. 有界函数的图形必位于两条直线 $y=M$ 与 $y=-M$ 之间.

例如,函数 $y=\cos x$ 是有界函数,因为它在定义域$(-\infty,+\infty)$内有 $|\cos x|\leqslant 1$.

2. 函数的单调性

如果对于区间(a,b)内的任意两点 x_1 及 x_2,当 $x_1<x_2$ 时,总有 $f(x_1)<f(x_2)$,则称函数 $f(x)$在(a,b)内单调递增;当 $x_1<x_2$ 时,总有 $f(x_1)>f(x_2)$,则称函数 $f(x)$在(a,b)内单调递减. 区间(a,b)称为单调区间.

3. 函数的奇偶性

设函数 $y=f(x)$的定义域 D 关于原点对称,如果对于任何 $x\in D$ 有 $f(-x)=f(x)$,则称函数 $f(x)$在 D 上是偶函数;如果有 $f(-x)=-f(x)$,则称函数 $f(x)$在 D 上是奇函数.

偶函数的图形关于 y 轴对称;奇函数的图形关于原点对称.

例如,函数 $y=x^2$,$y=\cos x$,$y=|x|$是偶函数;$y=x$,$y=\tan x$,$y=\lg(\sqrt{x^2+1}+x)$是奇函数;$y=x^2+x-1$,$y=\ln x$,$y=\sqrt{x}+\cos x$ 是非奇非偶函数.

4. 函数的周期性

设函数 $y=f(x)$在数集 D 上有定义,若存在一正数 T,对于任何 $x\in D$ 有 $x+T\in D$,且 $f(x+T)=f(x)$,则称函数 $y=f(x)$是周期函数,T 称为 $f(x)$的周期. 通常我们说函数的周期是指最小正周期.

例如,$y=A\sin(\omega x+\varphi)$的周期是 $T=\dfrac{2\pi}{|\omega|}$,$y=A\tan(\omega x+\varphi)$的周期是 $T=\dfrac{\pi}{|\omega|}$.

1.1.4　基本初等函数

我们学过的六类函数:常函数 $y=c$(c 为常数);幂函数 $y=x^{\mu}$(μ 为实数);指数函数 $y=$

$a^x(a>0,a\neq1)$;对数函数 $y=\log_a x(a>0,a\neq1)$;三角函数 $y=\sin x,y=\cos x,y=\tan x$, $y=\cot x$, $y=\sec x,y=\csc x$;反三角函数 $y=\arcsin x,y=\arccos x,y=\arctan x,y=\text{arccot}\, x$ 统称为基本初等函数. 现将它们的定义域、值域、图像和性质列表,见表 1.1.

表 1.1

函　　数	表达式	定义域与值域	图　　象	特　　性
常函数	$y=c$	$x\in(-\infty,+\infty)$ $y\in\{c\}$	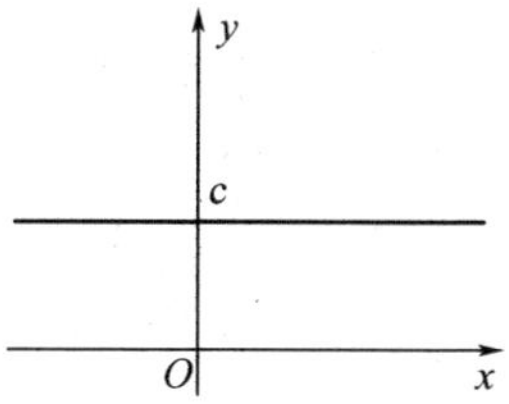	偶函数
幂函数	$y=x^{\mu}$	定义域与值域随 μ 的不同而不同,但不论 μ 取什么值,函数在 $(0,+\infty)$ 内总有定义	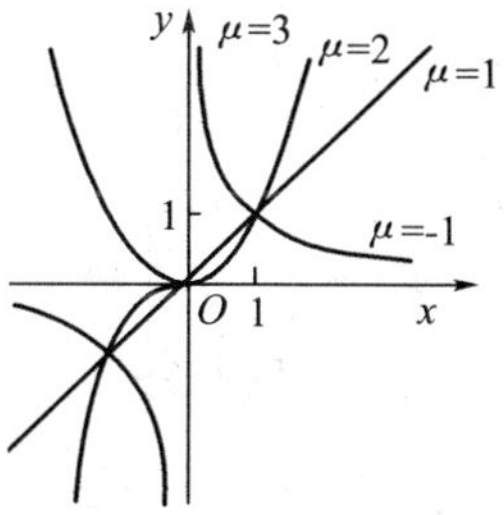	若 $\mu>0$, x^{μ} 在 $[0,+\infty)$ 单调增加,若 $\mu<0$, x^{μ} 在 $(0,+\infty)$ 单调减少
指数函数	$y=a^x$ $a>0,a\neq1$	$x\in(-\infty,+\infty)$ $y\in(0,+\infty)$	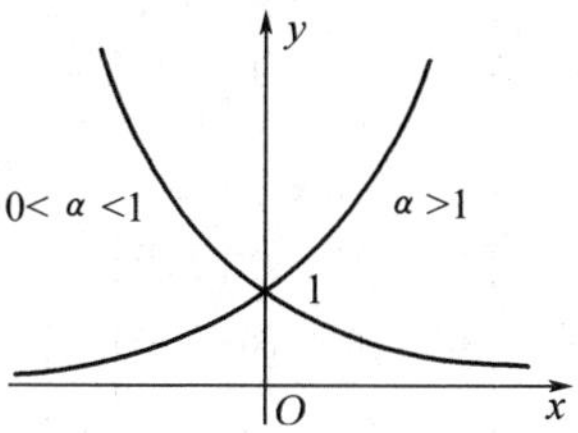	若 $a>1$, a^x 单调增加,若 $0<a<1$, a^x 单调减少
对数函数	$y=\log_a x$ $a>0,a\neq1$	$x\in(0,+\infty)$ $y\in(-\infty,+\infty)$	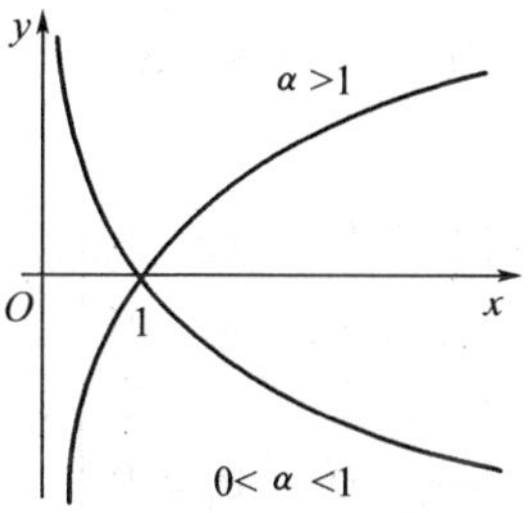	若 $a>1$, $\log_a x$ 单调增加,若 $0<a<1$, $\log_a x$ 单调减少

续表 1.1

函　　数	表达式	定义域与值域	图　　象	特　　性
正弦函数	$y=\sin x$	$x\in(-\infty,+\infty)$ $y\in[-1,+1]$	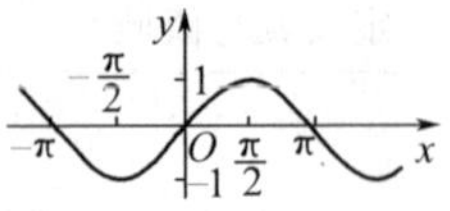	奇函数,周期为 2π,有界,在 $\left(2k\pi-\frac{\pi}{2},2k\pi+\frac{\pi}{2}\right)$ $(k\in\mathbf{Z})$ 内单调增加,在 $\left(2k\pi+\frac{\pi}{2},2k\pi+\frac{3\pi}{2}\right)$ $(k\in\mathbf{Z})$ 内单调减少
余弦函数	$y=\cos x$	$x\in(-\infty,+\infty)$ $y\in[-1,+1]$	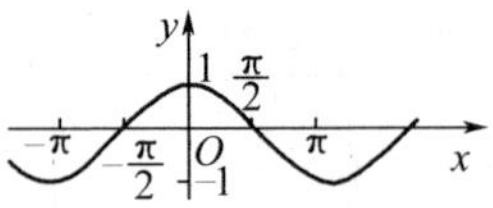	偶函数,周期为 2π,有界,在 $(2k\pi,2k\pi+\pi)$ $(k\in\mathbf{Z})$ 内单调减少,在 $(2k\pi+\pi,2k\pi+2\pi)$ $(k\in\mathbf{Z})$ 内单调增加
正切函数	$y=\tan x$	$x\neq k\pi+\frac{\pi}{2}(k\in\mathbf{Z})$ $y\in(-\infty,+\infty)$	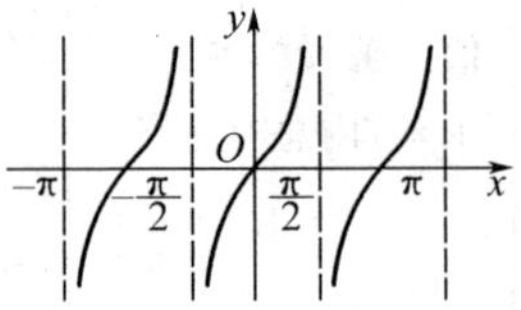	奇函数,周期为 π,在 $\left(k\pi-\frac{\pi}{2},k\pi+\frac{\pi}{2}\right)$ $(k\in\mathbf{Z})$ 内单调增加
余切函数	$y=\cot x$	$x\neq k\pi(k\in\mathbf{Z})$ $y\in(-\infty,+\infty)$	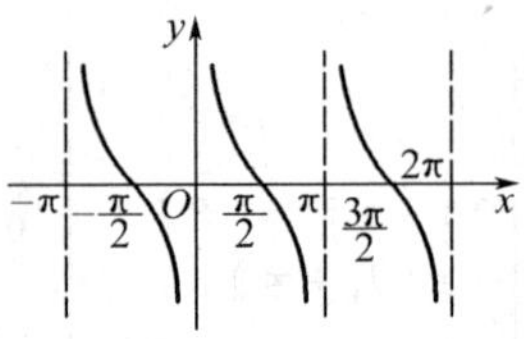	奇函数,周期为 π,在 $(k\pi,k\pi+\pi)$ $(k\in\mathbf{Z})$ 内单调减少
反正弦函数	$y=\arcsin x$	$x\in[-1,+1]$ $y\in\left[-\frac{\pi}{2},\frac{\pi}{2}\right]$	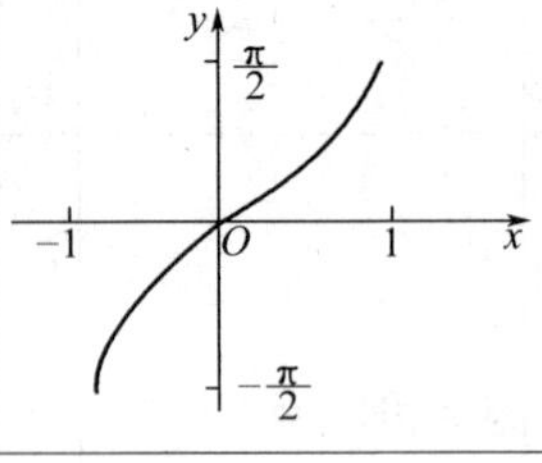	奇函数,单调增加,有界
反余弦函数	$y=\arccos x$	$x\in[-1,+1]$ $y\in[0,\pi]$	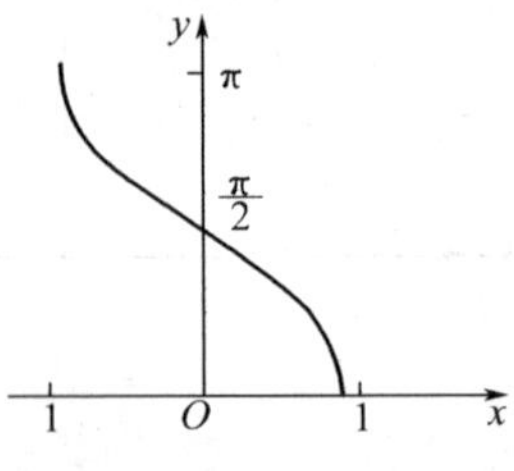	单调减少,有界

续表 1.1

函　数	表达式	定义域与值域	图　象	特　性
反正切函数	$y=\arctan x$	$x\in(-\infty,+\infty)$ $y\in\left(-\dfrac{\pi}{2},\dfrac{\pi}{2}\right)$	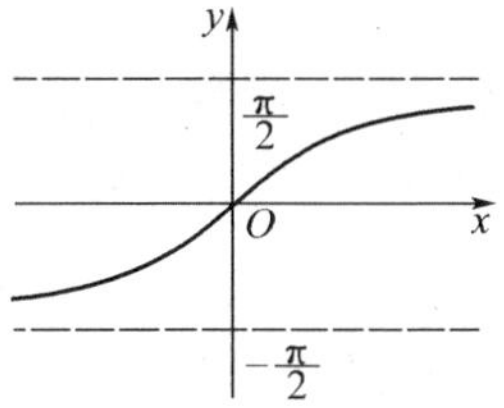	奇函数,单调增加,有界
反余切函数	$y=\operatorname{arccot} x$	$x\in(-\infty,+\infty)$ $y\in(0,\pi)$	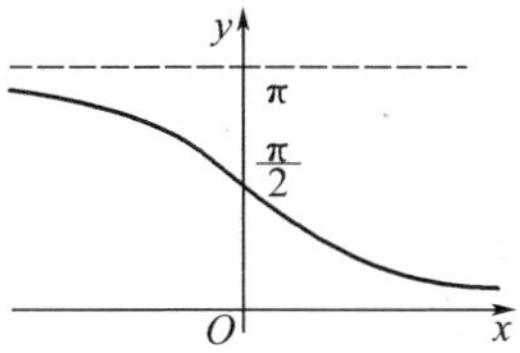	单调减少,有界

1.1.5　复合函数

定义　设 y 是 u 的函数 $y=f(u)$,u 是 x 的函数 $u=\varphi(x)$,如果 $u=\varphi(x)$ 的值域或其部分包含在 $y=f(u)$ 的定义域中,则通过变量 u 确定的 y 与 x 之间的对应关系称为由函数 $y=f(u)$ 与 $u=\varphi(x)$ 构成的复合函数,记为 $y=f[\varphi(x)]$. 其中,x 是自变量;u 是中间变量.

例如,函数 $y=\sin^2 x$ 不是基本初等函数,但它可以看作是由基本初等函数 $y=u^2$ 和 $u=\sin x$ 复合而成的复合函数.

例 3　设 $f(x)=e^x$,$\varphi(x)=\arccos x$,求 $f\left(\dfrac{1}{x}\right)$;$f[\varphi(x)]$;$\varphi[f(x)]$.

解　$f\left(\dfrac{1}{x}\right)=e^{\frac{1}{x}}$;

$f[\varphi(x)]=e^{\varphi(x)}=e^{\arccos x}$;

$\varphi[f(x)]=\arccos f(x)=\arccos e^x$.

但是并非任何两个函数都可以复合,例如:$y=\arcsin u$ 和 $u=2+x^2$ 就不能构成复合函数. 因为 $2+x^2\geqslant 2$,$y=\arcsin(2+x^2)$ 没有意义.

有时还会遇到由两个以上函数构成的复合函数. 例如,$y=\sqrt{u}$,$u=\sin v$,$v=2x$ 可构成复合函数 $y=\sqrt{\sin 2x}$,这里 u,v 都是中间变量.

例 4　指出下列复合函数的复合过程.

(1) $y=\sqrt{\tan x}$;(2) $y=\sin^3(1+x^2)$.

解　(1) $y=\sqrt{\tan x}$ 是由 $y=\sqrt{u}$(幂函数)和 $u=\tan x$(三角函数)复合而成的;

(2) $y=\sin^3(1+x)$ 是由 $y=u^3$,$u=\sin v$,$v=1+x^2$ 复合而成的.

1.1.6　初等函数

由基本初等函数经过有限次四则运算和有限次的函数复合所构成的并且可用一个式子表示的函数,称为初等函数. 例如 $y=\sqrt{1-2x^2}$,　$y=e^{\sin 2x}$,　$y=\sin^2 x+\dfrac{1}{x}$ 等都是初等函数. 我们研究的绝大多数函数都是初等函数.

习题 1.1

1. 下列各组函数是不是同一函数,为什么?

(1)$f(x)=\lg x^2,g(x)=2\lg x$

(2)$f(x)=x,g(x)=\sqrt{x^2}$

(3)$f(x)=\sin^2x+\cos^2x,g(x)=1$

(4)$f(x)=\sqrt{1-\cos^2x},g(x)=\sin x$

2. 设$f(x)=\dfrac{1}{1-x}$,求$f[f(x)]$.

3. 求下列函数的定义域.

(1)$y=\dfrac{2}{x}-\sqrt{1-x^2}$　　(2)$y=\dfrac{\lg(3-x)}{|x|-1}$

4. 求函数$y=\begin{cases}x^2-1, & 0\leqslant x\leqslant 1\\ x^2, & -1\leqslant x<0\end{cases}$的反函数.

5. 判定下列函数的奇偶性.

(1)$f(x)=x(x+1)(x-1)$　　(2)$f(x)=x\sin x$

(3)$y=2^x$　　(4)$y=e^x-e^{-x}$

6. 指出下列函数是由哪些基本初等函数复合而成的?

(1)$y=\cos^2 e^x$　　(2)$y=\ln\sin x^2$

1.2 函数的极限

1.2.1 函数的极限

1. 自变量趋于有限值时函数的极限

定义 设函数$f(x)$在x_0的某一去心邻域内有定义,如果当x无限接近x_0时,函数值$f(x)$无限接近于某一确定的常数A,则称常数A是函数$f(x)$当$x\to x_0$时的极限. 记作

$$\lim_{x\to x_0}f(x)=A$$

或

$$f(x)\to A(x\to x_0)$$

注:(1)以点a为中心的开区间称作点a的邻域;

(2)点a的邻域去掉中心a后,称作点a的去心邻域. 例如

$$\lim_{x\to 0}2^x=1,\quad \lim_{x\to 1}2^x=2,\quad \lim_{x\to -1}x=-1$$

在上面的定义中,$x\to x_0$是指自变量x从x_0的两侧无限趋近于x_0,但有时我们只需研究自变量x从x_0的左侧或右侧无限地趋近于x_0时,函数$f(x)$的变化趋势.

定义 设函数$f(x)$在x_0的左侧(或右侧)附近有定义,如果自变量x从x_0的左侧(或右侧)无限趋近于x_0时,函数值$f(x)$无限接近于某一确定的常数A,则称常数A是函数$f(x)$当$x\to x_0$时的左(或右)极限,记作

$$\lim_{x\to x_0^-}f(x)=A\quad 或\quad \lim_{x\to x_0^+}f(x)=A$$

由 $x\to x_0$ 时函数 $f(x)$ 的极限的定义，以及左极限和右极限的定义容易得到：函数 $f(x)$ 当 $x\to x_0$ 时极限存在的充分必要条件是左极限及右极限都存在并且相等.

例 1 讨论函数 $f(x)=\begin{cases}x-1, x<0\\0, x=0\\x+1, x>0\end{cases}$，当 $x\to 0$ 时的极限.

解 $\lim\limits_{x\to 0^-}f(x)=\lim\limits_{x\to 0^-}(x-1)=-1$，

$\lim\limits_{x\to 0^+}f(x)=\lim\limits_{x\to 0^+}(x+1)=1.$

当 $x\to 0$ 时，$f(x)$ 的左、右极限都存在但不相等，所以当 $x\to 0$ 时，$f(x)$ 的极限不存在.

2. 自变量趋于无穷大时函数的极限

定义 如果当 x 的绝对值无限增大（记为 $x\to\infty$）时，函数值 $f(x)$ 无限地接近于某一个确定的常数 A，则称常数 A 为函数 $f(x)$ 当 $x\to\infty$ 时的极限. 记作

$$\lim_{x\to\infty}f(x)=A \quad 或 \quad f(x)\to A(x\to\infty)$$

在此定义中，$x\to\infty$ 表示自变量 x 的绝对值无限增大，x 既可以取正值也可以取负值，但有时我们也只需考查 $x>0$（或 $x<0$）且 x 的绝对值无限增大（记作 $x\to+\infty$（或 $x\to-\infty$））时，$f(x)$ 的极限.

定义 如果 $x\to+\infty$（或 $x\to-\infty$）时，函数值 $f(x)$ 无限接近某一个确定的常数 A，则称常数 A 为函数 $f(x)$ 当 $x\to+\infty$（或 $x\to-\infty$）时的极限，记为

$$\lim_{x\to+\infty}f(x)=A \quad 或 \quad \lim_{x\to-\infty}f(x)=A$$

显然，极限 $\lim\limits_{x\to\infty}f(x)$ 存在的充分必要条件是 $\lim\limits_{x\to+\infty}f(x)$ 和 $\lim\limits_{x\to-\infty}f(x)$ 都存在且相等.

例 2 考查 $f(x)=\dfrac{1}{x^2}$ 当 $x\to\infty$ 时的极限.

解 当 $|x|$ 无限增大时，$f(x)=\dfrac{1}{x^2}$ 的值无限接近于零，所以 $\lim\limits_{x\to\infty}\dfrac{1}{x^2}=0$.

例 3 求 $f(x)=\dfrac{1}{2^x}$ 当 $x\to+\infty$ 时的极限.

解 当 x 取正值而且绝对值无限增大时，2^x 也无限增大，从而 $\dfrac{1}{2^x}$ 越来越小，且无限地趋近于零，所以 $\lim\limits_{x\to+\infty}\dfrac{1}{2^x}=0$.

1.2.2 极限的四则运算法则

定理 如果 $\lim f(x)=A$，$\lim g(x)=B$，则

(1) $\lim[f(x)\pm g(x)]=\lim f(x)\pm\lim g(x)=A\pm B$.

(2) $\lim[f(x)\cdot g(x)]=\lim f(x)\cdot\lim g(x)=A\cdot B$.

特别地：① $\lim cf(x)=c\lim f(x)=c\cdot A$（$c$ 是常数）；

② $\lim[f(x)]^n=[\lim f(x)]^n=A^n$（$n$ 是正整数）.

(3) 当 $\lim g(x)=B\neq 0$ 时，$\lim\dfrac{f(x)}{g(x)}=\dfrac{\lim f(x)}{\lim g(x)}=\dfrac{A}{B}$.

注：极限符号下没注明 $x\to x_0$ 或 $x\to\infty$，表示对自变量 x 的任何变化过程对极限的四则运算法则均成立.

例4 求极限 $\lim\limits_{x\to2}(2x^3-x^2+1)$.

解 $\lim\limits_{x\to2}(2x^3-x^2+1)=\lim\limits_{x\to2}2x^3-\lim\limits_{x\to2}x^2+\lim\limits_{x\to2}1=2\times2^3-2^2+1=13.$

例5 求极限 $\lim\limits_{x\to1}(x^2+1)(2x+3)$.

解 $\lim\limits_{x\to1}(x^2+1)(2x+3)=\lim\limits_{x\to1}(x^2+1)\cdot\lim\limits_{x\to1}(2x+3)=(\lim\limits_{x\to1}x^2+\lim\limits_{x\to1}1)\cdot(\lim\limits_{x\to1}2x+\lim\limits_{x\to1}3)=2\times5=10.$

例6 求极限 $\lim\limits_{x\to2}\dfrac{x^3-1}{x^2-5x+3}$.

解 $\lim\limits_{x\to2}\dfrac{x^3-1}{x^2-5x+3}=\dfrac{\lim\limits_{x\to2}(x^3-1)}{\lim\limits_{x\to2}(x^2-5x+3)}=\dfrac{2^3-1}{2^2-5\times2+3}=-\dfrac{7}{3}.$

例7 求极限 $\lim\limits_{x\to2}\dfrac{x-2}{x^2-4}$.

解 当 $x\to2$ 时,分子及分母的极限都是零,于是分子、分母不能分别取极限,因分子及分母有公因式 $x-2$,而当 $x\to2$ 时,$x\neq2$,$x-2\neq0$,可以约去这个不为零的公因式. 所以

$$\lim_{x\to2}\frac{x-2}{x^2-4}=\lim_{x\to2}\frac{x-2}{(x-2)(x+2)}=\lim_{x\to2}\frac{1}{x+2}=\frac{1}{4}$$

例8 求极限 $\lim\limits_{x\to1}\dfrac{x-1}{\sqrt{x}-1}$.

解 $\lim\limits_{x\to1}\dfrac{x-1}{\sqrt{x}-1}=\lim\limits_{x\to1}\dfrac{(\sqrt{x}+1)(\sqrt{x}-1)}{\sqrt{x}-1}=\lim\limits_{x\to1}(\sqrt{x}+1)=2.$

例9 求极限 $\lim\limits_{x\to\infty}\dfrac{2x^2-2x-1}{3x^2-4x+3}$.

解 先用 x^2 去除分子和分母,然后取极限.

$$\lim_{x\to\infty}\frac{2x^2-2x-1}{3x^2-4x+3}=\lim_{x\to\infty}\frac{2-\frac{2}{x}-\frac{1}{x^2}}{3-\frac{4}{x}+\frac{3}{x^2}}=\frac{\lim\limits_{x\to\infty}2-\lim\limits_{x\to\infty}\frac{2}{x}-\lim\limits_{x\to\infty}\frac{1}{x^2}}{\lim\limits_{x\to\infty}3-\lim\limits_{x\to\infty}\frac{4}{x}+\lim\limits_{x\to\infty}\frac{3}{x^2}}=\frac{2-0-0}{3-0+0}=\frac{2}{3}$$

例10 求极限 $\lim\limits_{x\to\infty}\dfrac{3x^2-2x-4}{2x^3-x+3}$.

解 先用 x^3 去除分子和分母,然后取极限,得

$$\lim_{x\to\infty}\frac{3x^2-2x-4}{2x^3-x+3}=\lim_{x\to\infty}\frac{\frac{3}{x}-\frac{2}{x^2}-\frac{4}{x^3}}{2-\frac{1}{x^2}+\frac{3}{x^3}}=\frac{0}{2}=0$$

1.2.3 两个重要极限

1. 重要极限Ⅰ

$$\lim_{x\to0}\frac{\sin x}{x}=1$$

上式更直观的结构式为

$$\lim_{f(x)\to0}\frac{\sin f(x)}{f(x)}=1$$

重要极限 Ⅰ 称为"$\frac{0}{0}$"型的未定式.

例 11　求$\lim\limits_{x\to 0}\frac{\sin 2x}{x}$.

解　$\lim\limits_{x\to 0}\frac{\sin 2x}{x}=\lim\limits_{x\to 0}\frac{\sin 2x}{2x}\cdot 2=2\lim\limits_{x\to 0}\frac{\sin 2x}{2x}=2\cdot 1=2$.

例 12　求$\lim\limits_{x\to 0}\frac{\tan x}{x}$.

解　$\lim\limits_{x\to 0}\frac{\tan x}{x}=\lim\limits_{x\to 0}\frac{\sin x}{x}\cdot\frac{1}{\cos x}=\lim\limits_{x\to 0}\frac{\sin x}{x}\cdot\lim\limits_{x\to 0}\frac{1}{\cos x}=1$.

例 13　求$\lim\limits_{x\to 0}\frac{1-\cos x}{x^2}$.

解　$\lim\limits_{x\to 0}\frac{1-\cos x}{x^2}=\lim\limits_{x\to 0}\frac{2\sin^2\frac{x}{2}}{x^2}=\frac{1}{2}\lim\limits_{x\to 0}\frac{\sin^2\frac{x}{2}}{\left(\frac{x}{2}\right)^2}=\frac{1}{2}\lim\limits_{x\to 0}\left(\frac{\sin\frac{x}{2}}{\frac{x}{2}}\right)^2=\frac{1}{2}\cdot 1^2=\frac{1}{2}$.

例 14　求$\lim\limits_{x\to 2}\frac{\sin(x-2)}{x^2-4}$.

解　$\lim\limits_{x\to 2}\frac{\sin(x-2)}{x^2-4}=\lim\limits_{x\to 2}\frac{\sin(x-2)}{x-2}\cdot\frac{1}{x+2}=\lim\limits_{x\to 2}\frac{\sin(x-2)}{x-2}\cdot\lim\limits_{x\to 2}\frac{1}{x+2}=1\cdot\frac{1}{4}=\frac{1}{4}$.

2. 重要极限 Ⅱ

$$\lim_{x\to\infty}\left(1+\frac{1}{x}\right)^x=\mathrm{e}\quad 或\quad \lim_{x\to 0}(1+x)^{\frac{1}{x}}=\mathrm{e}$$

其结构式可表示为

$$\lim_{f(x)\to\infty}\left[1+\frac{1}{f(x)}\right]^{f(x)}=\mathrm{e}\quad 或\quad \lim_{f(x)\to 0}[1+f(x)]^{\frac{1}{f(x)}}=\mathrm{e}$$

重要极限 Ⅱ 称为"1^∞"型的未定式.

例 15　求$\lim\limits_{x\to\infty}\left(1+\frac{3}{x}\right)^x$.

解　$\lim\limits_{x\to\infty}\left(1+\frac{3}{x}\right)^x=\lim\limits_{x\to\infty}\left(1+\frac{3}{x}\right)^{\frac{x}{3}\cdot 3}=\lim\limits_{x\to\infty}\left[\left(1+\frac{3}{x}\right)^{\frac{x}{3}}\right]^3=\mathrm{e}^3$.

例 16　求$\lim\limits_{x\to\infty}\left(1-\frac{1}{2x}\right)^{x+1}$.

解　$\lim\limits_{x\to\infty}\left(1-\frac{1}{2x}\right)^{x+1}=\lim\limits_{x\to\infty}\left(1-\frac{1}{2x}\right)^x\lim\limits_{x\to\infty}\left(1-\frac{1}{2x}\right)=\lim\limits_{x\to\infty}\left[\left(1+\frac{1}{-2x}\right)^{-2x}\right]^{-\frac{1}{2}}\cdot 1=\mathrm{e}^{-\frac{1}{2}}$.

例 17　求$\lim\limits_{x\to 0}(1-3x)^{\frac{1}{x}}$.

解　$\lim\limits_{x\to 0}(1-3x)^{\frac{1}{x}}=\lim\limits_{x\to 0}(1-3x)^{\frac{1}{-3x}\cdot(-3)}=\left[\lim\limits_{x\to 0}(1-3x)^{\frac{1}{-3x}}\right]^{-3}=\mathrm{e}^{-3}$.

习题 1.2

1. 求函数极限.

(1) $\lim\limits_{x\to 2}\frac{x^2+5}{x-3}$　　　　(2) $\lim\limits_{x\to 0}\frac{x^2-1}{2x^2-x-1}$

(3) $\lim\limits_{x\to1}\dfrac{\sqrt{1+x}-2}{x-3}$ (4) $\lim\limits_{x\to1}\dfrac{x^2-2x+1}{x^2-1}$

2. 求函数极限.

(1) $\lim\limits_{x\to\infty}\left(2-\dfrac{1}{x}+\dfrac{1}{x^2}\right)$ (2) $\lim\limits_{x\to\infty}\dfrac{x^2-1}{2x^2-x-1}$

(3) $\lim\limits_{x\to\infty}\dfrac{x^2-6x+8}{x^4+4}$

3. 求函数极限.

(1) $\lim\limits_{x\to2}\dfrac{\sin(x^2-4)}{x-2}$ (2) $\lim\limits_{x\to0}\dfrac{\sin 2x}{\sin 3x}$

(3) $\lim\limits_{x\to\infty}\left(\dfrac{1+x}{x}\right)^{2x}$ (4) $\lim\limits_{x\to0}(1-2x)^{\frac{1}{x}}$

1.3 无穷小量与无穷大量

1.3.1 无穷小量

1. 无穷小量的定义

如果当自变量 $x\to x_0$(或 $x\to\infty$)时,函数 $f(x)$ 的极限值为零,则称函数 $f(x)$ 为当 $x\to x_0$(或 $x\to\infty$)时的无穷小量(简称无穷小).无穷小量常用希腊字母 α,β,γ 来表示.

例如:$\lim\limits_{x\to1}(x^3-1)=0$,而$\lim\limits_{x\to0}(x^3-1)=-1$;$\lim\limits_{x\to\infty}\dfrac{1}{x}=0$,而$\lim\limits_{x\to1}\dfrac{1}{x}=1$.

我们称当 $x\to1$ 时,x^3-1 为无穷小量,而当 $x\to0$ 时,x^3-1 不是无穷小量.同样称当 $x\to\infty$ 时,$\dfrac{1}{x}$为无穷小量,而当 $x\to1$ 时,$\dfrac{1}{x}$不是无穷小量.

注意 无穷小量是以零为极限的变量,任意一个常数,无论多么小(比如百万分之一),只要不等于零,就都不是无穷小量;零是唯一可以作为无穷小的常数.

2. 无穷小量的性质

性质1 有限个无穷小量之和仍为无穷小量.

性质2 有界变量与无穷小量之积仍为无穷小量.

由性质1,2可以得到下面两个推论:

推论1 常数与无穷小的乘积是无穷小.

推论2 有限个无穷小的乘积也是无穷小.

3. 无穷小量与函数极限的关系

当 $x\to x_0$ 时,如果 $f(x)$ 无限接近常数 A,则 $f(x)-A\to0$,即当 $x\to x_0$ 时,$f(x)-A$ 是无穷小量,这时 $f(x)$ 可表示为

$$f(x)=A+\alpha$$

其中,α 是 $x\to x_0$ 时的无穷小量.

反之,若 $f(x)=A+\alpha$(其中 α 是 $x\to x_0$ 时的无穷小量),那么当 $x\to x_0$ 时,$f(x)-A\to0$,这时 $f(x)$ 无限接近常数 A,即当 $x\to x_0$ 时,$f(x)$ 的极限为 A.

由上面的讨论我们得到无穷小与函数极限的关系:

定理 1　在自变量的同一变化过程中,函数 $f(x)$ 具有极限 A 的充分必要条件是

$$f(x) = A + \alpha$$

其中 α 是无穷小量.

例 1　求极限 $\lim\limits_{x\to\infty}\dfrac{1}{x}\sin x$.

解　因为当 $x\to\infty$ 时,$\dfrac{1}{x}$ 是无穷小,而 $|\sin x|\leqslant 1$,即函数 $\sin x$ 是有界函数,由性质 2 可知,$\dfrac{1}{x}\sin x$ 是无穷小量,所以 $\lim\limits_{x\to\infty}\dfrac{1}{x}\sin x = 0$.

1.3.2　无穷大量

1. 无穷大量的定义

如果当自变量 $x\to x_0$(或 $x\to\infty$)时,$f(x)$ 的绝对值无限增大,则称 $f(x)$ 为当 $x\to x_0$(或 $x\to\infty$)时的无穷大量,记作 $\lim f(x) = \infty$.

当 $x\to 0$ 时,$\dfrac{1}{x}$ 为无穷大量,记作 $\lim\limits_{x\to 0}\dfrac{1}{x} = \infty$;当 $x\to -\dfrac{\pi}{2}$ 时,$\tan x$ 为无穷大量,记为 $\lim\limits_{x\to -\frac{\pi}{2}}\tan x = -\infty$.

注意　和无穷小一样,无穷大是一个变量,一个确定的常数无论它有多大(如 10 亿)都不是无穷大.

2. 无穷大量与无穷小量的关系

定理 2　在自变量的同一变化过程中,如果 $f(x)$ 为无穷大量,则 $\dfrac{1}{f(x)}$ 为无穷小量;反之,如果 $f(x)$ 为无穷小量,且 $f(x)\neq 0$,则 $\dfrac{1}{f(x)}$ 为无穷大量.

例如,当 $x\to 0$ 时,$3x$ 是无穷小量,则当 $x\to 0$ 时,$\dfrac{1}{3x}$ 为无穷大量.

当 $x\to\infty$ 时,x^2+1 是无穷大量,则当 $x\to\infty$ 时,$\dfrac{1}{x^2+1}$ 为无穷小量.

例 2　求 $\lim\limits_{x\to\infty}\dfrac{2x^3-x+3}{3x^2-2x-4}$.

解　由 1.2 节例 10,已知 $\lim\limits_{x\to\infty}\dfrac{3x^2-2x-4}{2x^3-x+3} = 0$,即当 $x\to\infty$ 时,$\dfrac{3x^2-2x-4}{2x^3-x+3}$ 是无穷小量,再根据无穷大与无穷小的关系可知,当 $x\to\infty$ 时,$\dfrac{2x^3-x+3}{3x^2-2x-4}$ 是无穷大量,所以

$$\lim_{x\to\infty}\frac{2x^3-x+3}{3x^2-2x-4} = \infty$$

1.3.3　无穷小的比较

由无穷小的性质可知,两个无穷小的和、差及乘积仍旧是无穷小. 但是,关于两个无穷小的商,却会出现不同的情况,例如,当 $x\to 0$ 时,$x, x^2, \sin x$ 都是无穷小,而

$$\lim_{x\to 0}\frac{x^2}{x} = 0,\quad \lim_{x\to 0}\frac{x}{x^2} = \infty,\quad \lim_{x\to 0}\frac{\sin x}{x} = 1$$

两个无穷小的商的极限有各种不同的情况,反映了不同的无穷小趋于零的"快慢"程度.就上面几个例子来说,在 $x\to0$ 的过程中,$x^2\to0$ 比 $x\to0$"快些",反过来,$x\to0$ 比 $x^2\to0$"慢些",而 $\sin x\to0$ 与 $x\to0$"快慢相仿".下面我们就根据两个无穷小之比的极限,来说明两个无穷小的比较情况.

定义 设 α 及 β 都是同一个自变量的变化过程中的无穷小,且 $\alpha\neq0$,$\lim\dfrac{\beta}{\alpha}$ 也是这个过程中的极限.

如果 $\lim\dfrac{\beta}{\alpha}=0$,就说 β 是比 α 高阶的无穷小,记为 $\beta=o(\alpha)$.

如果 $\lim\dfrac{\beta}{\alpha}=\infty$,就说 β 是比 α 低阶的无穷小.

如果 $\lim\dfrac{\beta}{\alpha}=c\neq0$,就说 β 与 α 是同阶无穷小.

如果 $\lim\dfrac{\beta}{\alpha}=1$,就说 β 与 α 是等价无穷小,记为 $\alpha\sim\beta$.

可见,当 $x\to0$ 时,x^2 是比 x 高阶的无穷小;而 x 是比 x^2 低阶的无穷小;$\sin x$ 与 x 是等价无穷小.

因为 $\lim\limits_{x\to0}\dfrac{2x}{x}=2$,所以当 $x\to0$ 时,$2x$ 与 x 是同阶无穷小.

关于等价无穷小有下面的定理.

定理3 设 $\alpha\sim\alpha'$,$\beta\sim\beta'$,且 $\lim\dfrac{\beta'}{\alpha'}$ 存在,则

$$\lim\frac{\beta}{\alpha}=\lim\frac{\beta'}{\alpha'}$$

证明 $\lim\dfrac{\beta}{\alpha}=\lim\left(\dfrac{\beta}{\beta'}\cdot\dfrac{\beta'}{\alpha'}\cdot\dfrac{\alpha'}{\alpha}\right)=\lim\dfrac{\beta}{\beta'}\cdot\lim\dfrac{\beta'}{\alpha'}\cdot\lim\dfrac{\alpha'}{\alpha}=\lim\dfrac{\beta'}{\alpha'}$.

例3 求 $\lim\limits_{x\to0}\dfrac{\sin 2x}{\sin 3x}$.

解 当 $x\to0$ 时,$\sin 2x\sim2x$,$\sin 3x\sim3x$,所以 $\lim\limits_{x\to0}\dfrac{\sin 2x}{\sin 3x}=\lim\limits_{x\to0}\dfrac{2x}{3x}=\dfrac{2}{3}$.

习题1.3

1. 选择题.

(1)下列运算中正确的是(   ).

A. $\lim\limits_{x\to0}x\sin\dfrac{1}{x}=1$　　B. $\lim\limits_{x\to\infty}\dfrac{\sin x}{x}=1$

C. $\lim\limits_{x\to\infty}x\sin\dfrac{1}{x}=0$　　D. $\lim\limits_{x\to\infty}x\sin\dfrac{1}{x}=1$

(2)当 $x\to1^+$ 时,下列函数为无穷大量的是(   ).

A. $3^{\frac{1}{x-1}}$　　B. $\dfrac{x^2-1}{x-1}$

C. $\dfrac{1}{x}$　　D. $\dfrac{x-1}{x^2-1}$

(3)当 $x\to 0$ 时,为无穷小的是(　　).

A. e^x　　B. $\sin x+1$　　C. $\frac{\sin x}{x}$　　D. $(x^2+x)\sin\frac{1}{x}$

2. 当 $x\to 0$ 时,$2x-x^2$ 与 x^2-x^3 相比,哪一个是高阶无穷小?

3. 当 $x\to 1$ 时,$1-x$ 与 $1-x^3$,$\frac{1}{2}(1-x^2)$是否同阶,是否等价?

4. 利用等价无穷小的性质,求下列极限:

(1)$\lim\limits_{x\to 0}\frac{\tan 2x}{3x}$　　(2)$\lim\limits_{x\to 0}\frac{\sin^2 2x}{x^2}$　　(3)$\lim\limits_{x\to 0}\frac{\sin^3 x}{\sin x^2}$

1.4　函数的连续性与间断点

1.4.1　函数连续性的概念

自然界中有许多现象,如气温的变化、人的身高的增长等,都是连续地变化着的,这种现象在函数关系上的反映就是函数的连续性,例如,就气温的变化来看,当时间变动很小时,气温的变动也很微小,这个特点就是所谓的连续性.

定义　设函数 $y=f(x)$ 在点 x_0 的某个邻域内有定义,自变量的增量为 $\Delta x=x-x_0$,相应的函数 y 的增量为 $\Delta y=f(x_0+\Delta x)-f(x_0)$. 如果当自变量的增量趋于零时,函数 y 的增量也趋于零,即

$$\lim_{\Delta x\to 0}\Delta y=0$$

或

$$\lim_{\Delta x\to 0}[f(x_0+\Delta x)-f(x_0)]=0$$

则称函数 $y=f(x)$ 在点 x_0 连续(见图 1.4).

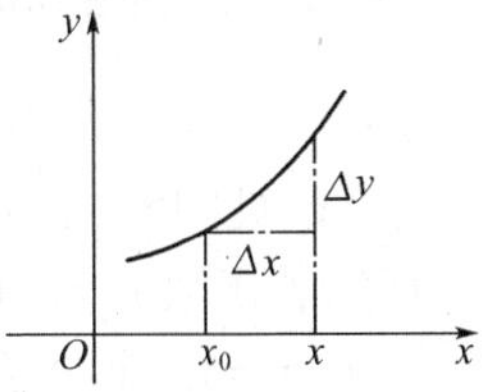

图 1.4

例 1　求证函数 $f(x)=x^2$ 在点 $x=1$ 连续.

证明　$\Delta y=f(1+\Delta x)-f(1)=(1+\Delta x)^2-1^2=2\cdot\Delta x+(\Delta x)^2$,因为 $\lim\limits_{\Delta x\to 0}\Delta y=\lim\limits_{\Delta x\to 0}[2\cdot\Delta x+(\Delta x)^2]=0$,所以函数 $f(x)=x^2$ 在点 $x=1$ 处连续.

为了应用方便,我们把函数 $y=f(x)$ 在点 x_0 连续的定义用下面的方式来表述.

设 $x=x_0+\Delta x$,则 $\Delta x\to 0$ 就是 $x\to x_0$,又由于

$$\Delta y=f(x_0+\Delta x)-f(x_0)=f(x)-f(x_0)$$

即

$$f(x)=f(x_0)+\Delta y$$

可见,$\Delta y\to 0$ 就是 $f(x)\to f(x_0)$,因此 $\lim\limits_{\Delta x\to 0}[f(x_0+\Delta x)-f(x_0)]=0$ 与 $\lim\limits_{x\to x_0}f(x)=f(x_0)$ 相当,所以函数 $y=f(x)$ 在点 x_0 连续的定义可叙述如下:

定义　设函数 $y=f(x)$ 在点 x_0 的某一邻域内有定义,如果

$$\lim_{x\to x_0}f(x)=f(x_0)$$

则称函数 $y=f(x)$ 在点 x_0 连续.

例 2　证明函数 $f(x)=\begin{cases}x^2+1, & x<1\\ 2, & x=1\\ \sqrt{x}+1, & x>1\end{cases}$ 在点 $x=1$ 处连续.

证明　因为 $\lim\limits_{x\to 1^-}f(x)=\lim\limits_{x\to 1^-}(x^2+1)=2$,$\lim\limits_{x\to 1^+}f(x)=\lim\limits_{x\to 1^+}(\sqrt{x}+1)=2$,故 $\lim\limits_{x\to 1}f(x)=2$,又

因为函数值$f(1)=2$,所以$\lim\limits_{x\to 1}f(x)=f(1)$.

因此函数$y=f(x)$在点$x=1$处连续.

下面说明左连续及右连续的概念.

定义 设函数$f(x)$在x_0的左(右)邻域内有定义,若$\lim\limits_{x\to x_0^-}f(x)=f(x_0)$($\lim\limits_{x\to x_0^+}f(x)=f(x_0)$),则称函数$f(x)$在点$x_0$左(右)连续.

根据上述定义有如下定理:

定理1 函数$f(x)$在点x_0连续的充分必要条件是:函数$f(x)$在点x_0处既是左连续,又是右连续.

例3 讨论函数$f(x)=\begin{cases}x+2, x\geqslant 0\\ x-2, x<0\end{cases}$在点$x=0$处的连续性.

解 因为

$$\lim_{x\to 0^+}f(x)=\lim_{x\to 0^+}(x+2)=2$$
$$\lim_{x\to 0^-}f(x)=\lim_{x\to 0^-}(x-2)=-2$$

而$f(0)=2$,所以函数在$x=0$右连续,但不是左连续,从而它在点$x=0$处不连续.

在区间上每一点都连续的函数,称为在该区间上的连续函数,或者说函数在该区间上连续.如果区间包括端点,那么函数在右端点连续是指左连续,在左端点连续是指右连续.

连续函数的图形是一条连续而不间断的曲线.

1.4.2 函数的间断点

定义 若函数$f(x)$在点x_0的某去心邻域内有定义,且函数$f(x)$在点x_0处不连续,则称$f(x)$在点x_0处间断,点x_0称为函数$f(x)$的间断点.

可见,若函数$f(x)$有下列三种情形之一:

(1)在$x=x_0$处没定义;

(2)在$x=x_0$处有定义,但$\lim\limits_{x\to x_0}f(x)$不存在;

(3)在$x=x_0$处有定义,且$\lim\limits_{x\to x_0}f(x)$存在,但$\lim\limits_{x\to x_0}f(x)\neq f(x_0)$.

则$f(x)$在点x_0处间断,点x_0为函数$f(x)$的间断点.

若函数$f(x)$在间断点x_0处的左、右极限都存在,则称x_0为函数的第一类间断点.不是第一类间断点的任何间断点都称为第二类间断点.在第一类间断点中,左、右极限相等(即极限存在)的点称为函数的可去间断点;左、右极限不相等的点称为函数的跳跃间断点.

例4 讨论函数$y=\dfrac{x^2-1}{x-1}$在点$x=1$的连续性.

解 函数$y=\dfrac{x^2-1}{x-1}$在点$x=1$没有定义,所以函数在点$x=1$处不连续,但这里

$$\lim_{x\to 1}\frac{x^2-1}{x-1}=\lim_{x\to 1}(x+1)=2$$

所以$x=1$是该函数的可去间断点.如果补充定义:令$x=1$时,$y=2$,则所给函数在$x=1$连续.

例5 讨论函数$f(x)=\begin{cases}2x, & -1<x<0\\ 2, & x=0\\ x^2, & 0<x<2\end{cases}$ 在$x=0$处的连续性.

解　这里 $\lim\limits_{x\to0^-}f(x)=\lim\limits_{x\to0^-}2x=0$，$\lim\limits_{x\to0^+}f(x)=\lim\limits_{x\to0^+}x^2=0$. 所以 $\lim\limits_{x\to0}f(x)=0$，但是 $f(0)=2$，因而 $\lim\limits_{x\to0}f(x)\neq f(0)$.

故函数 $f(x)$ 在 $x=0$ 处间断，$x=0$ 为可去间断点. 如果改变函数在 $x=0$ 处的定义：令 $f(0)=0$，则 $f(x)$ 在 $x=0$ 处连续.

例 6　讨论函数 $f(x)=\begin{cases}x^2+1, & x<0\\ x, & x\geqslant0\end{cases}$ 在 $x=0$ 处的连续性.

解　因 $\lim\limits_{x\to0^-}f(x)=\lim\limits_{x\to0^-}(x^2+1)=1$，$\lim\limits_{x\to0^+}f(x)=\lim\limits_{x\to0^+}x=0$. 函数在 $x=0$ 处左、右极限存在但不相等，故 $x=0$ 为跳跃间断点.

例 7　讨论函数 $f(x)=\dfrac{1}{x}$ 在点 $x=0$ 处的连续性.

解　函数在 $x=0$ 处没有定义，所以函数在 $x=0$ 处间断.

而 $f(x)=\dfrac{1}{x}$ 在 $x=0$ 处左、右极限都不存在，所以 $x=0$ 是第二类间断点.

1.4.3　初等函数的连续性

1. 连续函数的和、差、积、商的连续性

由函数在某点连续的定义和极限四则运算法则，可以得出下面的定理.

定理 2　设函数 $f(x)$ 和 $g(x)$ 在点 x_0 处连续，则它们的和（差）$f(x)\pm g(x)$、积 $f(x)\cdot g(x)$ 及商 $\dfrac{f(x)}{g(x)}$（当 $g(x_0)\neq0$ 时）都在点 x_0 处连续.

2. 复合函数的连续性

定理 3　设函数 $u=g(x)$ 在 $x=x_0$ 处连续，$y=f(u)$ 在 $u_0=g(x_0)$ 处连续，则复合函数 $y=f[g(x)]$ 在 x_0 处连续.

定理的结论可以表述为

$$\lim_{x\to x_0}f[g(x)]=f[g(x_0)]=f[\lim_{x\to x_0}g(x)]$$

即在满足定理的条件下，极限符号 $\lim\limits_{x\to x_0}$ 与函数符号 f 可以交换次序.

定理 4　如果 $\lim g(x)=u_0$，函数 $y=f(u)$ 在 $u=u_0$ 处连续，则

$$\lim f[g(x)]=f[\lim g(x)]=f(u_0)$$

通过前面对基本初等函数的讨论，我们知道基本初等函数及常数函数在定义域内连续. 由函数的和、差、积、商的连续性以及复合函数的连续性可得：一切初等函数在定义域内都是连续的.

例 8　求 $\lim\limits_{x\to\frac{\pi}{6}}\ln(2\cos 2x)$.

解　$\lim\limits_{x\to\frac{\pi}{6}}\ln(2\cos 2x)=\ln\left(2\cos 2\cdot\dfrac{\pi}{6}\right)=\ln 1=0.$

例 9　求 $\lim\limits_{x\to2}\left(\dfrac{1}{x-2}-\dfrac{4}{x^2-4}\right)$.

解　原式 $=\lim\limits_{x\to2}\dfrac{(x+2)-4}{(x-2)(x+2)}=\lim\limits_{x\to2}\dfrac{x-2}{(x-2)(x+2)}=\lim\limits_{x\to2}\dfrac{1}{(x+2)}=\dfrac{1}{4}.$

例 10　求 $\lim\limits_{x\to0}\dfrac{\ln(1+2x)}{x}$.

解 原式 $=\lim\limits_{x\to 0}\ln(1+2x)^{\frac{1}{x}}=\ln[\lim\limits_{x\to 0}(1+2x)^{\frac{1}{x}}]=\ln\lim\limits_{x\to 0}[(1+2x)^{\frac{1}{2x}}]^2=\ln e^2=2.$

例 11 求 $\lim\limits_{x\to 0}\dfrac{\sqrt{x+1}-1}{\sin x}$.

解 原式 $=\lim\limits_{x\to 0}\dfrac{(\sqrt{x+1}-1)(\sqrt{x+1}+1)}{(\sqrt{x+1}+1)\sin x}=\lim\limits_{x\to 0}\dfrac{x}{(\sqrt{x+1}+1)\sin x}=\lim\limits_{x\to 0}\dfrac{1}{(\sqrt{x+1}+1)}=\dfrac{1}{2}.$

例 12 求 $\lim\limits_{x\to +\infty}x(\sqrt{x^2+1}-x)$.

解 原式 $=\lim\limits_{x\to +\infty}\dfrac{x(\sqrt{x^2+1}-x)(\sqrt{x^2+1}+x)}{(\sqrt{x^2+1}+x)}=\lim\limits_{x\to +\infty}\dfrac{1}{\left(\sqrt{1+\dfrac{1}{x}}+1\right)}=\dfrac{1}{2}.$

1.4.4 闭区间上连续函数的性质

由函数在区间上连续的概念可知,如果函数 $f(x)$ 在开区间 (a,b) 内连续,在右端点 b 左连续,在左端点 a 右连续,那么函数 $f(x)$ 就在闭区间 $[a,b]$ 上连续. 闭区间上有些很重要的性质.

性质 1(最大值最小值定理) 如果函数 $f(x)$ 在闭区间 $[a,b]$ 上连续,则 $f(x)$ 在 $[a,b]$ 上必能取得最大值 M 和最小值 m(见图 1.5).

性质 2(介值定理) 设函数 $f(x)$ 在闭区间 $[a,b]$ 上连续,且在这区间的端点取不同的函数值

$$f(a)=A \quad 及 \quad f(b)=B$$

那么,对于 A 与 B 之间的任意一个数 C,在开区间 (a,b) 内至少有一点 ξ,使得

$$f(\xi)=C \quad (a<\xi<b)$$

介值定理的几何意义是:连续曲线弧 $y=f(x)$ 与水平直线 $y=C$ 至少相交于一点(见图1.6).

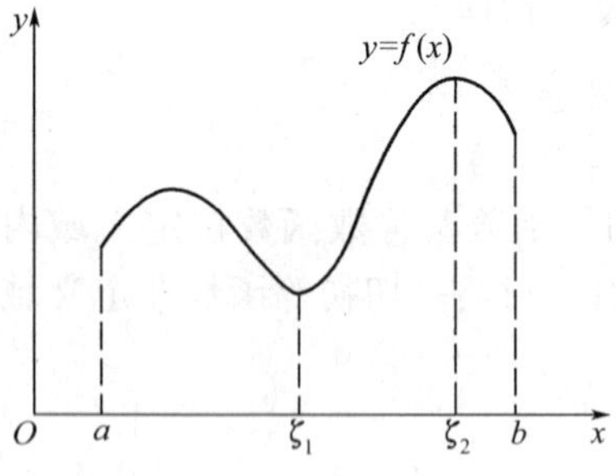

图 1.5

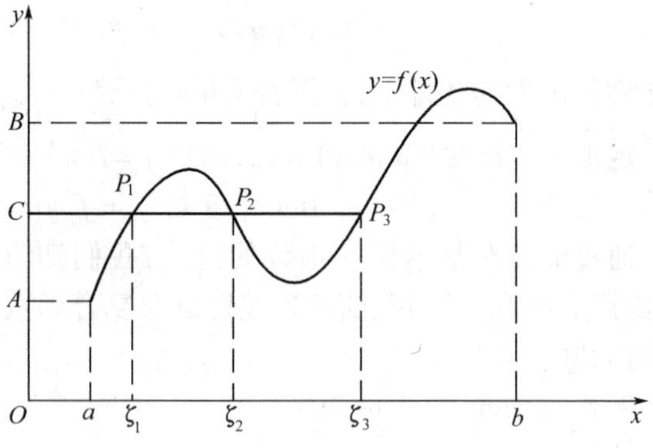

图 1.6

推论 1(零点定理) 设函数 $f(x)$ 在闭区间 $[a,b]$ 上连续,且 $f(a)$ 与 $f(b)$ 异号(即 $f(a)\cdot f(b)<0$),那么在开区间 (a,b) 内至少有一点 ξ,使得

$$f(\xi)=0$$

从几何上看,零点定理表示:如果连续曲线弧 $y=f(x)$ 的两个端点位于 x 轴的不同侧,那么这段曲线弧与 x 轴至少有一个交点.

推论 2 在闭区间上的连续函数必取得介于最大值 M 与最小值 m 之间的任何值.

例 13　证明方程 $x^4-3x-1=0$ 至少有一个根介于 1 和 2 之间.

证明　函数 $f(x)=x^4-3x-1$ 在闭区间 $[1,2]$ 上连续，又

$$f(1)=-3<0,\quad f(2)=9>0$$

根据零点定理，在 $(1,2)$ 内至少有一点 ξ，使得 $f(\xi)=0$，即

$$\xi^4-3\xi-1=0\quad(1<\xi<2)$$

所以方程 $x^4-3x-1=0$ 至少有一个根介于 1 和 2 之间.

习题 1.4

1. 选择题

(1) 设 $f(x)=\dfrac{\sin ax}{x}(x\neq0)$ 在 $x=0$ 处连续，且 $f(0)=-4$，则 $a=$(　　).

A. 4　　B. -4　　C. $-\dfrac{1}{2}$　　D. $\dfrac{1}{2}$

(2) 设函数 $f(x)=\begin{cases}\dfrac{\sqrt{x+4}-2}{x}, & x\neq0\\ k, & x=0\end{cases}$ 在点 $x=0$ 处连续，则 k 等于(　　).

A. 0　　B. $\dfrac{1}{6}$　　C. $\dfrac{1}{4}$　　D. 2

(3) 函数 $f(x)$ 在点 x_0 处有定义，是 $f(x)$ 在 x_0 处连续的(　　).

A. 必要不充分条件　　B. 充分不必要条件

C. 充分必要条件　　D. 既非必要也非充分条件

2. 研究函数 $f(x)=\begin{cases}3x, & -1<x<1\\ 2, & x=1\\ 3x^2, & 1<x<2\end{cases}$ 在 $x=1$ 处的连续性，并画出函数的图像.

3. 求下列函数的极限.

(1) $\lim\limits_{x\to-2}\dfrac{x^3+3x^2+2x}{x^2-x-6}$　　(2) $\lim\limits_{x\to2}\dfrac{\sqrt{x}-\sqrt{2}}{x-2}$

4. 证明：方程 $x^3-4x^2+1=0$ 在区间 $(0,1)$ 内至少有一个根.

本 章 小 结

一、函数

1. 函数的定义，分段函数及反函数.
2. 函数四种特性：有界性、单调性、奇偶性、周期性.
3. 基本初等函数的图像和性质，复合函数及其分解.

二、函数的极限

1. 函数极限的定义.
2. 极限的四则运算法则.
3. 两个重要极限.

三、无穷小量与无穷大量

1. 无穷小量的定义.

2. 无穷小量的性质及推论.

3. 无穷大量的定义.

4. 无穷大量与无穷小量的关系.

5. 无穷小的比较.

四、函数的连续性

1. 函数连续性的定义及等价的定义,函数左(右)连续的定义,函数连续的充要条件.

2. 间断点的定义,第一类间断点与第二类间断点.

3. 初等函数连续性,连续函数的四则运算,复合函数的连续性.

4. 闭区间上连续函数的性质.

(1)最大、最小值定理.

(2)介值定理.

自测与评估(1)

一、选择题

1. 下列变量在给定的变化过程中为无穷小量的是(　　).

A. $2^x-1(x\to 0)$　　B. $\frac{\sin x}{x}(x\to 0)$　　C. $\frac{1}{(x-1)^2}(x\to 1)$　　D. $2^{-x}(x\to 1)$

2. $\lim\limits_{\Delta x\to 0}\frac{(x+\Delta x)^2-x^2}{\Delta x}=$(　　).

A. x　　B. $2x$　　C. $3x$　　D. $4x$

3. 为使函数 $f(x)=\begin{cases}2x, & x<1\\ a, & x\geqslant 1\end{cases}$ 在 $x=1$ 处连续,则 a 的值为(　　).

A. 2　　B. 1　　C. 0　　D. -1

4. 若 $f(x)=A+a$,其中 A 为常量,α 为 $x\to\infty$ 时的无穷小量,则 $\lim\limits_{x\to\infty}f(x)=$(　　).

A. A　　B. 0　　C. ∞　　D. 不存在

5. 当 $x\to 1$ 时,$f(x)=\frac{1}{x^2-1}$ 是(　　)

A. 有界量　　B. 无穷大量　　C. 无穷小量　　D. 未定式

二、填空题

1. $\lim\limits_{x\to 1}\left(\frac{1}{x-1}-\frac{2}{x^2-1}\right)=$________.

2. $\lim\limits_{n\to\pi}\frac{\sin^2 x}{\sin 2x}=$________.

3. $\lim\limits_{n\to 0}\frac{\sin n}{n}=$________.

4. $\lim\limits_{x\to\frac{\pi}{4}}(\sin 2x)^3=$________.

5. 设函数 $f(x)=\frac{x^2-3x+2}{x-2}$,由于当 $x=2$ 时,$f(x)$ 没有定义,所以 $f(x)$ 在 $x=2$ 处不连

续,要使 $f(x)$ 在 $x=2$ 处连续,应补充定义:令 $f(2)=$________.

三、计算题

1. 设 $f(x)$ 在点 $x=0$ 处连续,且 $f(x)=\begin{cases}ke^{2x}, x<0\\1+\cos x, x\geqslant 0\end{cases}$,求常数 k.

2. 求函数 $y=\dfrac{x^2(x^2-1)}{x-1}$ 的间断点,并确定间断点的类型.

3. 求 $\lim\limits_{x\to\infty}\left(1-\dfrac{1}{2x}\right)^{x+2}$.

4. 设函数 $f(x)$ 在 $x=2$ 处连续,且 $f(2)=3$,求 $\lim\limits_{x\to 2}f(x)\left(\dfrac{1}{x-2}-\dfrac{4}{x^2-4}\right)$.

第 2 章　导数与微分

微分学是微积分的重要组成部分，它的基本概念是导数与微分，其中导数反映出函数相对于自变量的变化快慢的程度，而微分则是描述当自变量有微小变化时，函数改变量的近似值.

2.1　导数的概念

2.1.1　导数的概念

1. 引例

(1) 非匀速直线运动的瞬时速度

设质点沿直线作变速运动，在该直线上建立数轴，取定某一个时刻作为测量时间的起点. 这样，质点在运动过程中的每一个时刻 t，它的位置可用数轴上的相应坐标 s 表示，即 s 与 t 之间存在着函数关系

$$s = s(t)$$

此函数称为质点的位置函数. 求此变速直线运动中质点在某一时刻 $t = t_0$ 的瞬时速度.

设在 t_0 时刻质点的位置为 $s(t_0)$，当质点运动到 $t_0 + \Delta t$ 时刻，质点的相应位置为 $s(t_0 + \Delta t)$. 质点从时刻 t_0 到 $t_0 + \Delta t$ 这样一段时间间隔 Δt 内，质点的位置函数 s 相应地有增量 $\Delta s = s(t_0 + \Delta t) - s(t_0)$，当质点做匀速运动时，它的速度不随时间而改变，$\dfrac{\Delta s}{\Delta t} = \dfrac{s(t_0 + \Delta t) - s(t_0)}{\Delta t}$是一个常量，它是质点在时刻 t_0 的速度，也是质点在任意时刻的速度. 但是，当质点作变速运动时，它的速度随着时间而改变，而$\dfrac{\Delta s}{\Delta t}$表示从时刻 t_0 到 $t_0 + \Delta t$ 这一段时间内的平均速度$\bar{v}$，有

$$\bar{v} = \frac{\Delta s}{\Delta t} = \frac{s(t_0 + \Delta t) - s(t_0)}{\Delta t}$$

当 Δt 很小时，可以用$\bar{v}$近似表示为质点在 t_0 时刻的瞬时速度，Δt 越小，$\bar{v}$就越接近质点在 t_0 时刻的瞬时速度，当 $\Delta t \to 0$ 时，$\bar{v} = \dfrac{\Delta s}{\Delta t}$的极限就是质点在 t_0 时的瞬时速度，即

$$v\Big|_{t = t_0} = \lim_{\Delta t \to 0} \frac{\Delta s}{\Delta t} = \lim_{\Delta t \to 0} \frac{s(t_0 + \Delta t) - s(t_0)}{\Delta t}$$

也就是说，非匀速直线运动质点的瞬时速度是位置函数的增量和时间增量的比值，即当时间增量趋于零时的极限.

(2) 切线的斜率

圆的切线可定义为“与曲线只有一个交点的直线”。但是对于其他曲线，用它作为切线的定义就不一定合适。例如，对于抛物线 $y = x^2$，在原点 O 处两个坐标轴都符合上述定义，

但实际上只有 x 轴是该抛物线在点 O 处的切线。下面给出曲线切线的定义.

如图 2.1 所示,设有曲线 C 及 C 上一点 M,在点 M 外另取 C 上一点 N,作割线 MN,当点 N 沿曲线 C 趋于点 M 时,如果割线 MN 绕点 M 旋转而趋于极限位置 MT,直线 MT 就称为曲线 C 在点 M 处的切线. 这里极限位置的含义是:只要弦长 $|MN|$ 趋于零, $\angle NMT$ 也趋于零.

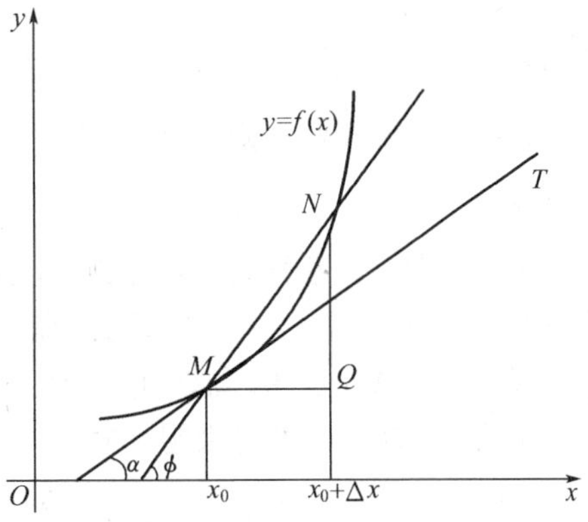

图 2.1

设曲线 C 为函数 $y=f(x)$ 的图形,$M(x_0, y_0)$ 是曲线上一个点,则 $y_0=f(x_0)$. 根据上述切线的定义,要求出曲线 C 在点 M 处的切线,只要求出切线的斜率就行了. 为此在 C 上于点 M 外另取一点 $N(x,y)$,于是割线 MN 的斜率为

$$\tan\phi = \frac{\Delta y}{\Delta x} = \frac{f(x_0+\Delta x)-f(x_0)}{\Delta x}$$

其中,ϕ 为割线 MN 的倾角,当点 N 沿曲线 C 趋于点 M 时,$\Delta x\to 0$,如果当 $\Delta x\to 0$ 时,上式的极限存在,设为 k,即

$$k = \lim_{\Delta x\to 0}\frac{f(x_0+\Delta x)-f(x_0)}{\Delta x}$$

则 k 是割线斜率的极限,也就是切线的斜率.

也就是说,切线的斜率是函数的增量与自变量的增量之比,当自变量的增量趋近于零时的极限.

2. 导数的定义

从上面讨论的两个问题可以看出,非匀速直线运动的瞬时速度和切线的斜率都归结为如下极限

$$\lim_{\Delta x\to 0}\frac{\Delta y}{\Delta x} \quad 或 \quad \lim_{\Delta x\to 0}\frac{f(x_0+\Delta x)-f(x_0)}{\Delta x}$$

即计算函数的增量与自变量的增量的比,在自变量的增量趋于零时的极限. 我们撇开这些量的具体意义,抓住它们在数量关系上的共性,就得到了函数导数的概念.

定义　设函数 $y=f(x)$ 在点 x_0 的某个邻域内有定义. 当自变量 x 在点 x_0 处取得增量 Δx (点 $x_0+\Delta x$ 仍在该邻域内)时,相应地,函数 y 取得增量

$$\Delta y = f(x_0+\Delta x)-f(x_0)$$

如果极限

$$\lim_{\Delta x\to 0}\frac{\Delta y}{\Delta x} = \lim_{\Delta x\to 0}\frac{f(x_0+\Delta x)-f(x_0)}{\Delta x} \tag{2.1}$$

存在,称函数 $y=f(x)$ 在点 x_0 处可导(或导数存在),并称这个极限值为函数 $y=f(x)$ 在点 x_0 处的导数(或微商),记为

$$f'(x_0),\quad y'\Big|_{x=x_0},\quad \frac{dy}{dx}\Big|_{x=x_0},\quad \frac{df}{dx}\Big|_{x=x_0}$$

$$f'(x_0)=\lim_{\Delta x\to 0}\frac{\Delta y}{\Delta x}=\lim_{\Delta x\to 0}\frac{f(x_0+\Delta x)-f(x_0)}{\Delta x} \tag{2.2}$$

函数$f(x)$在x_0处可导有时也说成$f(x)$在点x_0具有导数或导数存在. 如果极限(2.1)不存在,就说函数$f(x)$在点x_0处不可导. 如果$\Delta x\to 0$时,比式$\frac{\Delta y}{\Delta x}\to\infty$,为了方便起见,也往往说函数$y=f(x)$在点$x_0$处的导数为无穷大.

由定义可知,上述引例都是导数问题.

在变速直线运动$s=s(t)$中,物体在t_0时刻的瞬时速度可写为$v(t_0)=s'(t_0)$.

曲线$y=f(x)$在点$M(x_0,y_0)$处的切线的斜率可写为$k=f'(x_0)$.

为了方便,有时也可将极限形式(2.1)改写为下列形式

$$f'(x_0)=\lim_{h\to 0}\frac{f(x_0+h)-f(x_0)}{h}\quad(\Delta x=h)$$

$$f'(x_0)=\lim_{x\to x_0}\frac{f(x)-f(x_0)}{x-x_0}\quad(x=x_0+\Delta x)$$

定义 若函数$y=f(x)$在开区间(a,b)内的每一点处均可导,就称$y=f(x)$在(a,b)内可导,且对$\forall x\in(a,b)$均有一导数值$f'(x)$,这时就构造了一个新的函数,称之为$y=f(x)$在(a,b)内的导函数(或简称导数),也可以说成y对x的导数,记作

$$y=f'(x),\quad y',\quad \frac{dy}{dx},\quad \frac{df(x)}{dx}$$

所以
$$y'=\lim_{\Delta x\to 0}\frac{f(x+\Delta x)-f(x)}{\Delta x}\quad 或\quad y'=\lim_{h\to 0}\frac{f(x+h)-f(x)}{h}$$

由此可见,$y=f(x)$在$x=x_0$的导数$f'(x_0)$就是导函数$y=f'(x)$在点$x=x_0$处的函数值,即

$$f'(x_0)=f'(x)\Big|_{x=x_0}$$

例1 求函数$y=x^2$的导数,并求$y'\Big|_{x=1}$.

解 在x处给自变量一个增量Δx,则相应的函数增量为

$$\Delta y=f(x+\Delta x)-f(x)=(x+\Delta x)^2-x^2=2x\Delta x+(\Delta x)^2$$

$$\frac{\Delta y}{\Delta x}=\frac{2x\Delta x+(\Delta x)^2}{\Delta x}=2x+\Delta x$$

于是
$$\lim_{\Delta x\to 0}\frac{\Delta y}{\Delta x}=\lim_{\Delta x\to 0}(2x+\Delta x)=2x$$

所以
$$y'=2x,\quad y'\Big|_{x=1}=2\times 1=2$$

例2 讨论$f(x)=|x|$在$x=0$处的导数.

解
$$f(x)=\begin{cases}x, & x\geqslant 0\\ -x, & x<0\end{cases},\quad f(0)=0$$

$$\lim_{\Delta x\to 0^-}\frac{f(0+\Delta x)-f(0)}{\Delta x}=\lim_{\Delta x\to 0^-}\frac{-\Delta x}{\Delta x}=-1$$

$$\lim_{\Delta x\to 0^+}\frac{f(0+\Delta x)-f(0)}{\Delta x}=\lim_{\Delta x\to 0^+}\frac{\Delta x}{\Delta x}=1$$

因为函数在点$x=0$处的左、右极限不等,所以极限$\lim_{\Delta x\to 0}\frac{\Delta y}{\Delta x}$不存在,所以函数$f(x)=$

$|x|$在 $x=0$ 点处不可导.

函数 $y=|x|$在 $x=0$ 处不可导的几何意义是此曲线在点(0,0)处不存在切线.

2.1.2　利用定义求导数

根据导数的定义来求导数,可以归纳为以下三个步骤:

(1)求增量　　$\Delta y=f(x+\Delta x)-f(x)$

(2)求比值　　$\dfrac{\Delta y}{\Delta x}=\dfrac{f(x+\Delta x)-f(x)}{\Delta x}$

(3)求极限　　$y'=\lim\limits_{\Delta x\to 0}\dfrac{\Delta y}{\Delta x}$

例 3　求函数 $f(x)=c$(c 为常数)的导数.

解　在 $f(x)=c$ 中,不论 x 取何值,其函数值总为 c,所以对应于自变量的增量 Δx,有

$$\Delta y=f(x+\Delta x)-f(x)=c-c=0,\quad \frac{\Delta y}{\Delta x}=0$$

故

$$\lim_{\Delta x\to 0}\frac{\Delta y}{\Delta x}=0$$

所以常数的导数恒等于零,即 $(c)'=0$.

例 4　求 $f(x)=x^n$(n 为正整数)在 $x=a$ 点的导数.

解

$$f'(a)=\lim_{x\to a}\frac{x^n-a^n}{x-a}=\lim_{x\to a}(x^{n-1}+ax^{n-2}+\cdots+a^{n-2}x+a^{n-1})=na^{n-1}$$

即

$$f'(a)=na^{n-1}$$

亦即

$$(x^n)'\Big|_{x=a}=na^{n-1}$$

若将 a 视为任一点,并用 x 代换,得 $f'(x)=(x^n)'=nx^{n-1}$,即

$$(x^n)'=nx^{n-1}$$

更一般地,$f(x)=x^\mu$(μ 为常数)的导数为 $f'(x)=\mu x^{\mu-1}$,即

$$(x^\mu)'=\mu x^{\mu-1}$$

这就是幂函数的导数公式. 利用这个公式可以很方便地求出幂函数的导数. 例如

$$x'=1,\quad (\sqrt{x})'=\frac{1}{2\sqrt{x}},\quad \left(\frac{1}{x}\right)'=-\frac{1}{x^2}\quad (x\neq 0)$$

例 5　求函数 $f(x)=\sin x$ 的导数.

解

$$f'(x)=\lim_{h\to 0}\frac{f(x+h)-f(x)}{h}=\lim_{h\to 0}\frac{\sin(x+h)-\sin x}{h}=$$

$$\lim_{h\to 0}\frac{2\cos\left(x+\frac{h}{2}\right)\sin\frac{h}{2}}{h}=\lim_{h\to 0}\cos\left(x+\frac{h}{2}\right)\frac{\sin\frac{h}{2}}{\frac{h}{2}}=$$

$$\lim_{h\to 0}\cos\left(x+\frac{h}{2}\right)\lim_{h\to 0}\frac{\sin\frac{h}{2}}{\frac{h}{2}}=\cos x$$

所以

$$(\sin x)'=\cos x$$

同理可证 $$(\cos x)'=-\sin x$$

例6 求$f(x)=\log_a x(a>0,a\neq 1)$的导数.

解 $$f'(x)=\lim_{h\to 0}\frac{f(x+h)-f(x)}{h}=\lim_{h\to 0}\frac{\log_a(x+h)-\log_a x}{h}=\lim_{h\to 0}\frac{\log_a\left(1+\frac{h}{x}\right)}{h}=$$

$$\lim_{h\to 0}\frac{1}{x}\cdot\log_a\left(1+\frac{h}{x}\right)^{\frac{x}{h}}=\frac{1}{x}\log_a \mathrm{e}=\frac{1}{x\ln a}$$

即 $$(\log_a x)'=\frac{1}{x\ln a}$$

特别地 $$(\ln x)'=\frac{1}{x}$$

2.1.3 导数的几何意义

由前面的讨论知:函数$y=f(x)$在点x_0处的导数$f'(x_0)$,就是该曲线$y=f(x)$在点$(x_0,f(x_0))$处的切线斜率k,即

$$k=\tan\alpha=f'(x_0)$$

其中,α为切线的倾斜角.

根据直线的点斜式方程,可知曲线$y=f(x)$在点$(x_0,f(x_0))$处的切线方程为

$$y-y_0=f'(x_0)(x-x_0)$$

如果$f'(x_0)\neq 0$,法线的斜率为$-\frac{1}{f'(x_0)}$,此时,法线的方程为$y-y_0=-\frac{1}{f'(x_0)}(x-x_0)$. 如果$f'(x_0)=0$,这时切线平于行$x$轴,切线方程为$y=y_0$,法线垂直于$x$轴,法线方程为$x=x_0$. 如果$f'(x_0)=\infty$,则切线垂直于$x$轴,切线的方程为$x=x_0$,法线平行于$x$轴,法线方程为$y=y_0$.

例7 已知曲线$y=\frac{1}{3}x^3$上一点$P\left(2,\frac{8}{3}\right)$,求点$P$处的切线方程和法线方程.

解 因为$y'=\left(\frac{1}{3}x^3\right)'=x^2$,由导数的几何意义知,曲线$y=\frac{1}{3}x^3$在点$\left(2,\frac{8}{3}\right)$处的切线斜率为

$$k=y'\Big|_{x=2}=x^2\Big|_{x=2}=4$$

所以,所求的切线方程为

$$y-\frac{8}{3}=4(x-2)$$

即 $$12x-3y-16=0$$

法线方程为 $$y-\frac{8}{3}=-\frac{1}{4}(x-2)$$

即 $$3x+12y-38=0$$

例8 求曲线$y=\sqrt[3]{x}$平行于直线$y=\frac{1}{3}x-1$的切线方程.

解 因为$y'=(\sqrt[3]{x})'=\frac{1}{3}x^{-\frac{2}{3}}=\frac{1}{3\sqrt[3]{x^2}}$,由题意知$\frac{1}{3\sqrt[3]{x^2}}=\frac{1}{3}$,得$x=\pm 1$,对应的$y=\pm 1$,

所以曲线在点(1,1),(-1,-1)处的切线与直线 $y=\frac{1}{3}x-1$ 平行.

曲线在这两点的切线方程为

$$y-1=\frac{1}{3}(x-1) \text{ 和 } y+1=\frac{1}{3}(x+1)$$

即

$$x-3y+2=0 \quad \text{和} \quad x-3y-2=0$$

2.1.4　函数的可导性与连续性之间的关系

定理　如果函数 $y=f(x)$ 在点 $x=x_0$ 处可导,则在该点处必连续.

证明　设 $y=f(x)$ 在 $x=x_0$ 点处可导,则 $\lim\limits_{\Delta x\to 0}\frac{\Delta y}{\Delta x}=f'(x_0)$ 存在,因此

$$\lim_{\Delta x\to 0}\Delta y=\lim_{\Delta x\to 0}\left(\frac{\Delta y}{\Delta x}\cdot\Delta x\right)=\left(\lim_{\Delta x\to 0}\frac{\Delta y}{\Delta x}\right)\cdot\left(\lim_{\Delta x\to 0}\Delta x\right)=f'(x_0)\cdot\lim_{\Delta x\to 0}\Delta x=0$$

所以,函数 $y=f(x)$ 在点 $x=x_0$ 处连续.

注意　本定理的逆定理不成立,即连续未必可导. 例如,函数 $y=|x|$ 在 $x=0$ 点连续,但不可导.

例 9　判断函数 $f(x)=\begin{cases}x^2, & x\leqslant 0\\ x, & x>0\end{cases}$ 在 $x=0$ 处的连续性与可导性.

解　因为

$$\lim_{x\to 0^+}f(x)=\lim_{x\to 0^+}x=0,\quad \lim_{x\to 0^-}f(x)=\lim_{x\to 0^-}x^2=0$$

所以 $\lim\limits_{x\to 0}f(x)=0$,又 $f(0)=0^2=0$,所以 $f(x)$ 在点 $x=0$ 处连续. 而

$$\lim_{x\to 0^-}\frac{\Delta y}{\Delta x}=\lim_{\Delta x\to 0^-}\frac{f(0+\Delta x)-f(0)}{\Delta x}=\lim_{\Delta x\to 0^-}\frac{(\Delta x)^2}{\Delta x}=0$$

$$\lim_{\Delta x\to 0^+}\frac{\Delta y}{\Delta x}=\lim_{\Delta x\to 0^+}\frac{f(0+\Delta x)-f(0)}{\Delta x}=\lim_{\Delta x\to 0^+}\frac{\Delta x}{\Delta x}=1$$

所以极限 $\lim\limits_{\Delta x\to 0}\frac{\Delta y}{\Delta x}$ 不存在,故 $f(x)$ 在 $x=0$ 处不可导.

习题 2.1

1. 用导数的定义求下列函数的导数.

(1) $y=ax+b\quad(a\neq 0)$　　(2) $y=\sqrt{x}$

(3) $y=\frac{1}{x}$　　(4) $y=\cos x$

2. 设函数 $f(x)=ax^2+bx+c(a\neq 0)$,其中 a,b,c 是常数,求 $f'(x)$,$f'(0)$,$f'(-1)$,$f'\left(-\frac{b}{2a}\right)$.

3. 已知物体的运动规律是 $s=t^3$,求:

(1)物体在 $t=2$ 至 $t=4$ 这段时间内的平均速度;

(2)物体在 $t=2$ 时的瞬时速度.

4. 求曲线 $y=\ln x$ 在(1,0)点处的切线方程和法线方程.

5. 曲线 $y=x^2$ 上哪些点处的切线与直线 $4x-y+1=0$ 平行?

6. 证明函数$f(x)=\begin{cases}x\sin\dfrac{1}{x}, & x\neq 0\\ 0, & x=0\end{cases}$在点$x=0$处是连续的,但不可导.

7. 设$f'(x_0)$存在,求下列极限:

(1)$\lim\limits_{x\to x_0}\dfrac{f(x)-f(x_0)}{x-x_0}$ (2)$\lim\limits_{\Delta x\to 0}\dfrac{f(x_0-\Delta x)-f(x_0)}{\Delta x}$

(3)$\lim\limits_{h\to 0}\dfrac{f(x_0)-f(x_0-h)}{h}$ (4)$\lim\limits_{h\to 0}\dfrac{f(x_0+ah)-f(x_0-bh)}{h}$

2.2 函数的求导法则

前面我们根据导数的定义,求出了一些简单函数的导数,但是对于一些较为复杂的函数,按照定义来求它们的导数往往很困难. 所以在实际计算中,人们多利用导数的基本公式和求导法则来求已知函数的导数.

2.2.1 函数和、差、积、商的导数

定理1 若函数$u(x)$和$v(x)$在点x处可导,则它们的和在点x处也可导,且

$$[u(x)\pm v(x)]'=u'(x)\pm v'(x) \tag{2.3}$$

证明 设$f(x)=u(x)+v(x)$. 当x取得增量Δx时,函数$u(x)$和$v(x)$分别取得增量$\Delta u,\Delta v$,所以函数$f(x)$取得增量Δy,即

$$\Delta y=[u(x+\Delta x)+v(x+\Delta x)]-[u(x)+v(x)]=\Delta u+\Delta v$$

因而

$$\frac{\Delta y}{\Delta x}=\frac{\Delta u}{\Delta x}+\frac{\Delta v}{\Delta x}$$

所以

$$f'(x)=\lim_{\Delta x\to 0}\frac{\Delta y}{\Delta x}=\lim_{\Delta x\to 0}\frac{\Delta u}{\Delta x}+\lim_{\Delta x\to 0}\frac{\Delta v}{\Delta x}=u'(x)+v'(x)$$

故$f(x)$在点x处可导,且

$$[u(x)+v(x)]'=u'(x)+v'(x)$$

这个结果可简单地写成 $(u+v)'=u'+v'$

类似可证 $(u-v)'=u'-v'$

由此得函数和(差)的求导法则:两个可导函数和(或差)的导数等于这两个函数的导数的和(或差).

这个法则可以推广到有限个函数的代数和的情形. 例如

$$(u+v-w)'=u'+v'-w'$$

例1 设函数$f(x)=x^3-2x^2+\sin x$,求$f'(x)$.

解 $f'(x)=(x^3-2x^2+\sin x)'=(x^3)'-(2x^2)'+(\sin x)'=3x^2-4x+\cos x$.

定理2 若函数$u(x)$和$v(x)$在点x处都可导,则它们的积在点x处也可导,并且

$$[u(x)\cdot v(x)]'=u'(x)v(x)+u(x)v'(x) \tag{2.4}$$

函数积的求导法则:两个可导函数乘积的导数等于第一个因子的导数与第二个因子的乘积,加上第一个因子与第二个因子的导数的乘积.

特别地

$$(Cu)'=Cu'\quad (C\text{ 为常数}) \tag{2.5}$$

函数积的求导法则可以推广到任意有限多个可导函数之积的情形. 例如

$$(uvw)' = [(uv)w]' = (uv)'w + (uv)w' = (u'v + uv')w + uvw' = u'vw + uv'w + uvw'$$

即
$$(uvw)' = u'vw + uv'w + uvw' \tag{2.6}$$

例2　设函数 $y=\sqrt{x}(x^3-4\cos x-\sin 1)$,求 y' 及 $y'\big|_{x=1}$.

解
$$y' = (\sqrt{x})'(x^3-4\cos x-\sin 1)+\sqrt{x}(x^3-4\cos x-\sin 1)' =$$
$$\frac{1}{2\sqrt{x}}(x^3-4\cos x-\sin 1)+\sqrt{x}(3x^2+4\sin x)$$
$$y'\big|_{x=1} = \frac{1}{2}(1-4\cos 1-\sin 1)+(3+4\sin 1) = \frac{7}{2}+\frac{7}{2}\sin 1-2\cos 1$$

例3　求 $y=\sin 2x\cdot\ln x$ 的导数.

解　因为 $y=2\sin x\cdot\cos x\cdot\ln x$,所以

$$y' = 2(\sin x)'\cdot\cos x\cdot\ln x+2\sin x\cdot(\cos x)'\cdot\ln x+2\sin x\cdot\cos x\cdot(\ln x)' =$$
$$2\cos x\cdot\cos x\cdot\ln x+2\sin x\cdot(-\sin x)\cdot\ln x+2\sin x\cdot\cos x\cdot\frac{1}{x} =$$
$$2\cos 2x\ln x+\frac{\sin 2x}{x}$$

定理3　若函数 $u(x)$ 和 $v(x)$ 在点 x 处都可导,且 $v(x)\neq 0$,则它们的商在点 x 处也可导,并且

$$\left[\frac{u(x)}{v(x)}\right]' = \frac{u'(x)v(x)-u(x)v'(x)}{v^2(x)} \tag{2.7}$$

函数商的求导法则:两个可导函数之商的导数等于分子的导数与分母的乘积减去分子与分母的导数的乘积,再除以分母的平方.

特别地
$$\left[\frac{1}{v(x)}\right]' = -\frac{v'(x)}{v^2(x)}$$

或
$$\left(\frac{1}{v}\right)' = -\frac{v'}{v^2} \tag{2.8}$$

例4　求 $y=\tan x$ 的导数.

解　$y' = (\tan x)' = \left(\dfrac{\sin x}{\cos x}\right)' = \dfrac{(\sin x)'\cos x-\sin x(\cos x)'}{\cos^2 x} = \dfrac{\cos^2 x+\sin^2 x}{\cos^2 x} = \dfrac{1}{\cos^2 x} = \sec^2 x.$

即
$$(\tan x)' = \sec^2 x$$

同理可得
$$(\cot x)' = -\csc^2 x$$

例5　设 $y=\sec x$,求 y'.

解　$y' = (\sec x)' = \left(\dfrac{1}{\cos x}\right)' = \dfrac{(1)'\cdot\cos x-1\cdot(\cos x)'}{\cos^2 x} = \dfrac{\sin x}{\cos^2 x} = \sec x\tan x.$

即
$$(\sec x)' = \sec x\tan x$$

同理可得
$$(\csc x)' = -\csc x\cot x$$

例6　求 $y=\dfrac{x+1}{x-1}$的导数.

解　$y' = \left(\dfrac{x+1}{x-1}\right)' = \dfrac{(x+1)'(x-1)-(x+1)(x-1)'}{(x-1)^2} = \dfrac{(x-1)-(x+1)}{(x-1)^2} = -\dfrac{2}{(x-1)^2}.$

2.2.2 复合函数的求导法则

先看一个简单的复合函数 $y=\sin 2x$ 的求导问题:我们已有公式 $(\sin x)'=\cos x$,那么,对于复合函数 $y=\sin 2x$ 的导数能否直接在这个公式中将"x"换成"$2x$"呢? 即"$(\sin 2x)'=\cos 2x$"是否正确? 我们马上会知道这是不正确的. 因为

$$(\sin 2x)'=(2\sin x\cos x)'=2[(\sin x)'\cos x+\sin x(\cos x)']=$$
$$2[\cos^2x-\sin^2x]=2\cos 2x$$

这里除了有"$\cos 2x$"外还多出了一个"2". 这说明 $(\sin 2x)'\neq\cos 2x$,其原因在于 $y=\sin 2x$是复合函数,它是由 $y=\sin u$, $u=2x$ 复合而成的,所以直接套用公式求复合函数的导数是不行的. 那么如何求复合函数的导数呢?

定理4 如果 $u=\varphi(x)$在点 x 处可导,而 $y=f(u)$在相应的点 $u=\varphi(x)$处可导,则复合函数 $y=f[\varphi(x)]$在点 x 处可导,且有

$$\frac{\mathrm{d}y}{\mathrm{d}x}=f'(u)\cdot\varphi'(x)\quad 或\quad \frac{\mathrm{d}y}{\mathrm{d}x}=\frac{\mathrm{d}y}{\mathrm{d}u}\cdot\frac{\mathrm{d}u}{\mathrm{d}x}$$

证明 由于 $y=f(u)$在点 u 处可导,因此

$$\lim_{\Delta u\to 0}\frac{\Delta y}{\Delta u}=f'(u)$$

存在,所以根据极限与无穷小的关系有

$$\frac{\Delta y}{\Delta u}=f'(u)+\alpha$$

其中,α 是当 $\Delta u\to 0$ 时的无穷小. 上式中 $\Delta u\neq 0$,用 Δu 乘上式两边,得

$$\Delta y=f'(u)\Delta u+\alpha\cdot\Delta u$$

当 $\Delta u=0$ 时,规定 $\alpha=0$,这时因 $\Delta y=f(u+\Delta u)-f(u)=0$,而 $\Delta y=f'(u)\Delta u+\alpha\cdot\Delta u$ 右端也为零,故 $\Delta y=f'(u)\Delta u+\alpha\cdot\Delta u$ 对 $\Delta u=0$ 也成立. 用 $\Delta x\neq 0$ 除 $\Delta y=f'(u)\Delta u+\alpha\cdot\Delta u$ 两边,得

$$\frac{\Delta y}{\Delta x}=f'(u)\frac{\Delta u}{\Delta x}+\alpha\cdot\frac{\Delta u}{\Delta x}$$

于是

$$\lim_{\Delta x\to 0}\frac{\Delta y}{\Delta x}=\lim_{\Delta x\to 0}\left[f'(u)\frac{\Delta u}{\Delta x}+\alpha\cdot\frac{\Delta u}{\Delta x}\right]$$

根据函数在某点可导必在该点连续的性质知道,当 $\Delta x\to 0$ 时,$\Delta u\to 0$,从而可以推知

$$\lim_{\Delta x\to 0}\alpha=\lim_{\Delta u\to 0}\alpha=0$$

又因为 $u=\varphi(x)$在点 x 处可导,有

$$\lim_{\Delta x\to 0}\frac{\Delta u}{\Delta x}=\varphi'(x)$$

故

$$\lim_{\Delta x\to 0}\frac{\Delta y}{\Delta x}=f'(u)\cdot\lim_{\Delta x\to 0}\frac{\Delta u}{\Delta x}$$

即

$$\frac{\mathrm{d}y}{\mathrm{d}x}=f'(u)\cdot\varphi'(x)\quad 或\quad \frac{\mathrm{d}y}{\mathrm{d}x}=\frac{\mathrm{d}y}{\mathrm{d}u}\cdot\frac{\mathrm{d}u}{\mathrm{d}x}$$

复合函数的求导法则:复合函数 y 对自变量 x 的导数等于 y 对中间变量 u 的导数乘以中间变量 u 对自变量 x 的导数.

复合函数的求导法则可以推广到多个中间变量的情形. 我们以两个中间变量为例,设

$y=f(u),u=\varphi(v),v=\psi(x)$，则

$$\frac{dy}{dx}=\frac{dy}{du}\cdot\frac{du}{dx}$$

而

$$\frac{du}{dx}=\frac{du}{dv}\cdot\frac{dv}{dx}$$

故复合函数 $y=f\{\varphi[\psi(x)]\}$ 的导数为

$$\frac{dy}{dx}=\frac{dy}{du}\cdot\frac{du}{dv}\cdot\frac{dv}{dx}$$

当然，这里假定上式右端所出现的导数在相应处都存在.

例 7　设 $y=(x^2+1)^{10}$，求 $\frac{dy}{dx}$.

解　$y=(x^2+1)^{10}$ 是由 $y=u^{10},u=x^2+1$ 复合而成. 则

$$\frac{dy}{dx}=\frac{dy}{du}\cdot\frac{du}{dx}=10u^9\cdot 2x=10(x^2+1)^9\cdot 2x=20x(x^2+1)^9$$

例 8　求函数 $y=\sin(3x+1)$ 的导数.

解　函数 $y=\sin(3x+1)$ 是由 $y=\sin u,u=3x+1$ 复合而成. 故

$$\frac{dy}{dx}=\frac{dy}{du}\cdot\frac{du}{dx}=\cos u\cdot 3=3\cos(3x+1)$$

例 9　设 $y=\ln\cos(e^x)$，求 $\frac{dy}{dx}$.

解　所给函数可分解为 $y=\ln u,u=\cos v,v=e^x$. 因为 $\frac{dy}{du}=\frac{1}{u},\frac{du}{dv}=-\sin v,\frac{dv}{dx}=e^x$，故

$$\frac{dy}{dx}=\frac{1}{u}\cdot(-\sin v)\cdot e^x=-\frac{\sin e^x}{\cos e^x}\cdot e^x=-e^x\tan e^x$$

若不写出中间变量，则此例可这样写：

$$\frac{dy}{dx}=(\ln\cos e^x)'=\frac{1}{\cos e^x}(\cos e^x)'=\frac{-\sin e^x}{\cos e^x}(e^x)'=-e^x\tan e^x$$

例 10　设 $y=e^{\sin\frac{1}{x}}$，求 $\frac{dy}{dx}$.

解　$y'=e^{\sin\frac{1}{x}}\left(\sin\frac{1}{x}\right)'=e^{\sin\frac{1}{x}}\cdot\cos\frac{1}{x}\cdot\left(\frac{1}{x}\right)'=-\frac{1}{x^2}e^{\sin\frac{1}{x}}\cdot\cos\frac{1}{x}.$

例 11　设 $y=\sin nx\cdot\sin^n x$（n 为常数），求 y'.

解　$y'=n\cos nx\cdot\sin^n x+\sin nx\cdot n\sin^{n-1}x\cdot\cos x$

$=n\sin^{n-1}x(\cos nx\cdot\sin x+\sin nx\cdot\cos x)$

$=n\sin^{n-1}x\cdot\sin(n+1)x.$

2.2.3　导数的基本公式

根据导数定义和求导法则得到了基本初等函数的导数，它们是求初等函数导数的基础. 把它们集中起来，就是导数公式表：

(1) $(C)'=0$；　　(2) $(x^\mu)'=\mu x^{\mu-1}$（μ 为常数）；

(3) $(a^x)'=a^x\ln a$；　　(4) $(e^x)'=e^x$；

(5) $(\log_a x)'=\frac{1}{x\ln a}$；　　(6) $(\ln x)'=\frac{1}{x}$；

(7) $(\sin x)'=\cos x$;

(8) $(\cos x)'=-\sin x$;

(9) $(\tan x)'=\sec^2 x$;

(10) $(\cot x)'=-\csc^2 x$;

(11) $(\sec x)'=\tan x\sec x$;

(12) $(\csc x)'=-\cot x\csc x$;

(13) $(\arcsin x)'=\dfrac{1}{\sqrt{1-x^2}}$;

(14) $(\arccos x)'=-\dfrac{1}{\sqrt{1-x^2}}$;

(15) $(\arctan x)'=\dfrac{1}{1+x^2}$;

(16) $(\operatorname{arccot} x)'=-\dfrac{1}{1+x^2}$.

习题 2.2

1. 求下列函数的导数.

(1) $y=3x^2-5x+1$

(2) $y=2\sqrt{x}-\dfrac{1}{x}+\sqrt{3}$

(3) $y=10^x-x^{10}$

(4) $y=(x+1)^2(x-1)$

(5) $y=x\ln x$

(6) $y=x\sin x\ln x$

(7) $f(x)=\dfrac{x}{1+x^2}$

(8) $f(t)=\dfrac{t^2-5t+1}{t^3}$

(9) $y=\dfrac{e^x}{\cos x}$

(10) $y=\dfrac{3^x}{x}$

2. 求下列函数的导数.

(1) $y=(2x+5)^4$

(2) $y=\cos x^2$

(3) $y=\cos^2\left(3x+\dfrac{\pi}{4}\right)$

(4) $y=\ln(\ln x)$

(5) $y=x+\sqrt{1+\sin x}$

(6) $y=e^{\frac{x}{2}}\cos 3x$

3. 已知$f(x)=(1+x^3)\left(5-\dfrac{1}{x^2}\right)$,求$f'(1)$,$f'(a)$.

2.3 高阶导数

在某些问题中,多次求函数 $y=f(x)$ 的导数是有意义的. 连续两次以上对某个函数求导数,所得的结果称为这个函数的高阶导数.

一般地,函数 $y=f(x)$ 的导数 $y'=f'(x)$ 仍然是 x 的函数. 我们把 $y'=f'(x)$ 的导数称为函数 $y=f(x)$ 的二阶导数,记作

$$f''(x),\ y''\quad 或\quad \frac{d^2y}{dx^2},\frac{d^2f}{dx^2}$$

即

$$y''=(y')'\quad 或\quad \frac{d^2y}{dx^2}=\frac{d}{dx}\left(\frac{dy}{dx}\right)$$

相应地,把 $y=f(x)$ 的导数 $f'(x)$ 称为函数 $y=f(x)$ 的一阶导数. 类似地,二阶导数的导数称为三阶导数,三阶导数的导数称为四阶导数……一般地,$(n-1)$ 阶导数的导数称为 n 阶导数,分别记作

$$y''',y^{(4)},\cdots,y^{(n)}$$

或
$$\frac{d^3y}{dx^3},\frac{d^4y}{dx^4},\cdots,\frac{d^ny}{dx^n}$$

函数 $y=f(x)$ 具有 n 阶导数，也常说成函数 $f(x)$ 为 n 阶可导. 如果函数 $f(x)$ 在点 x 处具有 n 阶导数，那么 $f(x)$ 在点 x 的某一邻域内必定具有一切低于 n 阶的导数. 二阶及二阶以上的导数统称为高阶导数.

由此可见，求高阶导数就是多次接连地求导数. 所以，仍可应用前面学过的求导方法来计算高阶导数.

在物理学中，二阶导数十分重要，设质点做直线运动，位置函数为 $s=s(t)$，则 $s''(t)=\frac{d^2s}{dt^2}$ 就是质点在时刻 t 的加速度.

例 1　求 $y=ax+b$ 的二阶导数.

解　$y'=a, y''=0$.

例 2　设 $y=x^2\sin x$，求 y''.

解　$y'=2x\sin x+x^2\cos x$.

$y''=2\sin x+2x\cos x+2x\cos x-x^2\sin x=2\sin x+4x\cos x-x^2\sin x$.

例 3　设 $y=\frac{\ln x}{x}$，求 y''.

解　$y'=\frac{1-\ln x}{x^2}, y''=\frac{-x-2x(1-\ln x)}{x^4}=\frac{-3+2\ln x}{x^3}$.

例 4　求指数函数 $y=e^x$ 的 n 阶导数.

解　$y'=e^x, y''=e^x, y'''=e^x, y^{(4)}=e^x$. 一般地，可得 $y^{(n)}=e^x$.

例 5　求正弦与余弦函数的 n 阶导数.

解
$$y=\sin x$$
$$y'=\cos x=\sin\left(x+\frac{\pi}{2}\right)$$
$$y''=\cos\left(x+\frac{\pi}{2}\right)=\sin\left(x+\frac{\pi}{2}+\frac{\pi}{2}\right)=\sin\left(x+2\cdot\frac{\pi}{2}\right)$$
$$y'''=\cos\left(x+2\cdot\frac{\pi}{2}\right)=\sin\left(x+3\cdot\frac{\pi}{2}\right)$$
$$y^{(4)}=\cos\left(x+3\cdot\frac{\pi}{2}\right)=\sin\left(x+4\cdot\frac{\pi}{2}\right)$$

一般地，可得
$$y^{(n)}=\sin\left(x+n\cdot\frac{\pi}{2}\right)$$

即
$$(\sin x)^{(n)}=\sin\left(x+n\cdot\frac{\pi}{2}\right)$$

用类似方法，可得
$$(\cos x)^{(n)}=\cos\left(x+n\cdot\frac{\pi}{2}\right)$$

习题 2.3

1. 求下列函数的二阶导数.

(1) $y=x\cos x$　　(2) $y=xe^{x^2}$

(3) $y=(1+x^2)\arctan x$　　(4) $y=x^3\ln x$

2. 已知 $y=\ln(1+x)$,求 $y^{(n)}$.

3. 已知 $y=e^{ax}$(a 为常数),验证 $y''+ay'-2a^2y=0$.

4. 一物体按规律 $S=\frac{1}{2}(e^t-e^{-t})$ 做直线运动,试证明其加速度 a 等于 S.

2.4 微分的概念及运算

微分是通过研究函数增量而引发的数学概念,与导数有着极其密切的关系.

2.4.1 微分的概念

一般说来,函数增量的计算是比较复杂的,下面我们寻求计算函数增量的近似计算方法.

先分析一个具体问题,一块正方形金属薄片受温度变化的影响,其边长由 x_0 变到 $x_0+\Delta x$(图 2.2),问此薄片的面积改变了多少?

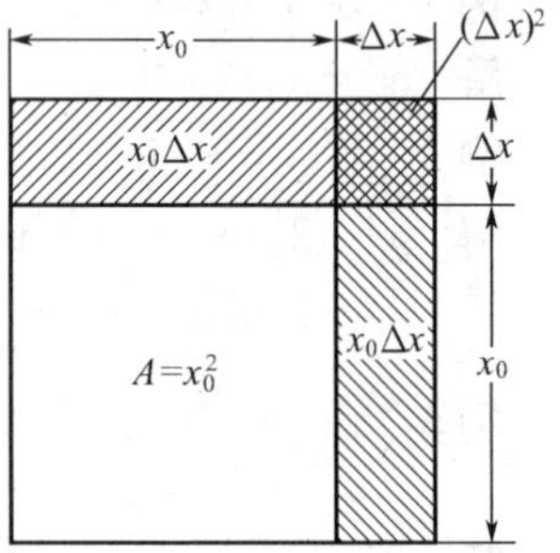

图 2.2

设此薄片的边长为 x,面积为 A,则 A 是 x 的函数:$A=x^2$. 薄片受温度变化的影响时面积的改变量,可以看成是当自变量 x 自 x_0 取得增量 Δx 时,函数 A 相应的增量 ΔA,即

$$\Delta A=(x_0+\Delta x)^2-x_0^2=2x_0\Delta x+(\Delta x)^2$$

从上式可以看出,ΔA 分成两部分,第一部分 $2x_0\Delta A$ 是 ΔA 的线性函数,即图 2.2 中带有斜线的两个矩形面积之和,而第二部分 $(\Delta x)^2$ 在图 2.2 中是带有交叉斜线的小正方形的面积,当 $\Delta x\to 0$ 时,第二部分 $(\Delta x)^2$ 是比 Δx 高阶的无穷小,即 $(\Delta x)^2=o(\Delta x)$. 由此可见,如果边长改变很微小,即 $|\Delta x|$ 很小时,面积的改变量 ΔA 可近似地用第一部分来代替,即

$$\Delta A\approx 2x_0\Delta x$$

一般地,如果函数 $y=f(x)$ 满足一定条件,则函数的增量 Δy 可表示为 $\Delta y=A\Delta x+o(\Delta x)$,其中 A 是不依赖于 Δx 的常数,因此 $A\Delta x$ 是 Δx 的线性函数,且它与 Δy 之差 $\Delta y-A\Delta x=o(\Delta x)$,是比 Δx 高阶的无穷小. 所以,当 $A\neq 0$,且 $|\Delta x|$ 很小时,我们就可近似地用 $A\Delta x$ 来代替 Δy.

定义 函数 $y=f(x)$ 在某区间内有定义,x_0 及 $x_0+\Delta x$ 在这区间内,如果函数的增量 $\Delta y=f(x_0+\Delta x)-f(x_0)$ 可表示为

$$\Delta y=A\Delta x+o(\Delta x) \tag{2.9}$$

其中 A 是不依赖于 Δx 的常数,而 $o(\Delta x)$ 是比 Δx 高阶的无穷小,那么称函数 $y=f(x)$ 在点 x_0 是可微的,而 $A\Delta x$ 称为函数 $y=f(x)$ 在点 x_0 相应于自变量增量 Δx 的微分,记作 $dy\Big|_{x=x_0}$ 或 $df(x_0)$,即

$$dy\Big|_{x=x_0}=A\Delta x \quad 或 \quad df(x_0)=A\Delta x$$

下面讨论函数可微的条件.

设函数 $y=f(x)$ 在点 x_0 可微,则按定义有式(2.9)成立. 式(2.9)两边同除以 Δx,得

$$\frac{\Delta y}{\Delta x}=A+\frac{o(\Delta x)}{\Delta x}$$

于是，当 $\Delta x\to 0$ 时，由上式就得到

$$\lim_{\Delta x\to 0}\frac{\Delta y}{\Delta x}=A+\lim_{\Delta x\to 0}\frac{o(\Delta x)}{\Delta x}=A$$

即

$$A=\lim_{\Delta x\to 0}\frac{\Delta y}{\Delta x}=f'(x_0)$$

因此，如果函数 $f(x)$ 在点 x_0 可微，则 $f(x)$ 在点 x_0 也一定可导，且 $A=f'(x_0)$.

反之，如果 $y=f(x)$ 在点 x_0 可导，即

$$\lim_{\Delta x\to 0}\frac{\Delta y}{\Delta x}=f'(x_0)$$

存在，根据极限与无穷小的关系，上式可写成

$$\frac{\Delta y}{\Delta x}=f'(x_0)+\alpha$$

其中，$\alpha\to 0$（当 $\Delta x\to 0$ 时）. 因此又有 $\Delta y=f'(x_0)\Delta x+\alpha\Delta x$. 因为 $\alpha\Delta x=o(\Delta x)$，且 $f'(x_0)$ 不依赖于 Δx，所以 $f(x)$ 在点 x_0 也是可微的.

定理 1　函数 $f(x)$ 在点 x_0 可微的充分必要条件是函数 $f(x)$ 在点 x_0 处可导.

由上述定理可知，函数 $y=f(x)$ 在点 x_0 可微与可导是等价的，并且 $A=f'(x_0)$. 于是 $f(x)$ 在点 x_0 处的微分为

$$dy\big|_{x=x_0}=f'(x_0)\Delta x$$

下面讨论函数 $y=f(x)$ 在 x_0 处的增量 Δy 与其在 x_0 处的微分 dy 的关系.

由函数 $f(x)$ 在点 x_0 微分表达式 $dy\big|_{x=x_0}=f'(x_0)\Delta x$ 知，微分是 Δx 的线性函数，函数的增量与函数微分之差是 Δx 的高阶无穷小，即

$$\Delta y-dy\big|_{x=x_0}=o(\Delta x)$$

因此称函数的微分 $dy\big|_{x=x_0}$ 是函数的增量 Δy 线性主部（$\Delta x\to 0$），从而当 $|\Delta x|$ 很小时，有 $\Delta y\approx dy\big|_{x=x_0}$.

定义　函数 $y=f(x)$ 在点 x 的微分，称为函数的微分，记作 dy 或 $df(x)$，即

$$dy=f'(x)\Delta x$$

例 1　求函数 $y=x^3$ 当 $x=2$，$\Delta x=0.02$ 时的微分.

解　因为 $dy=(x^3)'\Delta x$，所以

$$dy\Big|_{\substack{x=2\\ \Delta x=0.02}}=3x^2\Delta x\Big|_{\substack{x=2\\ \Delta x=0.02}}=0.24$$

若设函数 $y=x$，则在点 x 处 $y=x$ 的微分为

$$dy=dx=1\cdot\Delta x=\Delta x$$

通常我们把自变量 x 的增量 Δx 称为自变量的微分，记作 dx，即 $dx=\Delta x$，所以我们在微分公式 $dy=f'(x)\Delta x$ 中将 Δx 换成 dx，于是有

$$dy=f'(x)dx\quad 或\quad df(x)=f'(x)dx$$

在上式两端用 dx 去除，得

$$\frac{dy}{dx}=f'(x)$$

即函数的微分 dy 与自变量的微分 dx 的商等于该函数的导数,因此导数也称为“微商”.

函数在一点处的微分是函数增量的近似值,它与函数增量仅相差 Δx 的高阶无穷小. 因此有下面两个有关近似计算的公式:

$$\Delta y \approx dy = f'(x_0)\Delta x$$

$$f(x_0 + \Delta x) \approx f(x_0) + f'(x_0)\Delta x$$

2.4.2 微分的几何意义

为了对微分有比较直观的了解,我们现在来说明一下微分的几何意义.

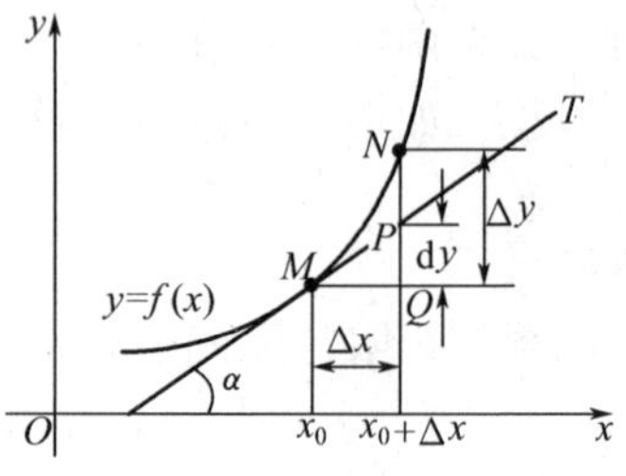

图2.3

在直角坐标系中,函数 $y=f(x)$ 的图形是一条曲线. 对于某一固定的 x_0 值,曲线上有一个确定点 $M(x_0,y_0)$,自变量 x 有微小增量 Δx 时,就得到曲线上另一点 $N(x_0+\Delta x, y_0+\Delta y)$. 从图2.3可知

$$MQ = \Delta x,\quad QN = \Delta y$$

过 M 点作曲线的切线 MT,它的倾角为 α,则

$$QP = MQ \cdot \tan\alpha = \Delta x \cdot f'(x_0)$$

即

$$dy = QP$$

由此可见,微分的几何意义是:函数 $y=f(x)$ 在点 x_0 处的微分,就是曲线 $y=f(x)$ 在点 $M(x_0,y_0)$ 的切线 MT 上,当横坐标由 x_0 变到 $x_0+\Delta x$ 时,其对应纵坐标的增量.

2.4.3 微分的计算

1. 函数和、差、积、商的微分法则

设 u,v 都是 x 的可微函数,则 u,v 的和、差、积、商的微分法则是

$$d(u \pm v) = du \pm dv$$

$$d(u \cdot v) = vdu + udv$$

$$d(Cu) = Cdu \quad (C\text{ 为常数})$$

$$d\left(\frac{u}{v}\right) = \frac{vdu - udv}{v^2} \quad (v \neq 0)$$

2. 基本初等函数的微分公式

由基本初等函数的导数公式,可以直接写出基本初等函数的微分公式.

(1) $d(c)=0$;　　(2) $d(x^\mu)=\mu x^{\mu-1}dx$;

(3) $d(a^x)=a^x\ln a\,dx$;　　(4) $d(e^x)=e^x dx$;

(5) $d(\log_a x)=\frac{1}{x\ln a}dx$;　　(6) $d(\ln x)=\frac{1}{x}dx$;

(7) $d(\sin x)=\cos x\,dx$;　　(8) $d(\cos x)=-\sin x\,dx$;

(9) $d(\tan x)=\sec^2 x\,dx$;　　(10) $d(\cot x)=-\csc^2 x\,dx$;

(11) $d(\sec x)=\sec x\tan x\,dx$;　　(12) $d(\csc x)=-\csc x\cot x\,dx$;

(13) $d(\arcsin x)=\frac{1}{\sqrt{1-x^2}}dx$;　　(14) $d(\arccos x)=-\frac{1}{\sqrt{1-x^2}}dx$;

(15) $d(\arctan x)=\frac{1}{1+x^2}dx$;　　(16) $d(\text{arccot}\,x)=-\frac{1}{1+x^2}dx$.

例 2　设 $y=x^4+5x^3+x-1$,求 dy.

解　$dy=f'(x)dx=(4x^3+15x^2+1)dx$.

例 3　设 $y=\ln(x+e^{x^2})$,求 dy.

解　因为 $y'=\dfrac{1+2xe^{x^2}}{x+e^{x^2}}$,所以 $dy=\dfrac{1+2xe^{x^2}}{x+e^{x^2}}dx$.

3. 复合函数的微分法则

由复合函数的求导法则,可推出复合函数的微分法则.

设 $y=f(u)$ 及 $u=\varphi(x)$ 都可微,则复合函数 $y=f[\varphi(x)]$ 的微分为

$$dy=y'_x dx=f'(u)\varphi'(x)dx$$

由于

$$\varphi'(x)dx=du$$

所以,复合函数 $y=f[\varphi(x)]$ 的微分公式也可以写成

$$dy=f'(u)du \quad 或 \quad dy=y'_u du$$

由此可见,无论 u 是自变量还是中间变量,函数 $y=f(u)$ 的微分总可保持同一形式:

$$dy=f'(u)du$$

这一性质称为一阶微分形式不变性.

例 4　设 $y=\sin(2x+1)$,求 dy.

解　设 $y=\sin u,u=2x+1$,则

$$dy=\cos u du=\cos(2x+1)d(2x+1)=\cos(2x+1)\cdot 2dx=2\cos(2x+1)dx$$

例 5　设 $y=e^{1-3x}\cos x$,求 dy.

解　$dy=\cos x\cdot d(e^{1-3x})+e^{1-3x}\cdot d(\cos x)=\cos x\cdot e^{1-3x}d(1-3x)+e^{1-3x}\cdot(-\sin x)dx=$
$-3\cos x\cdot e^{1-3x}dx-e^{1-3x}\sin x dx=-(3\cos x+\sin x)e^{1-3x}dx$

2.4.4　微分的应用

由于当 $f'(x_0)\neq 0$ 时,函数 $y=f(x)$ 的微分 dy 是增量 Δy 的线性主部,且相差的是比 Δx 高阶的无穷小 $o(\Delta x)$,所以当 $|\Delta x|$ 较小时有

$$\Delta y=f(x_0+\Delta x)-f(x_0)\approx dy \tag{2.10}$$

或

$$f(x_0+\Delta x)=f(x_0)+f'(x_0)\Delta x \tag{2.11}$$

在式(2.11)中令 $x=x_0+\Delta x$,即 $\Delta x=x-x_0$,那么式(2.11)可改写为

$$f(x)\approx f(x_0)+f'(x_0)(x-x_0) \tag{2.12}$$

利用公式(2.10)可以估算函数 $y=f(x)$ 的增量 Δy;利用公式(2.12)可以通过 $f(x_0)$ 和 $f'(x_0)$ 来计算函数值 $f(x)$.

例 6　有一批半径为 1 cm 的球,为了提高球面的光洁度,要镀上一层铜,厚度定为 0.01 cm,估计每只球需用铜多少克(铜的密度:8.9 g/cm³).

解　已知球体体积为 $V=\dfrac{4}{3}\pi R^3$,镀铜后在 $R=1,\Delta R=0.01$ 时体积的增量为 ΔV,因此

$$\Delta V\approx dV\Big|_{\substack{R=1\\ \Delta R=0.01}}=V'\Big|_{R=R_0}\cdot\Delta R=4\pi R^2\Delta R\Big|_{\substack{R=1\\ \Delta R=0.01}}\approx 0.126$$

因此每只球需用铜约为

$$8.9\times 0.126\approx 1.12\text{ g}$$

例7 计算 $\cos 60°30'$ 的近似值.

解 设 $f(x)=\cos x$,则 $f'(x)=-\sin x$(x 为弧度),因为 $x_0=\frac{\pi}{3}$,$\Delta x=\frac{\pi}{360}$,所以

$$f(x_0)=f\left(\frac{\pi}{3}\right)=\cos\frac{\pi}{3}=\frac{1}{2},\quad f'(x_0)=f'\left(\frac{\pi}{3}\right)=-\sin\frac{\pi}{3}=-\frac{\sqrt{3}}{2}$$

又
$$f(x_0+\Delta x)\approx f(x_0)+f'(x_0)\cdot\Delta x$$

所以
$$\cos 60°30'=\cos\left(\frac{\pi}{3}+\frac{\pi}{360}\right)\approx\cos\frac{\pi}{3}-\sin\frac{\pi}{3}\cdot\frac{\pi}{360}=\frac{1}{2}-\frac{\sqrt{3}}{2}\cdot\frac{\pi}{360}\approx 0.4924$$

下面推导一些常用的近似公式. 在公式(2.11)中取 $x_0=0$,则当 $|x|$ 很小时,有

$$f(x)\approx f(0)+f'(0)\cdot x \tag{2.13}$$

利用(2.13)式可以推得下面几个在工程上常用的近似计算公式($|x|$ 是较小的数值时):

(1) $\sqrt[n]{1+x}\approx 1+\frac{1}{n}x$;
(2) $\sin x\approx x$;
(3) $\tan x\approx x$;
(4) $e^x\approx 1+x$;
(5) $\ln(1+x)\approx x$.

例8 求证近似式 $e^x\approx 1+x$.

证明 令 $f(x)=e^x$,则 $f'(x)=e^x$,当 $x_0=0$ 时,$f(0)=e^0=1$,$f'(0)=e^0=1$,由 $f(x)\approx f(0)+f'(0)x$ 推得 $f(x)\approx 1+x$,即 $e^x\approx 1+x$.

例9 计算下列近似值.

(1) $\sqrt[3]{998.5}$
(2) $e^{-0.03}$

解 (1) $\sqrt[3]{998.5}=\sqrt[3]{1000-1.5}=\sqrt[3]{1000\left(1-\frac{1.5}{1000}\right)}=10\sqrt[3]{1-0.0015}\approx$

$$10\left(1-\frac{1}{3}\times 0.0015\right)=9.995.$$

(2) $e^{-0.03}\approx 1+(-0.03)=0.97$.

习题 2.4

1. 设 x 的值从 $x=1$ 变到 $x=1.01$,试求函数 $y=2x^2-x$ 的增量和微分.

2. 求下列函数的微分.

(1) $y=\frac{1}{x}+2\sqrt{x}$
(2) $y=\cos(3x+2)$
(3) $y=x\ln x-x^2$
(4) $y=[\ln(1-x)]^2$
(5) $y=x\arctan\sqrt{x}$
(6) $y=e^{-ax}\sin bx$

3. 求下列近似值.

(1) $\cos 29°$
(2) $\ln 0.9$
(3) $\sqrt[3]{8.02}$
(4) $e^{-0.2}$

4. 一正方体的棱长为 10 m,如果棱长增加 0.1 m,求此正方体体积增加的精确值和近似值.

本章小结

一、导数的概念

1. 明确导数定义的结构形式及等价形式：

$$f'(x_0)=\lim_{\Delta x\to 0}\frac{\Delta y}{\Delta x}=\lim_{\Delta x\to 0}\frac{f(x_0+\Delta x)-f(x_0)}{\Delta x}=\lim_{x\to x_0}\frac{f(x)-f(x_0)}{x-x_0}$$

2. 导数的几何意义.

函数在某点$(x_0,f(x_0))$处的导数就是经过该点的切线的斜率，因此

$$切线方程:y-f(x_0)=f'(x_0)(x-x_0)$$

$$法线方程:y-f(x_0)=-\frac{1}{f'(x_0)}(x-x_0)$$

3. 函数的可导性与连续性之间的关系：可导一定连续，连续不一定可导.

二、函数的求导法则

1. 基本初等函数的导数公式.

2. 导数的四则运算法则.

3. 复合函数的求导法则.

三、高阶导数

四、微分的概念及运算

1. 微分的定义：

$$dy=f'(x)dx$$

2. 微分的几何意义.

在曲线上某一点处，当自变量取得改变量 Δx 时，曲线在该点处的切线纵坐标的改变量.

函数值的改变量的近似值：$\Delta y\approx dy=f'(x_0)\Delta x$.

函数值的近似值：$f(x_0+\Delta x)=f(x_0)+\Delta y\approx f(x_0)+f'(x_0)\Delta x$.

3. 微分形式的不变性.

无论 u 作为自变量还是作为中间变量，总有 $dy=f'(u)du$.

4. 微分的计算.

5. 微分的应用.

自测与评估(2)

一、选择题

1. 设 $f(x)=\begin{cases}x+1, & x\leqslant 1\\ 2x^2, & x>1\end{cases}$，则 $f(x)$ 在 $x=1$ 处(　　).

A. $\lim\limits_{x\to 1}f(x)$ 不存在　　B. 不连续

C. 连续但不可导　　D. 可导

2. 在下列函数中,在 $x=0$ 处可导的是(　　).

A. $f(x)=\frac{1}{x}$　　B. $f(x)=|x|$

C. $f(x)=\begin{cases} x, & x<0 \\ 2x, & x\geqslant 0 \end{cases}$　　D. $f(x)=\begin{cases} x, & x<0 \\ \sin x, & x\geqslant 0 \end{cases}$

3. 设 $f(x)$ 在点 x_0 处可导,则 $\lim\limits_{h\to 0}\frac{f(x_0-2h)-f(x_0)}{h}=$(　　).

A. $f'(x_0)$　　B. $2f'(x_0)$

C. $-2f'(x_0)$　　D. $-f'(x_0)$

4. 设函数 $f(x)$ 在点 $x=1$ 处可导,且 $\lim\limits_{\Delta x\to 0}\frac{f(1-\Delta x)-f(1)}{\Delta x}=\frac{1}{2}$,则 $f'(1)=$(　　).

A. $-\frac{1}{2}$　　B. $\frac{1}{2}$

C. -2　　D. 2

5. 曲线 $y=xe^x$ 在点 $x=1$ 处的切线方程是(　　).

A. $y=2ex-e$　　B. $y=2ex+e$

C. $y=ex$　　D. $y=-ex+2e$

6. 如果曲线 $f(x)$ 在点 x_0 有切线,则 $f'(x_0)$(　　).

A. $=0$　　B. 一定存在

C. 一定不存在　　D. 不一定存在

7. 设 $y=e^{-2x}$,则 $y'''(\ln 2)=$(　　).

A. $\frac{1}{4}$　　B. -2　　C. 2　　D. $-\frac{1}{4}$

8. 设 $y=\cos\sqrt{2x}$,则 $dy=$(　　).

A. $-\frac{1}{\sqrt{2x}}\sin\sqrt{2x}\,dx$　　B. $-\frac{1}{2\sqrt{2x}}\sin\sqrt{2x}\,dx$

C. $\frac{1}{\sqrt{2x}}\sin\sqrt{2x}\,dx$　　D. $-\frac{2}{\sqrt{2x}}\sin\sqrt{2x}\,dx$

9. 设 $y=f(\cos x)$,其中 $y=f(x)$ 可微,则 $dy=$(　　).

A. $\sin xf'(\cos x)dx$　　B. $-\sin xf'(\cos x)dx$

C. $-\sin xf'(\sin x)dx$　　D. $\sin xf'(\sin x)dx$

二、填空题

1. 函数 $f(x)=x^3-3x^2+2$ 在点 $x=-1$ 处的切线的斜率 $k=$________.

2. 如果 $f'(x_0)$ 存在,则 $\lim\limits_{x\to x_0}\frac{f^2(x)-f^2(x_0)}{x-x_0}=$________.

3. 若 $y=3e^x+e^{-x}$,则当 $y'=0$ 时,$x=$________.

4. 设 $y=\arctan\frac{1}{x}$,则 $y'=$________,$y''=$________.

5. 如果 $x=2,\Delta x=0.01$,则 $d(x^2)\big|_{x=2}=$________.

6. 将直径为 4 的球加热,球的半径增加了 0.005,球的体积 V 增加的近似值为________.

三、计算题

1. 求下列函数的导数.

(1) $y=\frac{x\ln x}{1+x}$　　(2) $y=2^{\tan\frac{x}{2}}$

(3) $y=\sin x^3-\cos 3x$　　(4) $y=\frac{1}{2a}\ln\frac{x-a}{x+a}$

(5) $y=x\arctan x-\ln\sqrt{1+x^2}$　　(6) $y=\sqrt{1+x^2}+\ln\cos x+e^2$

2. 已知抛物线 $y=ax^2+bx+c$ 与指数函数 $y=e^x$ 在 $x=0$ 处相交,并有相同的一阶、二阶导数,求 a,b,c 的值.

3. 设 $f(x)$ 二阶可导,且 $y=f(1-x^2)x$,求 y''.

第3章　导数的应用

第2章我们建立了导数的概念,并研究了导数的计算方法. 本章将利用导数知识来研究函数的各种性态,这些知识在日常生活、科学实践、经济来往中有着广泛的应用.

3.1　中值定理

3.1.1　罗尔(Rolle)中值定理

罗尔中值定理　如果函数$f(x)$满足:

(1)在闭区间$[a,b]$上连续;

(2)在开区间(a,b)内可导;

(3)在区间两端点处的函数值相等,即$f(a)=f(b)$,

则在开区间(a,b)内至少存在一点ξ,使得函数$f(x)$在该点的导数等于零,即$f'(\xi)=0$.

例如,$f(x)=x^2-2x-3=(x-3)(x+1)$在$[-1,3]$上连续,在$(-1,3)$内可导,且$f(-1)=f(3)=0$,因为$f'(x)=2(x-1)$,取$\xi=1$,($1\in(-1,3)$),有$f'(\xi)=0$.

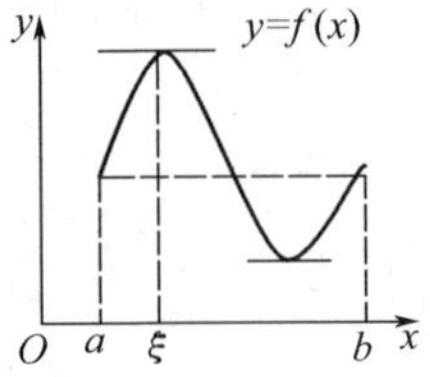

图3.1

罗尔中值定理的几何意义:当曲线弧在$[a,b]$上为连续弧段,在(a,b)内曲线弧上每一点均有不垂直于x轴的切线,并且曲线弧两个端点处的纵坐标相等,那么曲线弧上至少有一条平行于x轴(即与端点连线ab平行)的切线(图3.1).

3.1.2　拉格朗日中值定理

拉格朗日中值定理　如果函数$y=f(x)$满足:

(1)在闭区间$[a,b]$上连续;

(2)在开区间(a,b)内可导,

则至少存在一点$\xi\in(a,b)$,使得

$$f'(\xi)=\frac{f(b)-f(a)}{b-a}\quad(a<\xi<b)$$

或

$$f(b)-f(a)=f'(\xi)(b-a)\quad(a<\xi<b) \tag{3.1}$$

关于拉格朗日中值定理有以下几点说明:

(1)如果$f(a)=f(b)$,则$f'(\xi)=\dfrac{f(b)-f(a)}{b-a}=0$,即罗尔中值定理是拉格朗日中值定理的特例.

(2)当$a>b$时,公式(3.1)也成立.

拉格朗日中值定理的几何意义是:当曲线弧在$[a,b]$上为连续弧段,在(a,b)内曲线弧上每一点均有不垂直于x轴的切线,那么曲线弧上至少有一点C,使得在点C处的切线平行

于过曲线弧两个端点的弦(图 3.2).

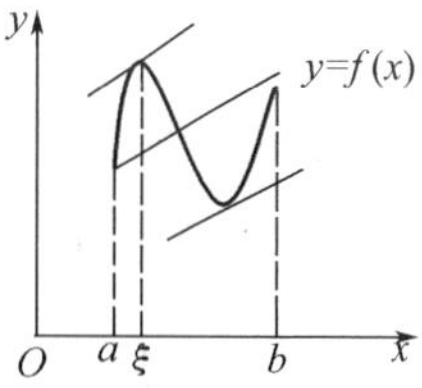

图 3.2

例 1　判定函数 $f(x)=\frac{1}{x}$ 在区间 $[1,2]$ 上是否满足拉格朗日中值定理的条件？若满足，求适合定理的 ξ 值.

解　因为 $f(x)=\frac{1}{x}$ 是初等函数，在区间 $[1,2]$ 上连续，且在开区间 $(1,2)$ 内可导，$f'(x)=-\frac{1}{x^2}$，所以函数 $f(x)=\frac{1}{x}$ 在区间 $[1,2]$ 上满足拉格朗日中值定理的条件. 由拉格朗日中值定理得

$$f(2)-f(1)=f'(\xi)(2-1)$$

即 $\frac{1}{2}-1=-\frac{1}{\xi^2}$，解得 $\xi=\sqrt{2}$.

例 2　证明：当 $0<b<a$ 时，有 $\frac{a-b}{a}<\ln\frac{a}{b}<\frac{a-b}{b}$.

证明　设 $f(x)=\ln x$，显然 $f(x)$ 在 $[b,a]$ 上连续，在 (b,a) 内可导，$f'(x)=\frac{1}{x}$，根据拉格朗日中值定理，存在 $\xi\in(b,a)$，使得 $\ln a-\ln b=\frac{1}{\xi}(a-b)$，即 $\ln\frac{a}{b}=\frac{1}{\xi}(a-b)$. 因为 $0<b<a$，$b<\xi<a$，所以 $\frac{1}{a}<\frac{1}{\xi}<\frac{1}{b}$，于是 $\frac{1}{a}(a-b)<\frac{1}{\xi}(a-b)<\frac{1}{b}(a-b)$，所以 $\frac{a-b}{a}<\ln\frac{a}{b}<\frac{a-b}{b}$.

推论　如果函数 $f(x)$ 在区间 I 上导数恒为零，则 $f(x)$ 在区间 I 上是一个常数.

证明　在区间 I 任取 $x_1,x_2(x_1<x_2)$，显然，函数 $f(x)$ 在闭区间 $[x_1,x_2]$ 上满足拉格朗日中值定理的条件，所以

$$f(x_2)-f(x_1)=f'(\xi)(x_2-x_1)\quad(x_1<\xi<x_2)$$

由假设知 $f'(x)\equiv 0$，所以 $f'(\xi)=0$，故 $f(x_2)=f(x_1)$.

由 x_1,x_2 的任意性，得 $f(x)$ 在区间 I 上的函数值总是相等，也就是说，$f(x)$ 在区间 I 上是一个常数.

例 3　证明 $\arcsin x+\arccos x=\frac{\pi}{2}(-1\leqslant x\leqslant 1)$.

证明　令 $f(x)=\arcsin x+\arccos x$，则 $f(x)$ 在 $[-1,1]$ 上满足拉格朗日中值定理的条件，$f'(x)=\frac{1}{\sqrt{1-x^2}}-\frac{1}{\sqrt{1-x^2}}=0$，由推论知 $f(x)=c$（c 为常数），$\xi\in(-1,1)$.

又当 $x=0$ 时，$f(0)=\frac{\pi}{2}$，因此当 $-1\leqslant x\leqslant 1$ 时，$\arcsin x+\arccos x=\frac{\pi}{2}$.

习题 3.1

1. 下列函数在指定的区间上是否满足罗尔中值定理的条件？如果满足，求出定理结论中的数值 ξ.

(1) $f(x)=x^2-4x+4,x\in[1,3]$　　(2) $y=\ln(\sin x),x\in\left[\frac{\pi}{6},\frac{5\pi}{6}\right]$

2. 下列函数在给定区间上是否满足拉格朗日中值定理的条件？如果满足，求出定理结论中的数值 ξ.

(1) $f(x)=2x^2+x+1, x\in[-1,3]$ (2) $f(x)=\ln x, x\in[1,\mathrm{e}]$

3. 证明 $\arctan x+\operatorname{arccot} x=\dfrac{\pi}{2}$.

4. 证明下列不等式:

(1) 当 $x>0$ 时, $\dfrac{x}{1+x}<\ln(1+x)<x$;

(2) 当 $a>b>0, n>1$ 时, $nb^{n-1}(a-b)<a^n-b^n<na^{n-1}(a-b)$.

3.2 函数单调性的判别

我们已经介绍了函数在区间上单调的概念,并掌握了用定义判断函数在区间上单调的方法,现在利用导数知识来研究函数的单调性.

从图3.3可以看出:如果函数 $y=f(x)$ 在 $[a,b]$ 上单调增加(单调减少),那么它的图形是一条沿 x 轴正向上升(下降)的曲线,这时曲线的各点处的切线斜率是非负的(是非正的),即 $k_{切}=y'=f'(x)\geqslant 0$ ($k_{切}=y'=f'(x)\leqslant 0$). 由此可见,函数的单调性与导数的符号有着密切的关系. 那么能否利用导数的正负号来判定函数的单调性呢?下面的定理回答了这个问题.

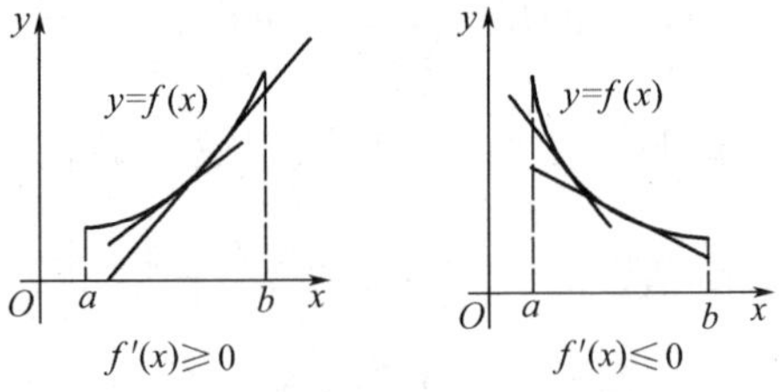

图 3.3

定理1 设函数 $y=f(x)$ 在 $[a,b]$ 上连续,在 (a,b) 内可导.

(1) 如果在 (a,b) 内 $f'(x)>0$,那么函数 $y=f(x)$ 在 $[a,b]$ 上单调增加;

(2) 如果在 (a,b) 内 $f'(x)<0$,那么函数 $y=f(x)$ 在 $[a,b]$ 上单调减少.

证明 $\forall x_1,x_2\in(a,b)$,且 $x_1<x_2$,应用拉格朗日中值定理,得

$$f(x_2)-f(x_1)=f'(\xi)(x_2-x_1)\quad(x_1<\xi<x_2)$$

由于 $x_2-x_1>0$,若在 (a,b) 内, $f'(x)>0$,则 $f'(\xi)>0$,于是 $f(x_2)-f(x_1)=f'(\xi)(x_2-x_1)>0$,即 $f(x_2)>f(x_1)$. 所以 $y=f(x)$ 在 $[a,b]$ 上单调增加;同理,若在 (a,b) 内, $f'(x)<0$,则 $f'(\xi)<0$,则 $f(x_2)<f(x_1)$,所以 $y=f(x)$ 在 $[a,b]$ 上单调减少.

上述定理中的闭区间 $[a,b]$ 若为开区间 (a,b) 或无限区间,结论也成立.

注意 有的可导函数仅在有限个点处导数为零,在其余点处导数均为正(或负),则函数在该区间仍为单调增加(或单调减少). 例如,幂函数 $y=x^3$ 的导数 $y'=3x^2$,只有当 $x=0$ 时, $y'=0$,而当 $x\neq 0$ 时, $y'>0$,因而幂函数 $y=x^3$ 在 $(-\infty,+\infty)$ 上单调增加.

例1 判定函数 $y=x-\sin x$ 在 $[0,2\pi]$ 上的单调性.

解 因为所给的函数在 $[0,2\pi]$ 上连续,在 $(0,2\pi)$ 内有 $y'=1-\cos x>0$,所以由判定法可知:函数 $y=x-\sin x$ 在 $[0,2\pi]$ 上单调增加.

例2 判断函数 $f(x)=x^2$ 的单调性.

解 函数 $f(x)=x^2$ 的定义域为 $(-\infty,+\infty)$,且 $f'(x)=2x$,在点 $x=0$ 处导数为零,以 $x=0$ 为界把定义域分成 $(-\infty,0)$ 和 $(0,+\infty)$ 两个区间. 当 $x\in(-\infty,0)$ 时, $f'(x)<0$;当 $x\in(0,+\infty)$ 时, $f'(x)>0$.

因此,函数 $f(x)=x^2$ 在区间 $(-\infty,0)$ 内单调减少;在 $(0+\infty)$ 内单调增加. 其中 $x=0$

是单调减少区间$(-\infty,0]$和单调增加区间$[0,+\infty)$的分界点. 表3.1中清楚地表明了这种情况.（↘表示单调减少，↗表示单调增加）

表3.1

x	$(-\infty,0)$	$(0,+\infty)$
$f'(x)$	$-$	$+$
$f(x)$	↘	↗

例3　确定函数$f(x)=\sqrt[3]{x^2}$的单调区间.

解　这个函数在它的定义区间$(-\infty,+\infty)$上连续. 当$x\neq 0$时，这个函数的导数为

$f'(x)=\dfrac{2}{3\sqrt[3]{x}},(x\neq 0).$

当$x=0$时，用导数的定义可以推知函数的导数不存在，在$(-\infty,+\infty)$内函数不存在驻点. 但$x=0$是导数不存在的点，它把$(-\infty,+\infty)$分成两个部分区间$(-\infty,0)$及$(0,+\infty)$. 在$(-\infty,0)$内，$f'(x)<0$，故函数在$(-\infty,0]$上单调减少；在$(0,+\infty)$内，$f'(x)>0$，故函数在$[0,+\infty)$上单调增加.

从以上例子可以看到，有些函数在它的定义区间上不是单调的，但用导数等于零（通常把使导数$f'(x_0)=0$的点称为函数$f(x)$的驻点）或导数不存在的点划分函数的定义区间后，就可以使函数在每个部分区间上单调. 因此，确定函数的单调性的一般步骤如下：

(1)确定函数的定义域；

(2)求导数$f'(x)$；

(3)求出使$f'(x)=0$和$f'(x)$不存在的点，将这些点按从小到大的顺序排列，并以这些点为分界点把定义域分成若干个开区间；

(4)确定$f'(x)$在每个开区间内的符号，从而判断出$f(x)$的单调性.

例4　确定函数$f(x)=2x^3-9x^2+12x-3$的单调区间.

解　这个函数在它的定义区间$(-\infty,+\infty)$上连续、可导，且

$$f'(x)=6x^2-18x+12=6(x-1)(x-2)$$

解方程$f'(x)=0$，得出函数在定义区间$(-\infty,+\infty)$内的两个驻点$x_1=1,x_2=2$，这两个驻点把$(-\infty,+\infty)$分成三个部分区间$(-\infty,1),(1,2),(2,+\infty)$，见表3.2：

表3.2

x	$(-\infty,1)$	$(1,2)$	$(2,+\infty)$
$f'(x)$	$+$	$-$	$+$
$f(x)$	↗	↘	↗

所以$f(x)$在区间$(-\infty,1]$和$[2,+\infty)$上单调增加，在区间$[1,2]$上单调减少.

根据函数的单调性，还可以证明一些不等式.

例5　证明：当$x>1$时，$e^x>ex$.

证明　设$f(x)=e^x-ex$，则$f(x)$在$[1,+\infty)$上连续，在$(1,+\infty)$内有$f'(x)=e^x-e$. 当$x>1$时，$f'(x)>0$，由定理知$f(x)$在$[1,+\infty)$上单调增加，且$f(1)=e^1-e\times 1=0$，

所以,当 $x>1$ 时,$f(x)>f(1)=0$,即 $e^x-ex>0$,从而 $e^x>ex$.

习题3.2

1. 判断下列函数在指定区间内的单调性.

(1) $f(x)=\tan x, x\in\left(-\frac{\pi}{2},\frac{\pi}{2}\right)$　　(2) $f(x)=\arctan x-x, x\in(-\infty,+\infty)$

(3) $f(x)=x+\cos x, x\in[0,2\pi]$

2. 求下列函数的单调区间.

(1) $y=x^3-27x+36$　　(2) $y=x^4-2x^2-5$

(3) $y=(x-1)(x+1)^3$　　(4) $y=x-e^x$

3. 证明下列不等式.

(1) 当 $x\neq 0$ 时,$e^x>1+x$　　(2) 当 $x>0$ 时,$x>\ln(1+x)$

3.3 函数的极值与最值

极值是函数的一种局部形态,它能帮助我们进一步把握函数的变化状况,为准确描绘函数图形提供不可缺少的信息,它又是研究函数最大值和最小值问题的关键.

3.3.1 函数的极值

1. 函数的极值的定义

设函数 $y=f(x)$ 的图形如图3.4所示,x_1,x_2,x_4,x_5 是函数由增变减或由减变增的转折点,在 $x=x_1,x=x_4$ 处图形出现"峰",即函数 $y=f(x)$ 在点 x_1,x_4 处的函数值 $f(x_1),f(x_4)$ 分别比它们左右近旁各点的函数值都大;而在 $x=x_2,x=x_5$ 处图形出现"谷",即点 x_2,x_5 处的函数值 $f(x_2),f(x_5)$ 分别比它们左右近旁各点的函数值都小.对于具有这种性质的点和对应的函数值给出下面的定义.

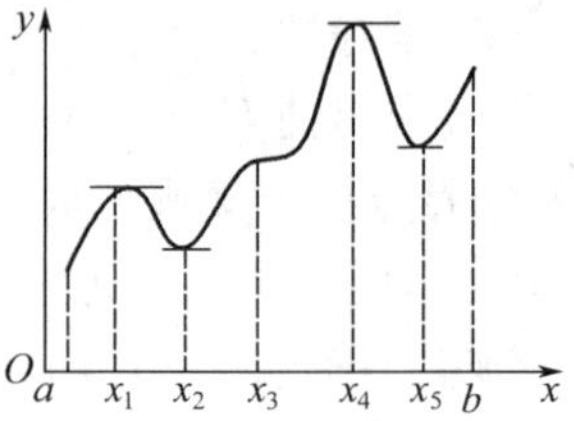

图3.4

定义　设函数在点 x_0 某邻域内有定义,如果对于该邻域内的任意一点 $x(x\neq x_0)$,恒有 $f(x)<f(x_0)$(或 $f(x)>f(x_0)$),则 $f(x_0)$ 称为 $f(x)$ 的一个极大值(极小值),x_0 称为函数的极大值点(极小值点).

极大值、极小值统称为函数的极值,极大值点和极小值点统称为极值点.

在图3.4中,$f(x_1),f(x_4)$ 是函数的极大值,x_1,x_4 是函数的极大值点;$f(x_2),f(x_5)$ 是函数的极小值,x_2,x_5 是函数的极小值点.

注意　(1)极值是指函数值,而极值点是指自变量的值,两者不能混淆.

(2)函数的极值是局部性的概念,它只是与极值点邻近的(某邻域)点的函数值比较为最大或最小,而不是整个有定义区间的最大或最小,因此在某个区间内,极大值可以比极小值小.

2. 函数的极值的判定和求法

从图3.4可以看出,在可导函数取得极值处(曲线的切线是水平的,即在极值点处函数的导数为零;反之,曲线上有水平切线的地方(即在使导数为零的点处函数不一定取得极值. 例如,在点 x_3 处,曲线虽有水平切线,即 $f'(x_3)=0$,但 $f(x_3)$ 并不是极值.

下面给出函数取得极值的必要条件.

定理 1(必要条件)　设函数 $f(x)$ 在 x_0 处可导,且在 x_0 处取得极值,则 $f'(x_0)=0$.

注意　(1)可导函数的极值点必定是驻点;反之,函数 $f(x)$ 的驻点未必是极值点. 例如,$f(x)=x^3$,$x=0$ 是驻点,但不是极值点.

(2)函数在它的导数不存在的点处也可能取得极值. 例如,$f(x)=|x|$ 在 $x=0$ 处不可导,但函数在该点取得极小值.

函数的驻点和导数不存在的点都可能是函数的极值点,那么如何判断一个函数的驻点和导数不存在的点是不是极值点呢? 如果是极值点,又怎样进一步判定它是极大值点还是极小值点呢? 为解决这个问题,先借助图形来分析一下函数 $f(x)$ 在点 x_0 处取得极值时,点 x_0 两侧 $f'(x)$ 符号的变化情况.

如图 3.5 所示,函数 $f(x)$ 在 x_0 点处取得极大值,在点 x_0 的左侧函数单调增加,有 $f'(x)>0$;在点 x_0 的右侧函数单调减少,有 $f'(x)<0$.

对应函数在 x_0 点取得极小值的情况,可结合图 3.6 类似地进行讨论.

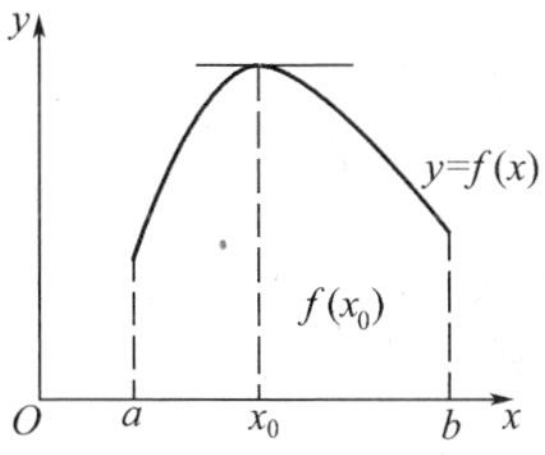

图 3.5

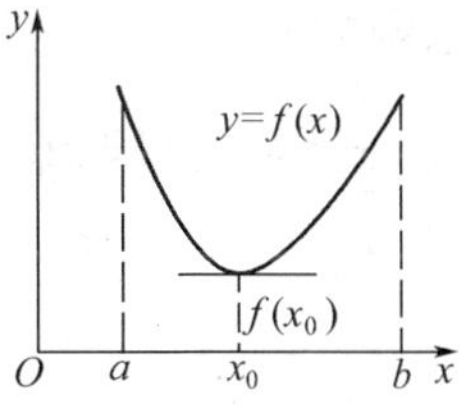

图 3.6

下面给出可导函数取得极值的充分条件:

定理 2(第一充分条件)　设函数 $f(x)$ 在 x_0 的某个邻域内连续可导(在 x_0 处可以不可导),则:

(1)如果当 $x<x_0$ 时,$f'(x)>0$;当 $x>x_0$ 时,$f'(x)<0$,那么 $f(x_0)$ 是函数 $f(x)$ 的极大值,x_0 是 $f(x)$ 的极大值点.

(2)如果当 $x<x_0$ 时,$f'(x)<0$;当 $x>x_0$ 时,$f'(x)>0$,那么 $f(x_0)$ 是函数 $f(x)$ 的极小值,x_0 是 $f(x)$ 的极小值点.

(3)如果在 x_0 的两侧,$f'(x)$ 的符号保持不变,那么 $f(x)$ 在 x_0 处没有极值,x_0 不是 $f(x)$ 的极值点.

定理 3　也可简单地这样说:当 x 在 x_0 的邻近渐增地经过 x_0 时,如果 $f'(x)$ 的符号由负变正,那么 $f(x)$ 在 x_0 处取得极小值;如果 $f'(x)$ 的符号由正变负,那么 $f(x)$ 在 x_0 处取得极大值;如果 $f'(x)$ 的符号并不改变,那么 $f(x)$ 在 x_0 处没有极值.

根据上面的两个定理,我们可以得到求 $f(x)$ 极值点和极值的步骤如下:

(1)确定函数 $f(x)$ 的定义域;

(2)求出导数 $f'(x)$;

(3)求出 $f(x)$ 的全体驻点及不可导的点,并由小到大排列;

(4)用驻点和不可导点把函数的定义域划分为若干个区间,考查每个部分区间内的 $f'(x)$ 的符号,利用定理 2 确定每个驻点和不可导点是否为极值点,如果是极值点,确定是极

大值点还是极小值点;

(5)求出各极值点的函数值,即得函数的全部极值.

例1 求出函数$f(x)=x^3-3x^2-9x+5$的极值.

解 (1)$f(x)$的定义域为$(-\infty,+\infty)$;

(2)$f'(x)=3x^2-6x-9=3(x+1)(x-3)$;

(3)令$f'(x)=0$,得驻点$x_1=-1,x_2=3$.

列表讨论结果见表3.3.

表3.3

x	$(-\infty,-1)$	-1	$(-1,3)$	3	$(3,+\infty)$
$f'(x)$	+	0	−	0	+
$f(x)$	↗	极大值10	↘	极小值−22	↗

所以函数的极大值为$f(-1)=10$,极小值为$f(3)=-22$.

例2 求函数$f(x)=x-\frac{3}{2}\sqrt[3]{x^2}$的极值.

解 (1)$f(x)$的定义域为$(-\infty,+\infty)$;

(2)$f'(x)=1-x^{-\frac{1}{3}}=\frac{\sqrt[3]{x}-1}{\sqrt[3]{x}}$;

(3)令$f'(x)=0$得$x=1$,又当$x=0$时,$f'(x)$不存在.

列表讨论结果见表3.4.

表3.4

x	$(-\infty,0)$	0	$(0,1)$	1	$(1,+\infty)$
$f'(x)$	+	不存在	−	0	+
$f(x)$	↗	极大值0	↘	极小值$-\frac{1}{2}$	↗

所以函数的极大值为$f(-1)=0$,极小值为$f(1)=-\frac{1}{2}$.

除了利用一阶导数来判别函数的极值以外,当函数$f(x)$在驻点处的二阶导数存在且不为零时,用下面定理来判别$f(x)$的极值较为方便.

定理4(第二充分条件) 设函数$f(x)$在x_0处具有二阶导数,且$f'(x_0)=0,f''(x_0)\neq 0$,则:

(1)当$f''(x_0)<0$时,函数$f(x)$在x_0处取得极大值;

(2)当$f''(x_0)>0$时,函数$f(x)$在x_0处取得极小值.

例3 求函数$f(x)=x^3+3x^2-24x-20$的极值.

解 $f'(x)=3x^2+6x-24=3(x+4)(x-2)$.

令$f'(x)=0$得驻点为$x_1=-4,x_2=2$.

$f''(x)=6x+6$,而$f''(-4)=-18<0$,故极大值为$f(-4)=60$.

$f''(2)=18>0$，故极小值为 $f(2)=-48$.

函数 $f(x)=x^3+3x^2-24x-20$ 的图形如图 3.7 所示.

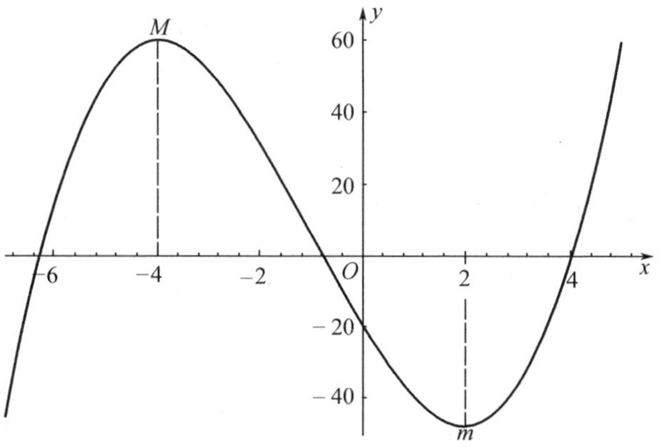

图 3.7

注意　当 $f'(x_0)=0$ 且 $f''(x_0)=0$ 时，不能判别函数 $f(x)$ 在点 x_0 处是否取得极值，仍需用定理 2（第一充分条件）来进行判别.

例 4　求函数 $f(x)=(x^2-1)^3+1$ 的极值.

解　$f'(x)=6x(x^2-1)^2$.

令 $f'(x)=0$，得驻点为 $x_1=-1, x_2=0, x_3=1$.

$f''(x)=6(x^2-1)(5x^2-1)$.

由于 $f''(0)=6>0$，故 $f(0)=0$ 为极小值.

因为 $f''(-1)=f''(1)=0$，所以用定理 3 无法判别，仍用定理 2 判定.

当 $x<-1$ 时，$f'(x)<0$；当 $-1<x<0$ 时，$f'(x)<0$，所以 $f(x)$ 在 $x=-1$ 处没有极值. 同理，$f(x)$ 在 $x=1$ 处也没有极值.

3.3.2　最大值和最小值问题

在工农业生产、工程技术和各种经济活动中，往往会遇到在一定条件下，怎样使“产品最多”“用料最省”“成本最低”“效率最高”“利润最大”等问题，要解决这类问题，在数学上有时可归结为求某一函数的最大值或最小值问题.

在前面我们已经学过最大值和最小值定理，若函数 $f(x)$ 在闭区间 $[a,b]$ 上连续，则函数 $f(x)$ 在闭区间 $[a,b]$ 上一定存在最大值和最小值。显然 $f(x)$ 在闭区间 $[a,b]$ 上的最大值和最小值只能在区间内的极值点和端点处取得. 因此，可用如下方法求出连续函数 $f(x)$ 在 $[a,b]$ 上的最大值和最小值：

（1）求出函数 $f(x)$ 在开区间 (a,b) 内的驻点和导数不存在的点；

（2）求出函数 $f(x)$ 在各驻点、导数不存在的点和区间端点处的函数值，并把这些值加以比较，其中最大的就是最大值，最小的就是最小值.

例 5　求函数 $f(x)=x^5-5x^4+5x^3+1$ 在闭区间 $[-1,2]$ 上的最大值和最小值.

解　（1）$f'(x)=5x^4-20x^3+15x^2=5x^2(x-1)(x-3)$.

（2）令 $f'(x)=0$，得函数 $f(x)$ 在 $[-1,2]$ 上的驻点为 $x_1=0, x_2=1$.

(3)计算$f(-1)=-10, f(0)=1, f(1)=2, f(2)=-7$.

(4)比较可得$f(x)$在$[-1,2]$上的最大值是$f(1)=2$,最小值是$f(-1)=-10$.

在实际问题中,往往根据问题的性质就可以断定函数$f(x)$的确有最大值或最小值,而且一定在定义区间内部取得.这时如果$f(x)$在定义区间内部只有一个驻点x_0,那么不必讨论$f(x_0)$是否为极值,就可直接断定$f(x_0)$是最大值或最小值.

例6 用边长为48 cm的正方形铁皮做一个无盖的铁盒,在铁皮的四角各截去一个面积相等的小正方形(图3.8(a)),然后把四边折起,就能焊成铁盒(图3.8(b)).问在四角应截去边长多长的正方形,方能使所做的铁盒容积最大?

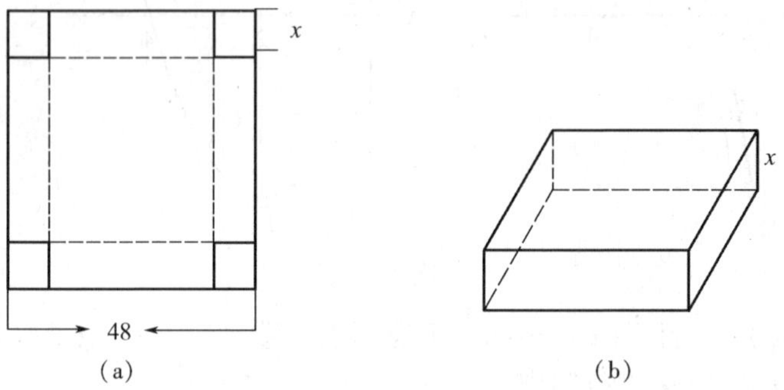

图3.8

解 设截去的小正方形边长为x cm,铁盒的底边长为$(48-2x)$ cm,铁盒的容积为V cm^3,则根据题意有

$$V=x(48-2x)^2 \quad (0<x<24)$$

此问题归结为:当x取何值时,函数V在区间$(0,24)$内取得最大值.

求导数得$V'=(48-2x)^2+2x(48-2x)(-2)=12(24-x)(8-x)$.

令$V'=0$,得$x_1=24, x_2=8$,在$(0,24)$内只有$x_2=8$是驻点,由于铁盒必然存在最大容积,因此,当$x=8$时,函数V有最大值,即当截去的小正方形边长为8 cm时铁盒的容积最大.

习题3.3

1. 求下列函数的极值.

(1)$y=2x^3-3x^2$　　(2)$y=2x^3-6x^2-18x+7$

(3)$y=x+\sqrt{1-x}$　　(4)$y=x-e^x$

2. a为何值时,函数$f(x)=a\sin x+\frac{1}{3}\sin 3x$在$x=\frac{\pi}{3}$处具有极值?它是极大值还是极小值?求出此极值.

3. 求下列函数在指定区间上的最大值和最小值.

(1)$y=2x^3+3x^2-12x+14, x\in[-3,4]$　　(2)$y=x^4-2x^2+5, x\in[-2,2]$

4. 从长为8 cm、宽为5 cm的矩形纸板的四个角上剪去相同的小正方形,折成一个无盖的盒子,要使盒子的容积最大,剪去的小正方形的边长应为多少?

3.4　函数的凹凸性与拐点

前面我们利用导数的知识研究了函数的单调性和极值,下面继续利用导数知识来研究函数图像的弯曲方向,以便用所学的知识更准确地描绘函数的图像.

3.4.1　曲线的凹凸性及其判定法

如图 3.9 所示. 曲线弧 AB 是向下弯曲的,此时曲线弧位于该弧上任一点处切线的下方;而曲线弧 BC 是向上弯曲的,此时曲线弧位于该弧线上任一点处切线的上方.

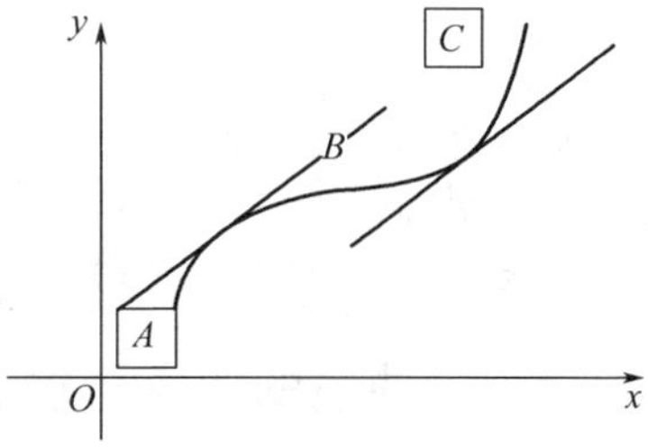

图 3.9

定义　如果在某区间内的曲线弧位于其上任意一点处切线的上方,则称此曲线弧在该区间内是凹的,此区间称为凹区间;如果在某区间内曲线弧位于其上任意一点处切线的下方,则称此曲线弧在该区间内是凸的,此区间称为凸区间.

图 3.9 中曲线弧 AB 是凸的,曲线弧 BC 是凹的.

如何判定曲线的凹凸呢?

从图 3.10、图 3.11 可以看出,如果曲线是凹的,那么切线的倾斜角随着自变量 x 的增大而增大,即凹弧上各点处的切线斜率是随着 x 的增加而增加的,这说明 $f'(x)$ 为单调增函数;如果曲线是凸的,那么切线的倾斜角随着自变量 x 的增大而减小,即切线斜率是随着 x 的增加而减小的,这说明 $f'(x)$ 为单调减函数。这就启发我们通过一阶导数的单调性来判定曲线弧的凹凸性.

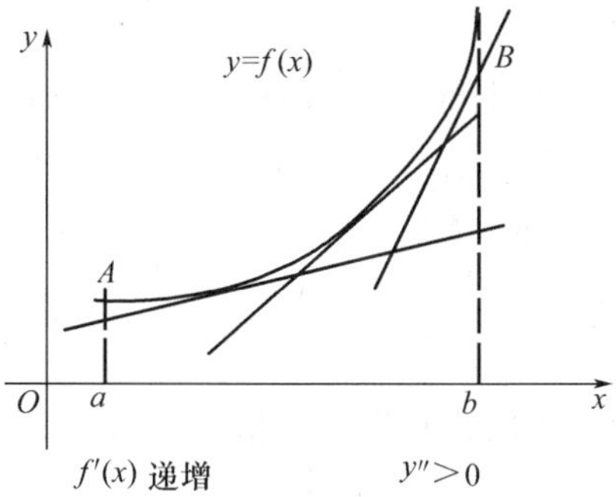

图 3.10

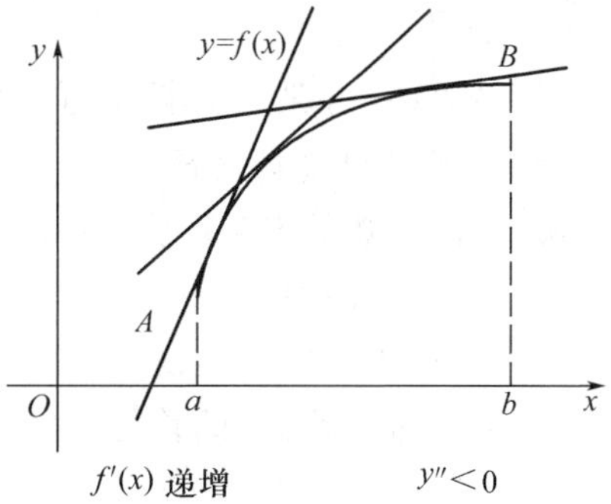

图 3.11

定理(曲线凹凸性的判定定理)　设函数 $y=f(x)$ 在 (a,b) 内具有二阶导数,那么:

(1)如果在 (a,b) 内 $f''(x)>0$,则曲线 $y=f(x)$ 在 (a,b) 内是凹的;

(2)如果在 (a,b) 内 $f''(x)<0$,则曲线 $y=f(x)$ 在 (a,b) 内是凸的.

例 1　判定曲线 $y=e^x$ 的凹凸性.

解　因为 $y'=e^x$,$y''=e^x>0$,所以,$y=e^x$ 在定义域 $(-\infty,+\infty)$ 内是凹的.

例 2　判定曲线 $f(x)=x^3$ 的凹凸性.

解　函数 $f(x)=x^3$ 定义域为 $(-\infty,+\infty)$.

$$f'(x) = 3x^2, \quad f''(x) = 6x$$

当 $x<0$ 时,$f''(x)<0$,曲线在区间$(-\infty,0)$内是凸的;

当 $x>0$ 时,$f''(x)>0$,曲线在区间$(0,+\infty)$内是凹的.

当 $x=0$ 时,$f''(x)=0$,点$(0,0)$是曲线弧上凹凸性发生变化的分界点。

例 3 求曲线$f(x)=\dfrac{1}{x}$的凹凸区间.

解 函数$f(x)=\dfrac{1}{x}$的定义域为$(-\infty,0)\cup(0,+\infty)$.

$$f'(x) = -\frac{1}{x^2}, \quad f''(x) = \frac{2}{x^3}$$

当 $x\in(0,+\infty)$时,$f''(x)>0$,$(0,+\infty)$为函数$f(x)$的凹区间;

当 $x\in(-\infty,0)$时,$f''(x)<0$,$(-\infty,0)$为函数$f(x)$的凸区间.

3.4.2 曲线的拐点与求法

定义 连续曲线上凹的曲线弧与凸的曲线弧的分界点称为曲线$f(x)$的拐点.

在上面的例2中,$(0,0)$是 $y=x^3$ 曲线的拐点. 而例3中的曲线 $y=\dfrac{1}{x}$没有拐点.

下面来讨论曲线 $y=f(x)$的拐点的求法.

由于拐点是曲线凹凸的分界点,所以拐点左右两侧近旁$f''(x)$必然异号. 因此,曲线拐点的横坐标 x_0,只可能是使$f''(x)=0$ 的点或$f''(x)$不存在的点,我们可以按下面的步骤来判定曲线的拐点:

(1)确定函数$f(x)$的定义域,并求$f''(x)$;

(2)求出$f''(x)=0$ 和$f''(x)$不存在的点,设它们为 $x_1,x_2,\cdots,x_N$;

(3)用上述各点按照从小到大依次将定义域划分为若干个小区间,再在每个小区间上考查$f''(x)$的符号;

(4)若$f''(x)$在某点 x_i 两侧近旁异号,则点$(x_i,f(x_i))$是曲线 $y=f(x)$的拐点.

例 4 求函数$f(x)=x^4-2x^3+1$ 的凹凸区间及拐点.

解 (1)函数的定义域为$(-\infty,+\infty)$;

(2)$f'(x)=4x^3-6x^2$, $f''(x)=12x^2-12x=12x(x-1)$.

令$f''(x)=0$,得 $x_1=0,x_2=1$.

(3)列表考查$f''(x)$的符号,见表3.5(其中"∪"表示凹的,"∩"表示凸的).

表 3.5

x	$(-\infty,0)$	0	$(0,1)$	1	$(1,+\infty)$
$f''(x)$	+	0	—	0	+
$f(x)$	∪	拐点$(0,1)$	∩	拐点$(1,0)$	∪

(4)由表3.5讨论可知,函数$f(x)$在$(-\infty,0)$与$(1,+\infty)$内是凹的。在$(0,1)$内是凸的,曲线$f(x)$的拐点为$(0,1)$和$(1,0)$.

例 5 判定曲线 $y=(2x-1)^4+1$ 是否有拐点.

解　(1)函数的定义域为$(-\infty,+\infty)$;

(2)$y'=8(2x-1)^3$,$y''=48(2x-1)^2$;

(3)令$y''=0$,得$x=\frac{1}{2}$;

(4)当$x\neq\frac{1}{2}$时,$y''>0$,因此点$\left(\frac{1}{2},1\right)$不是曲线$y=(2x-1)^4+1$的拐点.

习题 3.4

1. 判断下列曲线的凹凸性.

(1)$y=\ln x$　　(2)$y=4x-x^2$

2. 求下列曲线的凹凸区间,并求其拐点坐标.

(1)$y=x^3-5x^2+3x+5$　　(2)$y=xe^{-x}$

(3)$y=(x-2)^{\frac{5}{3}}$

3. 已知曲线$y=x^3+ax^2-9x+4$在$x=1$处有拐点,试确定系数a,并求曲线的拐点坐标和凹凸区间.

4. 问a,b为何值时,点$(1,3)$为曲线$y=ax^3+bx^2$的拐点?

本章小结

一、中值定理

1. 罗尔中值定理.

2. 拉格朗日中值定理.

二、函数单调性的判别

1. 函数单调性的定义.

2. 函数单调性的判别法.

三、函数的极值与最值

1. 函数的极值的定义.

2. 函数的极值的判定和求法.

3. 函数最大(小)值的定义及求法.

四、函数的凹凸性与拐点

1. 曲线的凹凸性定义及其判定法.

2. 曲线拐点的定义及其求法.

自测与评估(3)

一、选择题

1. 下列函数中,在区间$[-1,1]$满足罗尔中值定理条件的是(　　).

A. $f(x)=|x|$　　B. $f(x)=x$

C. $f(x)=x^2$　　D. $f(x)=\frac{1}{x^2}$

2. 下列函数在给定区间内满足拉格朗日中值定理的是(　　).

A. $f(x)=|x-1|,x\in[0,2]$　　B. $f(x)=\sqrt[3]{x},x\in[-1,1]$

C. $f(x)=x+|x|,x\in[-1,2]$　　D. $f(x)=\ln(x-2),x\in[3,6]$

3. 下列命题正确的是(　　).

A. 驻点一定是极值点　　B. 驻点不是极值点

C. 驻点不一定是极值点　　D. 驻点是函数的极值点

4. 函数 $f(x)=x-\arctan x$ 在区间 $(-\infty,+\infty)$ 内(　　).

A. 单调增加　　B. 单调减少

C. 不增不减　　D. 有增有减

5. 设函数 $y=x^4-2x^2-5$,则下列结论中正确的是(　　).

A. $(-\infty,-1)$ 是其单调增加区间　　B. $[1,+\infty)$ 是其单调减少区间

C. $[0,1]$ 是其单调增加区间　　D. $[-1,0]$ 是其单调增加区间

6. 若 $y=x^2-x$,则函数在区间 $[0,1]$ 上的最大值是(　　).

A. 0　　B. $-\frac{1}{4}$　　C. $\frac{1}{2}$　　D. $\frac{1}{4}$

7. 函数 $y=x^2e^{-x}$ 及其图像在区间 $(1,2)$ 上是(　　).

A. 单调减少且凸的　　B. 单调增加且凸的

C. 单调减少且凹的　　D. 单调增加且凹的

8. 曲线 $y=2x^3-3x^2-12x+5$ 在 $[0,3]$ 上的最大值和最小值依次是(　　).

A. 12, -15　　B. 5, -15　　C. 5, -4　　D. -4, -15

9. 函数 $f(x)=2x^3-9x^2+12x$ 的极小值点是(　　).

A. 0　　B. 5　　C. 2　　D. 4

10. 设 $f(x_0)$ 是函数 $f(x)$ 的极大值,则必有(　　).

A. $f'(x_0)=0$　　B. $f'(x_0)$ 不存在

C. $f'(x_0)=0$ 或 $f'(x_0)$ 不存在　　D. $f''(x_0)<0$

11. 设函数 $y=f(x)$ 在 $[a,b]$ 上有 $f(a)f(b)<0$,且恒有 $f'(x)f''(x)<0$,则 $f(x)$ 的示意图是(　　).

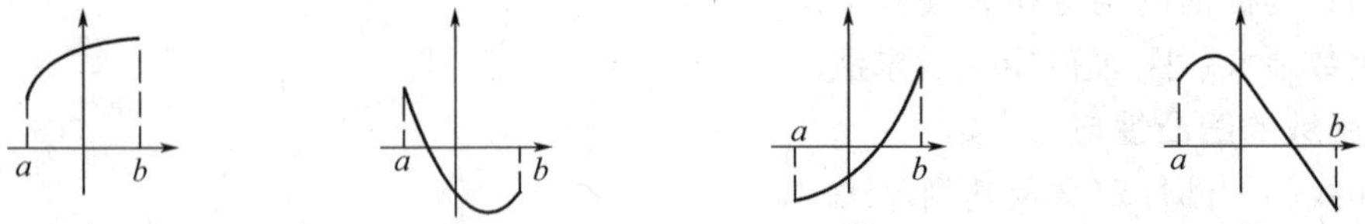

A.　　B.　　C.　　D.

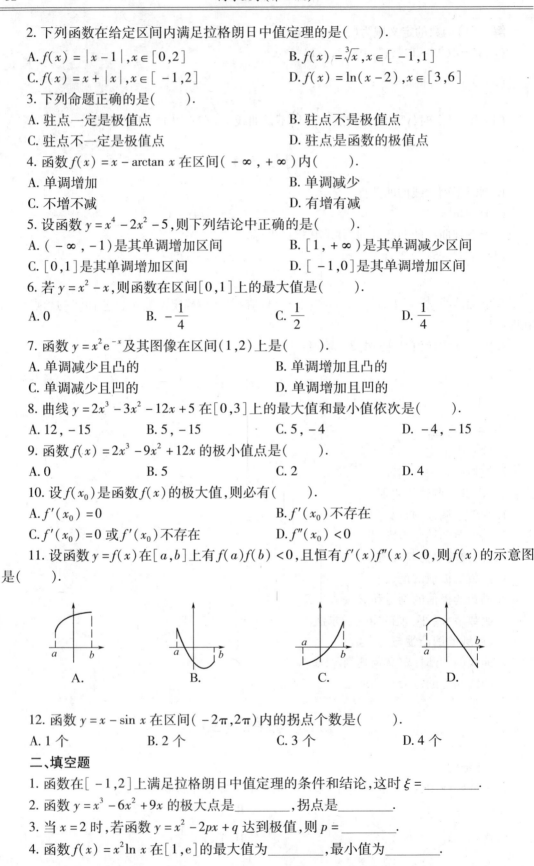

12. 函数 $y=x-\sin x$ 在区间 $(-2\pi,2\pi)$ 内的拐点个数是(　　).

A. 1 个　　B. 2 个　　C. 3 个　　D. 4 个

二、填空题

1. 函数在 $[-1,2]$ 上满足拉格朗日中值定理的条件和结论,这时 $\xi=$________.

2. 函数 $y=x^3-6x^2+9x$ 的极大点是________,拐点是________.

3. 当 $x=2$ 时,若函数 $y=x^2-2px+q$ 达到极值,则 $p=$________.

4. 函数 $f(x)=x^2\ln x$ 在 $[1,e]$ 的最大值为________,最小值为________.

5. 设$(1, -a+14)$是曲线 $y=x^3-ax^2+9x+4$ 的拐点，则 $a=$________.

6. 函数取得最大值的点可能是________或________或________.

7. 若$f(x)$在$[a,b]$上连续，(a,b)内可导，则至少有一点 $\xi\in(a,b)$，使$f(b)=$________.

8. 函数 $y=(x^2-1)^3+4$ 的极小值为______________.

三、计算题

1. 求函数 $y=x^3-3x^2-9x+14$ 的单调区间和极值.

2. 讨论曲线 $y=\ln(1+x^2)$的凹凸性，并求其拐点.

3. 试确定 a,b,c 的值，使三次曲线 $y=ax^3+bx^2+cx$ 有拐点$(1,2)$，并且在该点处切线的斜率为 1.

第4章　不 定 积 分

在第2章中,我们讨论了如何求一个函数的导数问题,本章将讨论它的反问题,即寻求一个可导函数,使它的导数等于已知函数. 这是积分学的基本问题.

4.1　不定积分的概念与性质

4.1.1　原函数的概念

定义　如果在区间 I 内,对 $\forall x \in I, F'(x)=f(x)$,则称 $F(x)$ 为 $f(x)$ 在 I 上的一个原函数.

例如,$(\sin x)'=\cos x$,所以 $\sin x$ 是 $\cos x$ 的原函数.

关于原函数,我们要问:一个函数具备什么条件,原函数才一定存在呢? 这个问题将在第5章得到回答,在此先给出结论.

定理1　若 $f(x)$ 在闭区间 I 连续,则 $f(x)$ 在该区间 I 上必存在原函数 $F(x)$.

若 $F(x)$ 为 $f(x)$ 的一个原函数,即 $F'(x)=f(x)$. 那么,对任意的常数 C,都有

$$[F(x)+C]'=f(x)$$

即 $F(x)+C$ 也是 $f(x)$ 的原函数.

定理2(原函数族定理)　若 $F(x)$ 为 $f(x)$ 在 I 上的原函数,则 $F(x)+C$(C 为任意常数)都是 $f(x)$ 的原函数, 且 $f(x)$ 的任意一个原函数都可以表示为 $F(x)+C$(C 为常数)的形式.

证明　因为 $F(x)$ 为 $f(x)$ 的原函数,即

$$F'(x)=f(x)$$

而

$$[F(x)+C]'=F'(x)+(C)'=f(x)$$

所以 $F(x)+C$ 是 $f(x)$ 的原函数.

设 $G(x)$ 是 $f(x)$ 的任意一个原函数,则

$$[G(x)-F(x)]'=G'(x)-F'(x)=f(x)-f(x)=0$$

因此 $G(x)-F(x)$ 是常数函数,即

$$G(x)-F(x)=C\quad (C\text{ 为常数})$$

所以

$$G(x)=F(x)+C\quad (C\text{ 为常数})$$

定理2说明,如果 $f(x)$ 有一个原函数,则它就有无穷多个原函数,并且其中任意两个原函数的差是常数.

设 $F(x)$ 为 $f(x)$ 在 I 上的一个原函数,则 $f(x)$ 在 I 上的所有原函数集合为

$$\{F(x)+C \mid C\in \mathbf{R}\}$$

4.1.2　不定积分

定义　若 $F(x)$ 为 $f(x)$ 在 I 上的一个原函数, 则 $f(x)$ 的所有原函数 $F(x)+C$(C 为任意常数)称为 $f(x)$ 在 I 上的不定积分,记作 $\int f(x)\,\mathrm{d}x$. 即

$$\int f(x)\mathrm{d}x = F(x) + C$$

其中，$\int$ 称为积分号；$f(x)$ 称为被积函数；$f(x)\mathrm{d}x$ 称为被积表达式；x 称为积分变量；C 称为积分常数.

例 1　求下列不定积分.

(1) $\int x^5 \mathrm{d}x$；　(2) $\int \mathrm{e}^x \mathrm{d}x$；　(3) $\int \frac{1}{1+x^2}\mathrm{d}x$.

解　(1) 由于 $\left(\frac{x^6}{6}\right)' = x^5$，即 $\frac{x^6}{6}$ 是 x^5 的一个原函数，所以

$$\int x^5 \mathrm{d}x = \frac{x^6}{6} + C$$

(2) 由于 $(\mathrm{e}^x)' = \mathrm{e}^x$，即 e^x 是 e^x 的一个原函数，所以

$$\int \mathrm{e}^x \mathrm{d}x = \mathrm{e}^x + C$$

(3) 因为 $(\arctan x)' = \frac{1}{1+x^2}$，所以

$$\int \frac{1}{1+x^2}\mathrm{d}x = \arctan x + C$$

例 2　求 $\int \frac{1}{x}\mathrm{d}x$.

解　当 $x>0$ 时，$(\ln x)' = \frac{1}{x}$，因此在 $(0,+\infty)$ 内，有

$$\int \frac{1}{x}\mathrm{d}x = \ln x + C$$

当 $x<0$ 时，$[\ln(-x)]' = \frac{1}{x}$，因此在 $(-\infty,0)$ 内，有

$$\int \frac{1}{x}\mathrm{d}x = \ln(-x) + C$$

综上可知

$$\int \frac{1}{x}\mathrm{d}x = \ln|x| + C$$

例 3　设曲线通过点 (2,5)，且其上任一点处的切线斜率等于这点横坐标的两倍，求此曲线方程.

解　设曲线为 $y=f(x)$，根据题意知 $\frac{\mathrm{d}y}{\mathrm{d}x}=2x$.

因为 $(x^2)'=2x$，所以 $\int 2x\mathrm{d}x = x^2 + C$，于是 $f(x) = x^2 + C$，又因为 $f(2)=5$，所以 $C=1$，所以所求曲线方程为 $y=x^2+1$.

一般地，若函数 $F(x)$ 为 $f(x)$ 的一个原函数，那么 $F(x)$ 所表示的曲线称为 $f(x)$ 的一条积分曲线. 由于 $f(x)$ 的不定积分 $\int f(x)\mathrm{d}x$ 所表示的原函数有无穷多个，因此，不定积分表示

一族曲线 $F(x)+C$,即 $f(x)$ 的积分曲线族(图4.1),这就是不定积分的几何意义.

从不定积分的定义可知下述关系:

$$\frac{d}{dx}\left[\int f(x)dx\right]=f(x)$$

或
$$d\left[\int f(x)dx\right]=f(x)dx$$

$$\int F'(x)dx=F(x)+C$$

或
$$\int dF(x)=F(x)+C$$

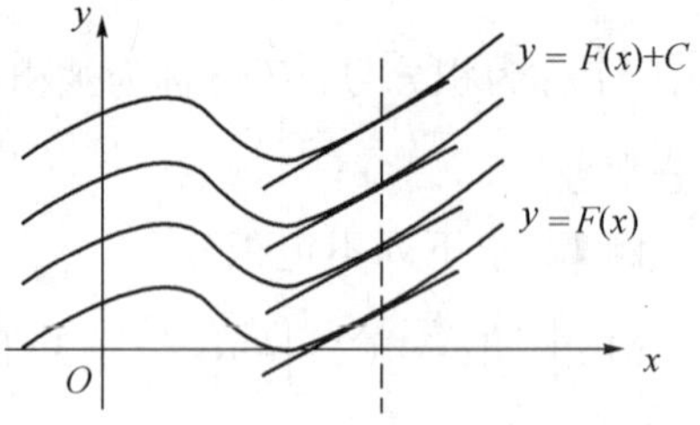

图4.1

由此可见,若先求积分后求微分,则两者的作用抵消;反之,若先求微分后求积分,则在两者作用抵消后,再加上任意常数. 可见,微分运算与求不定积分的运算是互逆的.

4.1.3 基本积分表

由于不定积分是微分的逆运算,因此只要将微分公式逆转过来,就可以得到下面的基本积分.

(1) $\int kdx=kx+C$(k 是常数);

(2) $\int x^{\mu}dx=\frac{x^{\mu+1}}{\mu+1}+C(\mu\neq-1)$;

(3) $\int\frac{dx}{x}=\ln|x|+C(x\neq0)$;

(4) $\int e^{x}dx=e^{x}+C$;

(5) $\int a^{x}dx=\frac{a^{x}}{\ln a}+C$;

(6) $\int\sin xdx=-\cos x+C$;

(7) $\int\cos xdx=\sin x+C$;

(8) $\int\frac{1}{\cos^{2}x}dx=\int\sec^{2}xdx=\tan x+C$;

(9) $\int\frac{1}{\sin^{2}x}=\int\csc^{2}xdx=-\cot x+C$;

(10) $\int\sec x\cdot\tan xdx=\sec x+C$;

(11) $\int\csc x\cdot\cot xdx=-\csc x+C$;

(12) $\int\frac{dx}{\sqrt{1-x^{2}}}=\arcsin x+C$;

(13) $\int\frac{dx}{1+x^{2}}=\arctan x+C$.

以上公式是求不定积分的基础,务必熟记.

例4 求 $\int\frac{1}{x^{2}}dx$.

解 $\int\frac{1}{x^{2}}dx=\int x^{-2}dx=\frac{1}{-2+1}x^{-2+1}+C=-\frac{1}{x}+C.$

例5 求 $\int x\sqrt{x}dx$.

解 $\int x\sqrt{x}dx=\int x\cdot x^{\frac{1}{2}}dx=\int x^{\frac{3}{2}}dx=\frac{1}{\frac{3}{2}+1}x^{\frac{3}{2}+1}+C=\frac{2}{5}x^{\frac{5}{2}}+C=\frac{2}{5}x^{2}\sqrt{x}+C.$

4.1.4 不定积分的性质

性质1 设函数 $f(x)$ 及 $g(x)$ 的原函数存在,则

$$\int[f(x) \pm g(x)]\,dx = \int f(x)\,dx \pm \int g(x)\,dx$$

证明　由导数的运算法则可知

$$\left[\int f(x)\,dx \pm \int g(x)\,dx\right]' = \left[\int f(x)\,dx\right]' \pm \left[\int g(x)\,dx\right]' = f(x) \pm g(x)$$

这说明 $\int f(x)\,dx \pm \int g(x)\,dx$ 为 $f(x) \pm g(x)$ 的原函数，又含有一个任意常数，因此 $\int f(x)\,dx \pm \int g(x)\,dx$ 为 $f(x) \pm g(x)$ 的不定积分，即

$$\int[f(x) \pm g(x)]\,dx = \int f(x)\,dx \pm \int g(x)\,dx$$

性质 1 可推广到有限多个函数之和的情形.

性质 2　设函数 $f(x)$ 的原函数存在，k 为非零常数，则

$$\int kf(x)\,dx = k\int f(x)\,dx$$

例 6　求 $\int \frac{(x+1)^2}{x}\,dx$.

解　$\int \frac{(x+1)^2}{x}\,dx = \int \frac{x^2+2x+1}{x}\,dx = \int\left(x+2+\frac{1}{x}\right)dx = \frac{1}{2}x^2+2x+\ln|x|+C.$

例 7　求 $\int(10^x+3\sin x+\sqrt{x})\,dx$.

解　$\int(10^x+3\sin x+\sqrt{x})\,dx = \int 10^x\,dx+3\int \sin x\,dx + \int\sqrt{x}\,dx =$

$\frac{10^x}{\ln 10}-3\cos x+\frac{1}{\frac{1}{2}+1}x^{\frac{1}{2}+1}+C = \frac{10^x}{\ln 10}-3\cos x+\frac{2}{3}x^{\frac{3}{2}}+C.$

例 8　求 $\int \frac{x^2}{1+x^2}\,dx$.

解　$\int \frac{x^2}{1+x^2}\,dx = \int \frac{(1+x^2)-1}{1+x^2}\,dx = \int\left(1-\frac{1}{1+x^2}\right)dx = x+\arctan x+C.$

例 9　求 $\int \frac{dx}{1+\cos 2x}$.

解　$\int \frac{dx}{1+\cos 2x} = \int \frac{1}{2\cos^2 x}\,dx = \frac{1}{2}\int \frac{1}{\cos^2 x}\,dx = \frac{1}{2}\int \sec^2 x\,dx = \frac{1}{2}\tan x + C$

例 10　求 $\int \cos^2\frac{x}{2}\,dx$.

解　$\int \cos^2\frac{x}{2}\,dx = \int \frac{1+\cos x}{2}\,dx = \frac{1}{2}\int dx + \frac{1}{2}\int \cos x\,dx = \frac{1}{2}x+\frac{1}{2}\sin x+C.$

例 11　求 $\int \tan^2 x\,dx$.

解　$\int \tan^2 x\,dx = \int(\sec^2 x-1)\,dx = \int \sec^2 x\,dx - \int dx = \tan x - x + C.$

习题 4.1

1. 求下列不定积分.

(1) $\int \frac{1}{x^3}\,dx$ (2) $\int (4x^3+3x^2+1)\,dx$

(3) $\int x^2\sqrt{x}\,dx$ (4) $\int \frac{(1-x)^2}{\sqrt{x}}\,dx$

(5) $\int (3\cos x - e^x)\,dx$ (6) $\int 2^x \cdot 3^x\,dx$

2. 试证函数 $y=\ln(ax)$ 和 $y=\ln x$ 是同一函数的原函数.

3. 设某曲线上任意点处的切线的斜率等于该点横坐标的平方,又知该曲线通过点(0,1),求此曲线方程.

4. 已知 $f'(x)=1+x^2$,且 $f(0)=1$,求 $f(x)$.

5. 一质点作变速直线运动,速度 $v(t)=3\cos t$,当 $t=0$ 时,质点与原点的距离为 $s_0=4$,求质点离原点的距离 s 与时间 t 的关系.

4.2 换元积分法

利用基本积分表与积分的性质,所能计算的不定积分是十分有限的. 本节介绍的换元积分法,是将复合函数的求导法则反过来用于求不定积分,即通过适当的变量替换(换元),把某些不定积分化为基本积分公式表中所列的形式,再计算出所求的不定积分.

4.2.1 第一类换元积分法(凑微分法)

积分是微分的逆运算,与微分学中的复合函数求导法则相对应的是第一类换元积分法或凑微分法.

例 1 求形如 $\int \cos 2x\,dx$ 的不定积分.

因为 $\int dF(x)=F(x)+C$,所以把 $\cos 2x\,dx$ 表示成 $dF(x)$ 即可.

而此时 $\frac{1}{2}d(\sin 2x)=\frac{1}{2}\cos 2x\,d(2x)=\cos 2x\,dx$,所以

$$\int \cos 2x\,dx=\frac{1}{2}\int \cos 2x\,d(2x)=\frac{1}{2}\sin 2x+C$$

这里实际上是令 $u=2x$ (即 $x=\frac{1}{2}u$),将 $\int \cos 2x\,dx$ 化成 $\int d\left(\frac{1}{2}\sin 2x\right)=\frac{1}{2}\sin 2x+C$.

一般地,设 $f(u)$ 具有原函数 $F(u)$,$\int f(u)\,du=F(u)+C$,$u=\varphi(x)$ 可导,则根据复合函数的求导法则,有

$$\frac{d}{dx}F[\varphi(x)]=F'_u\cdot\varphi'_x(x)=f[\varphi(x)]\varphi'(x)$$

即 $F[\varphi(x)]$ 是 $f[\varphi(x)]\varphi'(x)$ 的原函数,从而根据不定积分的定义可得

$$\int f[\varphi(x)]\varphi'(x)\,dx=\int f[\varphi(x)]\,d[\varphi(x)]=\int f(u)\,du=F(u)+C=F[\varphi(x)]+C$$

注:(1)上述公式中,第二个等号表示换元 $\varphi(x)=u$,最后一个等号表示回代 $u=\varphi(x)$.
上面求不定积分的过程可概括为如下定理.

定理 1　设 $f(u)$ 具有原函数,$u=\varphi(x)$ 可导,则有换元公式

$$\int f[\varphi(x)]\varphi'(x)\mathrm{d}x=\int f[\varphi(x)]\,\mathrm{d}\varphi(x)=\left[\int f(u)\mathrm{d}u\right]_{u=\varphi(x)}$$

利用上述换元公式求不定积分的方法称为第一换元积分法,也称"凑微分法".

例 2　求 $\int 2\sin 2x\mathrm{d}x$.

解　被积函数中 $\sin 2x$ 是一个复合函数:$\sin 2x$ 由 $\sin u$,$u=2x$ 复合而成. 而因式 2 恰好是中间变量的导数,即 $\frac{\mathrm{d}u}{\mathrm{d}x}=2$. 因此,作变换 $u=2x$,便有

$$\int 2\sin 2x\mathrm{d}x=\int \sin 2x\cdot 2\mathrm{d}x=\int \sin 2x\cdot(2x)'\mathrm{d}x=\int \sin u\mathrm{d}u=-\cos u+C$$

再将 $u=2x$ 带入上式,得

$$\int 2\sin 2x\mathrm{d}x=-\cos 2x+C$$

例 3　求 $\int\frac{1}{2x+3}\mathrm{d}x$.

解　设 $\frac{1}{2x+3}=\frac{1}{u}$,$u=2x+3$,这里缺少 $\frac{\mathrm{d}u}{\mathrm{d}x}=2$ 这样一个因子,但由于 $\frac{\mathrm{d}u}{\mathrm{d}x}$ 是一个常数,故可以改变系数凑出这个因子,即

$$\frac{1}{2x+3}=\frac{1}{2}\cdot\frac{1}{2x+3}\cdot 2=\frac{1}{2}\cdot\frac{1}{2x+3}\cdot(2x+3)'$$

从而令 $u=2x+3$,便有

$$\int\frac{1}{2x+3}\mathrm{d}x=\int\frac{1}{2}\cdot\frac{1}{2x+3}\cdot(2x+3)'\mathrm{d}x=\int\frac{1}{2}\cdot\frac{1}{u}\mathrm{d}u=\frac{1}{2}\ln|u|+C=\frac{1}{2}\ln|2x+3|+C$$

例 4　求 $\int 2x\mathrm{e}^{x^2}\mathrm{d}x$.

解　被积函数中的一个因子是 $\mathrm{e}^{x^2}=\mathrm{e}^u$,$u=x^2$,而 $2x$ 恰好是中间变量 $u=x^2$ 的导数. 于是有

$$\int 2x\mathrm{e}^{x^2}\mathrm{d}x=\int \mathrm{e}^{x^2}\mathrm{d}(x^2)=\int \mathrm{e}^u\mathrm{d}u=\mathrm{e}^u+C=\mathrm{e}^{x^2}+C$$

例 5　求 $\int\tan x\mathrm{d}x$.

解　$$\int\tan x\mathrm{d}x=\int\frac{\sin x}{\cos x}\mathrm{d}x=-\int\frac{\mathrm{d}(\cos x)}{\cos x}\overset{(令 u=\cos x)}{=\!=\!=}-\int\frac{\mathrm{d}u}{u}=-\ln|u|+C=-\ln|\cos x|+C$$

类似地可得
$$\int\cot x\mathrm{d}x=\ln|\sin x|+C$$

注:在乘积形式的被积表达式中,应恰当地提炼(或捕捉)$f(u)$($u=\varphi(x)$),满足:
(1)$f(u)$ 的积分较容易求出(特别是能用基本公式求出);
(2)被积式中的其余部分(即所余因子)恰好是 $\mathrm{d}u(=\varphi'(x)\mathrm{d}x)$,或 $\mathrm{d}u$ 的常数倍.
另外,在解题比较熟练后,可以省略换元过程.

例6 求 $\int x\sqrt{1-x^2}\,dx$.

解 $\int x\sqrt{1-x^2}\,dx = -\frac{1}{2}\int\sqrt{1-x^2}\,d(1-x^2) = -\frac{1}{2}\cdot\frac{2}{3}(1-x^2)^{\frac{3}{2}}+C=$

$-\frac{1}{3}(1-x^2)^{\frac{3}{2}}+C.$

例7 求 $\int \cos^2 x\,dx$.

解 $\int \cos^2 x\,dx = \frac{1}{2}\int(1+\cos 2x)\,dx = \frac{1}{2}\int dx+\frac{1}{4}\int\cos 2x\,d(2x) = \frac{x}{2}+\frac{\sin 2x}{4}+C.$

例8 求 $\int \csc x\,dx$.

解 $\int\csc x\,dx = \int\frac{dx}{\sin x} = \int\frac{dx}{2\sin\frac{x}{2}\cos\frac{x}{2}} = \int\frac{d\left(\frac{x}{2}\right)}{\tan\frac{x}{2}\cos^2\frac{x}{2}} = \int\frac{d\left(\tan\frac{x}{2}\right)}{\tan\frac{x}{2}} =$

$\ln\left|\tan\frac{x}{2}\right|+C.$

因为 $$\tan\frac{x}{2}=\frac{1-\cos x}{\sin x}=\csc x-\cot x$$

所以 $$\int\csc x\,dx=\ln|\csc x-\cot x|+C$$

而 $\int\sec x\,dx = -\int\csc\left(\frac{\pi}{2}-x\right)d\left(\frac{\pi}{2}-x\right) = -\ln\left|\csc\left(\frac{\pi}{2}-x\right)-\cot\left(\frac{\pi}{2}-x\right)\right|+C=$

$$-\ln|\sec x-\tan x|+C=\ln|\sec x+\tan x|+C$$

例9 求 $\int\frac{1}{a^2+x^2}\,dx.$

解 $\int\frac{1}{a^2+x^2}dx = \frac{1}{a}\int\frac{d\left(\frac{x}{a}\right)}{1+\left(\frac{x}{a}\right)^2} = \frac{1}{a}\arctan\frac{x}{a}+C.$

类似地可求出 $$\int\frac{1}{\sqrt{a^2-x^2}}\,dx = \int\frac{d\left(\frac{x}{a}\right)}{\sqrt{1-\left(\frac{x}{a}\right)^2}} = \arcsin\frac{x}{a}+C$$

例10 求 $\int\frac{1}{x^2-a^2}\,dx.$

解 $\int\frac{1}{x^2-a^2}dx = \frac{1}{2a}\int\left(\frac{1}{x-a}-\frac{1}{x+a}\right)dx = \frac{1}{2a}(\ln|x-a|-\ln|x+a|)+C=$

$\frac{1}{2a}\ln\left|\frac{x-a}{x+a}\right|+C.$

为了应用方便,我们把常用的用凑微分法求不定积分的类型归纳如下:

(1) $\int f(ax+b)\,dx = \frac{1}{a}\int f(ax+b)\,d(ax+b)\,(a\neq 0)$;

(2) $\int f(x^{\mu})x^{\mu-1}\mathrm{d}x = \dfrac{1}{\mu}\int f(x^{\mu})\mathrm{d}(x^{\mu})\ (\mu \neq 0)$;

(3) $\int f(\ln x)\cdot\dfrac{1}{x}\mathrm{d}x = \int f(\ln x)\mathrm{d}(\ln x)$;

(4) $\int f(\mathrm{e}^x)\cdot \mathrm{e}^x\mathrm{d}x = \int f(\mathrm{e}^x)\mathrm{d}(\mathrm{e}^x)$;

(5) $\int f(\sin x)\cdot\cos x\mathrm{d}x = \int f(\sin x)\mathrm{d}(\sin x)$;

(6) $\int f(\cos x)\cdot\sin x\mathrm{d}x = -\int f(\cos x)\mathrm{d}(\cos x)$;

(7) $\int f(\tan x)\sec^2 x\mathrm{d}x = \int f(\tan x)\mathrm{d}(\tan x)$;

(8) $\int f(\cot x)\csc^2 x\mathrm{d}x = -\int f(\cot x)\mathrm{d}(\cot x)$;

(9) $\int f(\arctan x)\dfrac{1}{1+x^2}\mathrm{d}x = \int f(\arctan x)\mathrm{d}(\arctan x)$;

10. $\int f(\arcsin x)\dfrac{1}{\sqrt{1-x^2}}\mathrm{d}x = \int f(\arcsin x)\mathrm{d}(\arcsin x)$.

4.2.2　第二类换元积分法

如果不定积分 $\int f(x)\mathrm{d}x$ 用直接积分法或第一类换元法不易求得，但作适当的变换 $x=\varphi(t)$后，所得到的关于新积分变量 t 的不定积分 $\int f[\varphi(t)]\varphi'(t)\mathrm{d}t$ 可以求得，则可以解决 $\int f(x)\mathrm{d}x$ 的计算问题，这就是第二类换元积分法.

定理2　设 $x=\varphi(t)$是单调可导函数，且 $\varphi'(t)\neq 0$，又设 $\int f[\varphi(t)]\varphi'(t)\mathrm{d}t$ 具有原函数 $F(t)$，则

$$\int f(x)\mathrm{d}x = \int f[\varphi(t)]\varphi'(t)\mathrm{d}t = F(t)+C = F[\varphi^{-1}(x)]+C$$

其中，$\varphi^{-1}(x)$是 $x=\varphi(t)$的反函数.

例11　求 $\int\dfrac{\mathrm{d}x}{1+\sqrt{x}}$.

解　计算这个积分的困难在于被积分函数中含有根式$\sqrt{x}$，为了克服这个困难，令$\sqrt{x}=t$，即 $x=t^2\ (t>0)$，则 $\mathrm{d}x=2t\mathrm{d}t$，于是

$$\int\frac{\mathrm{d}x}{1+\sqrt{x}} = \int\frac{2t}{t+1}\mathrm{d}t = 2\int\left(1-\frac{1}{1+t}\right)\mathrm{d}t = 2[t-\ln(t+1)]+C = 2\sqrt{x}-2\ln(\sqrt{x}+1)+C$$

例12　求 $\int\sqrt{1-x^2}\,\mathrm{d}x$.

解　令 $x=\sin t\left(|t|<\dfrac{\pi}{2}\right)$，则 $\sqrt{1-x^2}=\cos t$，$t=\arcsin x$，$\mathrm{d}x=\cos t\mathrm{d}t$. 于是

$$\int\sqrt{1-x^2}\mathrm{d}x = \int\cos t\cdot\cos t\,\mathrm{d}t = \int\cos^2 t\,\mathrm{d}t$$

由例7可知 $$\int \cos^2 t\,dt = \frac{t}{2} + \frac{\sin 2t}{4} + C$$

所以

$$\int \sqrt{1-x^2}\,dx = \frac{t}{2} + \frac{\sin 2t}{4} + C = \frac{1}{2}(t + \sin t\cos t) + C = \frac{1}{2}\arcsin x + \frac{x}{2}\sqrt{1-x^2} + C$$

例13 求 $\int \sqrt{a^2-x^2}\,dx\,(a>0)$.

解 令 $x = a\sin t\left(|t| < \frac{\pi}{2}\right)$,则 $\sqrt{a^2-x^2} = a\cos t$, $t = \arcsin \frac{x}{a}$(图4.2),$dx = a\cos t dt$. 所以

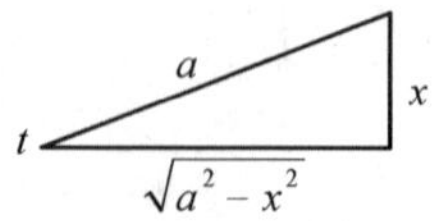

图4.2

$$原式 = \int \sqrt{a^2-x^2}\,dx = \int a\cos t \cdot a\cos t dt = a^2\int \cos^2 t dt =$$

$$a^2\left(\frac{t}{2} + \frac{\sin 2t}{4}\right) + C = \frac{a^2}{2}(t + \sin t\cos t) + C = \frac{a^2}{2}\arcsin\frac{x}{a} + \frac{x}{2}\sqrt{a^2-x^2} + C$$

例14 求 $\int \frac{dx}{\sqrt{a^2+x^2}}\,(a>0)$.

解 利用三角恒等式有 $1+\tan^2 t = \sec^2 t$,令 $x = a\tan t\left(|t| < \frac{\pi}{2}\right)$,则 $\sqrt{a^2+x^2} = a\sec t$(图4.3),$dx = a\sec^2 t dt$,于是

$$\int \frac{dx}{\sqrt{a^2+x^2}} = \int \frac{a\sec^2 t}{a\sec t}dt = \int \sec t dt =$$

$$\ln|\sec t + \tan t| + C_1 =$$

$$\ln\left|\frac{\sqrt{a^2+x^2}}{a} + \frac{x}{a}\right| + C_1 =$$

$$\ln\left|x + \sqrt{a^2+x^2}\right| + C \quad (C = C_1 - \ln a)$$

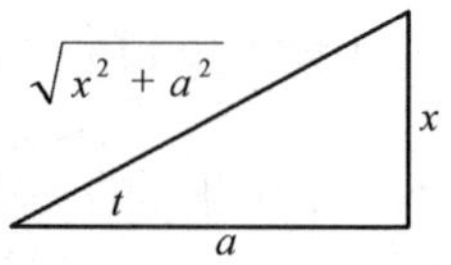

图4.3

例15 求 $\int \frac{dx}{\sqrt{x^2-a^2}}\,(a>0)$.

解 令 $x = a\sec t\left(0 < t < \frac{\pi}{2}\right)$,则 $\sqrt{x^2-a^2} = a\tan t$(图4.4),$dx = a\sec t\tan t dt$,于是

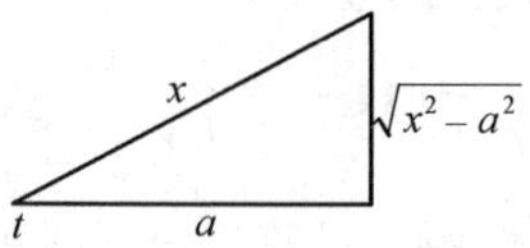

图4.4

$$\int \frac{dx}{\sqrt{x^2-a^2}} = \int \frac{a\sec t\tan t}{a\tan t}dt = \int \sec t dt =$$

$$\ln|\sec t + \tan t| + C_1 =$$

$$\ln\left|\frac{x}{a} + \frac{\sqrt{x^2-a^2}}{a}\right| + C_1 =$$

$$\ln\left|x + \sqrt{x^2-a^2}\right| + C \quad (C = C_1 - \ln a)$$

由例13、例14、例15可知:

①当被积分函数含有根式 $\sqrt{a^2-x^2}$ 时,可令 $x = a\sin t$;

②当被积分函数含有根式 $\sqrt{a^2+x^2}$ 时,可令 $x = a\tan t$;

③当被积分函数含有根式$\sqrt{x^2-a^2}$时,可令 $x=a\sec t$.

在本节的例题中,有几个积分通常也被当作公式使用,这样常用的积分公式,除了基本积分表中的几个外,再添加下面几个(其中常数 $a>0$).

(11) $\int \tan x\mathrm{d}x = -\ln|\cos x|+C$;

(12) $\int \cot x\mathrm{d}x = \ln|\sin x|+C$;

(13) $\int \sec x\mathrm{d}x = \ln|\tan x+\sec x|+C$;

(14) $\int \csc x\mathrm{d}x = \ln|\csc x-\cot x|+C$;

(15) $\int \frac{\mathrm{d}x}{a^2+x^2} = \frac{1}{a}\arctan\frac{x}{a}+C$;

(16) $\int \frac{\mathrm{d}x}{\sqrt{a^2-x^2}} = \arcsin\frac{x}{a}+C$;

(17) $\int \frac{\mathrm{d}x}{x^2-a^2} = \frac{1}{2a}\ln\left|\frac{x-a}{x+a}\right|+C$;

(18) $\int \sqrt{a^2-x^2}\,\mathrm{d}x = \frac{x}{2}\sqrt{a^2-x^2}+\frac{a^2}{2}\arcsin\frac{x}{a}+C,(a>0)$;

(19) $\int \frac{\mathrm{d}x}{\sqrt{x^2+a^2}} = \ln\left|x+\sqrt{x^2+a^2}\right|+C,(a>0)$;

(20) $\int \frac{\mathrm{d}x}{\sqrt{x^2-a^2}} = \ln\left|x+\sqrt{x^2-a^2}\right|+C,(a>0)$.

习题4.2

求下列不定积分:

1. $\int \frac{1}{2x+5}\mathrm{d}x$

2. $\int x\sqrt{1-x^2}\,\mathrm{d}x$

3. $\int \sin^3 x\mathrm{d}x$

4. $\int \frac{\mathrm{e}^{3\sqrt{x}}}{\sqrt{x}}\mathrm{d}x$

5. $\int \mathrm{e}^{5t}\mathrm{d}t$

6. $\int (3-2x)^3\mathrm{d}x$

7. $\int \frac{\mathrm{d}x}{1-2x}$

8. $\int \frac{\mathrm{d}x}{\sqrt[3]{2-3x}}$

9. $\int \frac{\sin\sqrt{t}}{\sqrt{t}}\mathrm{d}t$

10. $\int \tan^{10}x\sec^2 x\mathrm{d}x$

11. $\int x\mathrm{e}^{-x^2}\mathrm{d}x$

12. $\int \frac{\mathrm{d}x}{\mathrm{e}^x+\mathrm{e}^{-x}}$

13. $\int \frac{x}{\sqrt{2-3x^2}}\mathrm{d}x$

14. $\int \frac{3x^3}{1-x^4}\mathrm{d}x$

15. $\int \sin 2x\mathrm{d}x$

16. $\int \sin^2 x\cos x\mathrm{d}x$

17. $\int \frac{dx}{1+\sqrt{2x}}$

18. $\int \frac{x^2}{\sqrt{a^2-x^2}}dx, a>0$

19. $\int \frac{\sqrt{x^2-4}}{x}dx$

20. $\int \frac{1}{x\sqrt{1+x^2}}dx$

4.3 分部积分法

前面我们在复合函数求导法则的基础上,得到了换元积分法. 积分法中另一个重要方法是分部积分法,它对应于两个函数乘积的求导法则.

设 $u=u(x)$ 及 $v=v(x)$ 具有连续的导数,那么

$$(uv)' = u'v + uv'$$

移项,得

$$uv' = (uv)' - u'v$$

对这个等式两边求不定积分,得

$$\int uv'dx = uv - \int u'vdx$$

这个公式称为分部积分公式.

为了简便起见,分部积分公式还可以写成下面的形式:

$$\int udv = uv - \int vdu$$

上式表明,当积分 $\int udv$ 不易求出时,可以考虑将其中的 u 与 v 互相交换,若所得积分 $\int vdu$ 容易求出,则利用公式就可求出积分 $\int udv$.

例1 求 $\int x\cos xdx$.

解 设 $u=x, dv=\cos xdx$,于是 $du=dx, v=\sin x$,显然 $\int \sin xdx$ 比 $\int x\cos xdx$ 更简单. 所以

$$\int x\cos xdx = \int xd\sin x = x\sin x - \int \sin xdx = x\sin x + \cos x + C$$

若令 $u=\cos x, dv=xdx$,则

$$du = -\sin xdx, \quad v=\frac{x^2}{2} \int x\cos xdx = \int \cos xd\left(\frac{x^2}{2}\right) = \frac{x^2}{2}\cos x + \int \frac{x^2}{2}\sin xdx$$

显然 $\int \frac{x^2}{2}\sin xdx$ 比 $\int x\cos xdx$ 更复杂,由此可见,如果 u 和 dv 选取不当,就求不出结果,所以应用分部积分法时,适当选取 u 和 dv 是关键. 选取 u 和 dv 一般要考虑下面两点:

(1) v 要比较容易求得;

(2) $\int vdu$ 要比 $\int udv$ 容易求出.

例2 求 $\int (x+1)e^x dx$.

解 设 $u=x+1, dv=e^x dx$,则 $du=dx, v=e^x$,显然 $\int e^x dx$ 比 $\int (x+1)e^x dx$ 更简单.

$$\int (x+1)e^x dx = \int (x+1)d(e^x) = (x+1)e^x - \int e^x dx = (x+1)e^x - e^x + C = xe^x + C$$

例 3　求 $\int x^2 e^x dx$.

解　$\int x^2 e^x dx = \int x^2 de^x = x^2 e^x - \int 2x e^x dx = x^2 e^x - 2\int x de^x = x^2 e^x - 2xe^x + 2\int e^x dx = (x^2 - 2x + 2)e^x + C$.

例 4　求 $\int x\sin^2 x dx$.

解　$\int x\sin^2 x dx = \int x \frac{1-\cos 2x}{2} dx = \frac{1}{2}\int x dx - \frac{1}{4}\int x d(\sin 2x)$

$$= \frac{1}{4}x^2 - \frac{1}{4}x\sin 2x + \frac{1}{4}\int \sin 2x dx = \frac{1}{4}x^2 - \frac{1}{4}x\sin 2x - \frac{1}{8}\cos 2x + C.$$

注:若被积函数是幂函数(指数为正整数)与指数函数或正(余)弦函数的乘积，可设幂函数为 u，而将其余部分凑微分进入微分号，使得应用分部积分后幂函数的幂指数降低一次. 例如,在 $\int x^k \sin bx dx$ 中,令 $x^k = u$, $\sin bx dx = dv$.

例 5　求 $\int x\ln x dx$.

解　设 $u = \ln x$, $dv = x dx$,则 $du = \frac{1}{x}dx$, $v = \frac{1}{2}x^2$.

$$\int x\ln x dx = \int \ln x d\left(\frac{x^2}{2}\right) = \frac{x^2}{2}\ln x - \int \frac{x^2}{2}\cdot\frac{1}{x}dx = \frac{x^2}{2}\ln x - \frac{1}{2}\int x dx = \frac{x^2}{2}\ln x - \frac{x^2}{4} + C.$$

例 6　求 $\int \ln x dx$.

解　设 $u = \ln x$, $dv = dx$,则 $du = \frac{1}{x}dx$, $v = x$.

$$\int \ln x dx = x\ln x - \int \frac{1}{x}\cdot x dx = x\ln x - x + C.$$

例 7　求 $\int x\arctan x dx$.

解　设 $u = \arctan x$, $dv = x dx$,则 $du = \frac{dx}{1+x^2}$, $v = \frac{x^2}{2}$.

$$\int x\arctan x dx = \int \arctan x d\left(\frac{x^2}{2}\right) = \frac{x^2}{2}\arctan x - \frac{1}{2}\int \frac{x^2}{1+x^2}dx =$$

$$\frac{x^2}{2}\arctan x - \frac{1}{2}\int \frac{1+x^2-1}{1+x^2}dx =$$

$$\frac{x^2}{2}\arctan x - \frac{1}{2}\int\left(1 - \frac{1}{1+x^2}\right)dx =$$

$$\frac{x^2}{2}\arctan x - \frac{1}{2}x + \frac{1}{2}\arctan x + C$$

例 8　求 $\int \arcsin x dx$.

解　设 $u = \arcsin x$, $dv = dx$.

$$\int \arcsin x dx = x\arcsin x - \int x\cdot\frac{dx}{\sqrt{1-x^2}} = x\arcsin x + \sqrt{1-x^2} + C.$$

注:若被积函数是幂函数与对数函数或反三角函数的乘积,可设对数函数或反三角函数为 u,而将幂函数凑微分进入微分号,使得应用分部积分公式后对数函数或反三角函数消失. 例如,在 $\int x^k \ln x\mathrm{d}x$ 中,令 $\ln x = u, x^k\mathrm{d}x = \mathrm{d}v$.

例 9 求 $\int \mathrm{e}^x \sin x\mathrm{d}x$.

解 $\int \mathrm{e}^x\sin x\mathrm{d}x = \int \sin x\mathrm{d}(\mathrm{e}^x) = \mathrm{e}^x\sin x - \int \mathrm{e}^x\mathrm{d}(\sin x) = \mathrm{e}^x\sin x - \int \mathrm{e}^x\cos x\mathrm{d}x =$

$\mathrm{e}^x\sin x - \int \cos x\mathrm{d}(\mathrm{e}^x) = \mathrm{e}^x\sin x - (\mathrm{e}^x\cos x - \int \mathrm{e}^x\mathrm{d}\cos x) = \mathrm{e}^x\sin x - \mathrm{e}^x\cos x - \int \mathrm{e}^x\sin x\mathrm{d}x.$

因此得
$$2\int \mathrm{e}^x\sin x\mathrm{d}x = \mathrm{e}^x(\sin x - \cos x) + C_1$$

即
$$\int \mathrm{e}^x\sin x\mathrm{d}x = \frac{1}{2}\mathrm{e}^x(\sin x - \cos x) + C$$

其中,$C = \frac{1}{2}C_1$.

注:若被积函数是指数函数与正(余)弦函数的乘积,则 u,$\mathrm{d}v$ 可随意选取,但在两次分部积分中,必须选用同类型的 u,以便经过两次分部积分后产生循环式,从而解出所求积分.

分部积分常见类型及 u,v'的选取:在多数情况下,分部积分 $\int uv'\mathrm{d}x$ 中,u 的选取可按反三角函数、对数函数、幂函数、三角函数、指数函数(即按"反、对、幂、三、指")的顺序优先选取,但也有例外情况.

习题 4.3

求下列不定积分.

1. $\int x\sin x\mathrm{d}x$　　2. $\int x\mathrm{e}^{-x}\mathrm{d}x$　　3. $\int x^2\ln x\mathrm{d}x$

4. $\int x^2\cos^2\frac{x}{2}\mathrm{d}x$　　5. $\int x^2\arctan x\mathrm{d}x$　　6. $\int x^2\cos x\mathrm{d}x$

7. $\int \ln^2 x\mathrm{d}x$　　8. $\int \mathrm{e}^{\sqrt{x}}\mathrm{d}x$

本章小结

一、不定积分的概念与性质

1. 原函数的概念及存在性定理.
2. 不定积分的概念.
3. 不定积分的性质.
4. 基本积分公式.

二、换元积分法

1. 第一换元积分法(凑微分法)

$$\int f[\varphi(x)]\varphi'(x)\mathrm{d}x = \int f[\varphi(x)]\,\mathrm{d}\varphi(x) = \left[\int f(u)\mathrm{d}u\right]_{u=\varphi(x)}$$

2. 第二换元积分法

$$\int f(x)\,dx = \int f[\varphi(t)]\,\varphi'(t)\,dt = F(t) + C = F[\varphi^{-1}(x)] + C$$

三、分部积分法

$$\int uv'\,dx = uv - \int u'v\,dx$$

或

$$\int u\,dv = uv - \int v\,du$$

自测与评估(4)

一、选择题

1. 若 $f(x)$ 是 $g(x)$ 的原函数,则(　　).

A. $\int f(x)\,dx = g(x) + C$　　B. $\int f'(x)\,dx = g(x) + C$

C. $\int g(x)\,dx = f(x) + C$　　D. $\int g'(x)\,dx = f(x) + C$

2. 下列式子正确的是(　　).

A. $d\int f(x)\,dx = f(x)$　　B. $d\int f(x)\,dx = f(x)\,dx$

C. $\int f'(x)\,dx = f(x)$　　D. $\int f'(x)\,dx = f'(x) + C$

3. 若 $\sin x$ 是 $f(x)$ 的一个原函数,则 $f(x) =$ (　　).

A. $\cos x$　　B. $\cos x + C$　　C. $-\cos x$　　D. $-\cos x + C$

4. $\int \frac{1}{\sqrt{1-2x}}\,dx =$ (　　).

A. $\sqrt{1-2x} + C$　　B. $-\sqrt{1-2x} + C$　　C. $-\frac{1}{2}\sqrt{1-2x} + C$　　D. $-2\sqrt{1-2x} + C$

二、填空题

1. 若 $\int f(x)\,dx = \sin 2x + C$,则 $f(x) =$ ________.

2. $\int f(x)\,dx = x^3 + C$,则 $\int f'(x)\,dx =$ ________.

3. $\int 2^x e^x\,dx =$ ________.

4. $\int x e^{2x}\,dx =$ ________.

5. 若 $f(x) = \sin 2x$,则 $\int x f'(x)\,dx =$ ________.

三、求下列不定积分

1. $\int \sqrt{x}(1+x)\,dx$　　2. $\int \left(3^x - 2\cos x + \frac{1}{x}\right)dx$　　3. $\int \frac{1}{x\sqrt{\ln x}}\,dx$

4. $\int \frac{1}{x^2-9}\,dx$　　5. $\int x\cos 2x\,dx$

第5章 定 积 分

在积分学中要解决两个基本问题:第一是原函数的求法问题,在第4章中,我们已经对它做了详细的讨论;第二是关于定积分问题,定积分的概念与导数的概念一样,也是由实际问题的需要而引进的. 本章将介绍定积分的概念、性质、计算方法及其应用.

5.1 定积分的概念

5.1.1 引例

1. 曲边梯形的面积

所谓曲边梯形是指有三个边是直线段,其中两条边互相平行,第三条边与这两条边垂直,第四条边是一条曲线段,这样的四边形称为曲线梯形(图5.1).

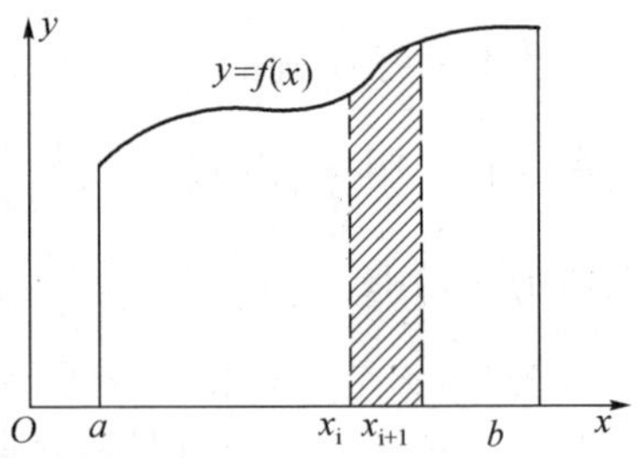

图5.1

设曲线方程为 $y=f(x)$,且函数 $f(x)$ 在区间 $[a,b]$ 上连续,$f(x)\geqslant 0$. 讨论曲边梯形的面积.

第一步,分割. 把曲边梯形分成若干个小的曲边梯形,任取 $n-1$ 个内分点:$a=x_0<x_1<x_2<\cdots<x_{n-1}<x_n=b$,分割区间 $[a,b]$ 为 n 个小区间,记 $x_i-x_{i-1}=\Delta x_i$,其中,Δx_i 既表示第 i 个小区间,也表示第 i 个小区间的长度;与此同时将曲边梯形分割为 n 个小的曲边梯形.

第二步,近似代替. 把每一个小的曲边梯形近似地看成小矩形. 设 ΔA_i 表示第 i 个小曲边梯形的面积,则

$$\Delta A_i \approx f(\xi_i)\Delta x_i$$

其中,ξ_i 是 $[x_{i-1},x_i]$ 上的任意一点.

第三步,求和. 求曲边梯形面积的近似值.

$$A=\sum_{i=1}^{n}\Delta A_i \approx \sum_{i=1}^{n} f(\xi_i)\Delta x_i$$

第四步,取极限. 记 $\lambda=\max\{\Delta x_1,\Delta x_2,\cdots,\Delta x_n\}$,若极限

$$\lim_{\lambda\to 0}\sum_{i=1}^{n} f(\xi_i)\Delta x_i$$

存在,则称曲边梯形的面积为

$$A=\lim_{\lambda\to 0}\sum_{k=1}^{n}\Delta A_i=\lim_{\lambda\to 0}\sum_{i=1}^{n} f(\xi_i)\Delta x_i$$

2. 变速直线运动质点的路程

设一质点做直线运动,质点的速度函数 $v=v(t)$ 是时间间隔 $[\alpha,\beta]$ 上的连续函数,$v(t)\geqslant 0$,求质点在这段时间内所经过的路程.

仍然采用分割的方法.

第一步,分割. $\alpha = t_0 < t_1 < t_2 < \cdots < t_{n-1} < t_n = \beta$,有

$$\Delta t_i = t_i - t_{i-1} \quad (i = 1,2,\cdots,n)$$

第二步,近似代替. 当时间间隔很短时,在每个小的时间间隔内用匀速直线运动的路程近似代替这段变速直线运动的路程. 在时间间隔$[t_{i-1},t_i]$内,质点走过的路程近似为

$$\Delta s_i \approx v(\xi_i)\Delta t_i, \quad \xi_i \in [t_{i-1},t_i] \quad (i = 1,2,\cdots,n)$$

第三步,求和. 质点在时间间隔$[\alpha,\beta]$内走过的路程 s 的近似值为

$$s = \sum_{i=1}^{n} \Delta s_i \approx \sum_{i=1}^{n} v(\xi_i)\Delta t_i$$

第四步,取极限. 记 $\lambda = \max\{\Delta t_1, \Delta t_2, \cdots, \Delta t_n\}$,当 $\lambda \to 0$ 时,和式 $\sum\limits_{i=1}^{n} v(\xi_i)\Delta t_i$ 的极限就是质点在时间间隔$[\alpha,\beta]$内走过的路程,即

$$s = \lim_{\lambda \to 0} \sum_{i=1}^{n} v(\xi_i)\Delta t_i$$

以上两个例子虽然要计算的量具有不同的实际意义,但是处理的思想、方法是相同的,即采用化整为零、以直代曲、以不变代变、逐渐逼近的方法. 共同点是:所求的值取决于一个函数以及其自变量的范围,抽出这些问题的具体意义,抓住特殊的和式极限,由此得到定积分的概念.

5.1.2　定积分的定义

定义　设函数$f(x)$在区间$[a,b]$上有界,在$[a,b]$内任意插入 $n-1$ 个分点

$$a = x_0 < x_1 < x_2 < \cdots < x_{n-1} < x_n = b$$

把$[a,b]$分割为 n 个子区间

$$[x_0,x_1],[x_1,x_2],[x_2,x_3],\cdots,[x_{i-1},x_i],\cdots,[x_{n-1},x_n]$$

每个小区间的长度依次为

$$\Delta x_1 = x_1 - x_0, \quad \Delta x_2 = x_2 - x_1, \quad \cdots, \quad \Delta x_n = x_n - x_{n-1}$$

在每个小区间$[x_{i-1},x_i]$上任取一点 $\xi_i(x_{i-1} \leqslant \xi \leqslant x_i)$,作函数值$f(\xi_i)$与小区间长度 Δx_i 的乘积$(i=1,2,\cdots,n)$,并作和,有

$$S = \sum_{i=1}^{n} f(\xi_i)\Delta x_i$$

记 $\lambda = \max\{\Delta x_1, \Delta x_2, \cdots, \Delta x_n\}$,如果不论对$[a,b]$怎样分法,也不论在小区间$[x_{i-1},x_i]$上点 ξ_i 怎样取法,只要当 $\lambda \to 0$ 时,和 S 总趋近于确定的极限 I,这时我们称这个极限值 I 为函数 $f(x)$在区间$[a,b]$上的定积分,记作 $\int_a^b f(x)\,\mathrm{d}x$,即

$$\int_a^b f(x)\,\mathrm{d}x = I = \lim_{\lambda \to 0} \sum_{i=1}^{n} f(\xi_i)\Delta x_i$$

其中,$f(x)$称为被积函数;$f(x)\,\mathrm{d}x$ 称为被积表达式;x 称为积分变量;a 称为积分下限;b 称为积分上限;$[a,b]$称为积分区间.

注意　(1)定积分的积分值与被积函数、积分区间有关,与积分变量用什么字母表示无关,即

$$\int_a^b f(x)\mathrm{d}x = \int_a^b f(s)\mathrm{d}s = \int_a^b f(t)\mathrm{d}t$$

(2)补充规定.

当 $a=b$ 时, $\int_a^b f(x)\mathrm{d}x = 0$.

当 $a>b$ 时, $\int_a^b f(x)\mathrm{d}x = -\int_b^a f(x)\mathrm{d}x$.

即交换积分上下限时,绝对值不变而符号相反.

和 $\sum_{i=1}^{n} f(\xi_i)\Delta x_i$ 通常称为 $f(x)$ 的积分和. 如果 $f(x)$ 在 $[a,b]$ 上的定积分存在,我们就说 $f(x)$ 在 $[a,b]$ 上可积.

函数 $f(x)$ 在 $[a,b]$ 上满足怎样的条件, $f(x)$ 在 $[a,b]$ 上一定可积呢? 这个问题我们不做深入讨论,而只给出两个充分条件.

定理1 设 $f(x)$ 在 $[a,b]$ 上连续,则 $f(x)$ 在 $[a,b]$ 上可积.

定理2 设 $f(x)$ 在 $[a,b]$ 上有界,且只有有限个间断点,则 $f(x)$ 在 $[a,b]$ 上可积.

根据定积分的定义,在引例中由曲线 $y=f(x)$,直线 $x=a$, $x=b$ 及 $y=0$ 所围成的曲边梯形的面积 A 用定积分可以表示为

$$A = \int_a^b f(x)\mathrm{d}x$$

变速直线运动的质点在时间间隔 $[\alpha,\beta]$ 内走过的路程 S 可以表示为

$$S = \int_\alpha^\beta v(t)\mathrm{d}t$$

下面讨论定积分的几何意义.

如果在区间 $[a,b]$ 上函数 $y = f(x)$ 连续且恒有 $f(x) \geqslant 0$,那么定积分 $\int_a^b f(x)\mathrm{d}x$ 表示由直线 $x = a$, $x = b(a \neq b)$, $y = 0$ 和曲线 $y = f(x)$ 所围成的曲边梯形的面积; 在区间 $[a,b]$ 上,当 $f(x) \leqslant 0$ 时,由直线 $x = a$, $x = b(a \neq b)$, $y = 0$ 和曲线 $y = f(x)$ 所围成的曲边梯形在 x 轴的下方,定积分 $\int_a^b f(x)\mathrm{d}x$ 在几何上表示上述曲边梯形面积的负值.

在一般情况下,定积分 $\int_a^b f(x)\mathrm{d}x$ 的几何意义是介于 x 轴、函数 $f(x)$ 的图形以及直线 $x = a$, $x = b$ 之间各部分面积的代数和,在 x 轴上方的面积取正号,在 x 轴下方的面积取负号.

例1 用定义计算定积分 $\int_a^b x\mathrm{d}x$.

图5.2

解 被积函数 $f(x) = x$ 在区间 $[a,b]$ 上连续(图5.2),故一定可积. 从而对于任意的分割、点 ξ_i 的任意的取法,和式 $\sum_{i=1}^{n} f(\xi_i)\Delta x_i$ 的极限均存在且相等,因此有:

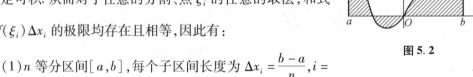

(1) n 等分区间 $[a,b]$,每个子区间长度为 $\Delta x_i = \frac{b-a}{n}$, $i = 1,2,3,\cdots,n$,分点为

$$x_1 = a,\quad x_2 = a + \frac{b-a}{n},\quad x_3 = a + 2\frac{b-a}{n},\quad \cdots,\quad x_{n+1} = a + n\frac{b-a}{n} = b$$

(2)取 $\xi_i \in [x_i, x_{i+1}]$ 且为此区间的右端点,即 $\xi_i = x_{i+1} = a + i\dfrac{b-a}{n}$,则

$$\sum_{i=1}^{n} f(\xi_i)\Delta x_i = \sum_{i=1}^{n} \xi_i \Delta x_i = \sum_{i=1}^{n}\left(a + i\frac{b-a}{n}\right)\cdot\frac{b-a}{n} = \frac{b-a}{n}\left(\sum_{i=1}^{n} a + \frac{b-a}{n}\sum_{i=1}^{n} i\right) =$$

$$\frac{b-a}{n}\left[na + \frac{b-a}{n}\cdot\frac{n(n+1)}{2}\right] = (b-a)\left[a + \frac{b-a}{2}\cdot\left(1+\frac{1}{n}\right)\right]$$

$$\int_a^b x\mathrm{d}x = \lim_{n\to\infty}\sum_{i=1}^{n} f(\xi_i)\Delta x_i = \lim_{n\to\infty}(b-a)\left[a + \frac{b-a}{2}\left(1+\frac{1}{n}\right)\right] = (b-a)\left[a + \frac{b-a}{2}\right] = \frac{b^2-a^2}{2}$$

例 2　根据定积分的几何意义,求 $\int_0^1 \sqrt{1-x^2}\,\mathrm{d}x$ 的值.

解　定积分 $\int_0^1 \sqrt{1-x^2}\,\mathrm{d}x$ 在几何上表示以 $O(0,0)$ 为圆心,半径为 1 的 $\dfrac{1}{4}$ 圆的面积,所以有

$$\int_0^1 \sqrt{1-x^2}\,\mathrm{d}x = \frac{\pi}{4}$$

习题 5.1

1. 在等分区间的情况下,把定积分 $\int_0^1 x^2\mathrm{d}x$ 写成积分和式的极限形式.

2. 利用定积分的几何意义说明 $\int_{-\pi}^{\pi} \sin x\mathrm{d}x = 0$.

3. 利用定积分的几何意义求下列定积分.

(1) $\int_0^2 2x\mathrm{d}x$　　　　(2) $\int_{-2}^{2} \sqrt{4-x^2}\,\mathrm{d}x$

5.2　定积分的性质

性质 1　若函数 $f(x)$ 在 $[a,b]$ 上可积,k 为常数,则 $kf(x)$ 在 $[a,b]$ 上也可积,且

$$\int_a^b kf(x)\mathrm{d}x = k\int_a^b f(x)\mathrm{d}x$$

即常数因子可从积分号里提出.

性质 2　若函数 $f(x)$,$g(x)$ 都在 $[a,b]$ 上可积,则 $f(x) \pm g(x)$ 在 $[a,b]$ 上也可积,且有

$$\int_a^b [f(x) \pm g(x)]\mathrm{d}x = \int_a^b f(x)\mathrm{d}x \pm \int_a^b g(x)\mathrm{d}x$$

性质 3　设 $a < c < b$,则

$$\int_a^b f(x)\mathrm{d}x = \int_a^c f(x)\mathrm{d}x + \int_c^b f(x)\mathrm{d}x$$

这个性质表明定积分对积分区间具有可加性.

根据定积分的补充规定可得:不论 a,b,c 的位置关系如何,总有

$$\int_a^b f(x)\mathrm{d}x = \int_a^c f(x)\mathrm{d}x + \int_c^b f(x)\mathrm{d}x$$

性质 4　如果在 $[a,b]$ 上,$f(x) \geqslant 0$,则 $\int_a^b f(x)\mathrm{d}x \geqslant 0\ (a < b)$.

推论1 如果在$[a,b]$上,$f(x)\geqslant g(x)$,则

$$\int_a^b f(x)\,\mathrm{d}x \geqslant \int_a^b g(x)\,\mathrm{d}x \quad (a < b)$$

推论2

$$\left|\int_a^b f(x)\,\mathrm{d}x\right| \leqslant \int_a^b \left|f(x)\right|\mathrm{d}x \quad (a < b)$$

性质5 设M及m分别是函数$f(x)$在区间$[a,b]$上的最大值和最小值,则

$$m(b-a) \leqslant \int_a^b f(x)\,\mathrm{d}x \leqslant M(b-a)$$

性质6(定积分中值定理) 设$f(x)$在区间$[a,b]$上连续,则存在$\xi\in[a,b]$,使

$$\int_a^b f(x)\,\mathrm{d}x = f(\xi)(b-a)$$

积分中值定理的几何意义是:在区间$[a,b]$上至少有一点ξ,使得以区间$[a,b]$为底边、以曲线$f(x)$为曲边的曲边梯形的面积等于同一底边而高为$f(\xi)$的一个矩形的面积(图5.3).

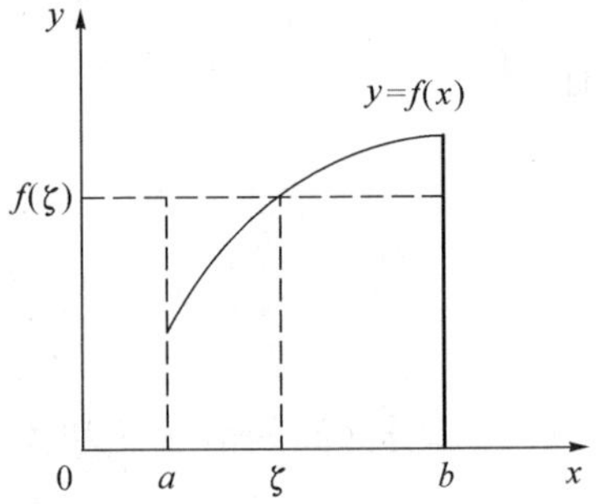

图5.3

按积分中值定理所得

$$f(\xi) = \frac{1}{b-a}\int_a^b f(x)\,\mathrm{d}x$$

称为函数$f(x)$在区间$[a,b]$上的平均值.

例1 比较积分的大小:$\int_0^1 x\,\mathrm{d}x$,$\int_0^1 x^2\,\mathrm{d}x$.

解 因为在区间$[0,1]$上,$x\geqslant x^2$,所以$\int_0^1 x\,\mathrm{d}x > \int_0^1 x^2\,\mathrm{d}x$.

例2 估计积分$\int_{\frac{\pi}{4}}^{\frac{5\pi}{4}}(1+\sin^2 x)\,\mathrm{d}x$的值.

解 在区间$\left[\frac{\pi}{4},\frac{5\pi}{4}\right]$上,$f(x)=1+\sin^2 x$的最小值为$m=1$,最大值为$M=2$,由性质5得

$$1\cdot\left(\frac{5\pi}{4}-\frac{\pi}{4}\right)\leqslant\int_{\frac{\pi}{4}}^{\frac{5\pi}{4}}(1+\sin^2 x)\,\mathrm{d}x\leqslant 2\cdot\left(\frac{5\pi}{4}-\frac{\pi}{4}\right)$$

即

$$\pi\leqslant\int_{\frac{\pi}{4}}^{\frac{5\pi}{4}}(1+\sin^2 x)\,\mathrm{d}x\leqslant 2\pi$$

习题5.2

1. 不求出定积分的值,比较下列各对定积分的大小.

(1) $\int_0^1 \mathrm{e}^x\,\mathrm{d}x$与$\int_0^1 \mathrm{e}^{x^2}\,\mathrm{d}x$ (2) $\int_0^1 x\,\mathrm{d}x$与$\int_0^1 \ln(1+x)\,\mathrm{d}x$

(3) $\int_1^2 \mathrm{e}^x\,\mathrm{d}x$与$\int_1^2 (1+x)\,\mathrm{d}x$

2. 估计下列定积分的值.

(1) $\int_2^5 (x^2+4)\,\mathrm{d}x$ (2) $\int_{\mathrm{e}}^{\mathrm{e}^2}\ln x\,\mathrm{d}x$

5.3　微积分的基本公式及定积分的计算

在 5.1 节例 1 中,我们根据定积分的定义计算定积分 $\int_a^b x\mathrm{d}x$,从这个例子我们看到,被积函数虽然非常简单,但直接按定义来计算它的定积分已经不是很容易的事,如果被积函数是其他复杂的函数,其困难就更大了,因此我们必须寻求计算定积分的新方法.

5.3.1　积分上限的函数及其导数

设函数 $f(x)$ 在区间 $[a,b]$ 上连续,并且设 x 为 $[a,b]$ 上的一点,我们来考查 $f(x)$ 在部分区间 $[a,x]$ 上的定积分

$$\int_a^x f(x)\mathrm{d}x$$

首先,由于 $f(x)$ 在 $[a,x]$ 上仍旧连续,因此这个定积分存在. 这里,x 既表示定积分的上限,又表示积分变量,因为定积分与积分变量的记法无关,所以,为了明确起见,可以把积分变量改用其他符号,例如用 t 表示,则上面的定积分可以写成

$$\int_a^x f(t)\mathrm{d}t$$

如果上限 x 在区间 $[a,b]$ 上任意变动,则对于每一个取定的 x 值,定积分有一个对应值,所以它在 $[a,b]$ 上定义了一个函数,记作 $\Phi(x)$,即

$$\Phi(x) = \int_a^x f(t)\mathrm{d}t \quad (a \leqslant x \leqslant b)$$

这个函数 $\Phi(x)$ 具有下面的重要性质.

定理 1　如果函数 $f(x)$ 在区间 $[a,b]$ 上连续,则积分上限的函数

$$\Phi(x) = \int_a^x f(t)\mathrm{d}t$$

在 $[a,b]$ 上可导,并且它的导数为

$$\Phi'(x) = \frac{\mathrm{d}}{\mathrm{d}x}\int_a^b f(t)\mathrm{d}t = f(x) \quad (a \leqslant x \leqslant b)$$

这个定理指出了一个重要结论:连续函数 $f(x)$ 取变上限 x 的定积分然后求导,其结果还原为 $f(x)$ 本身. 联想到原函数的定义,就可以从定理 1 推知 $\Phi(x)$ 是连续函数 $f(x)$ 的一个原函数. 因此,我们引出如下的原函数的存在定理.

定理 2　如果函数 $f(x)$ 在区间 $[a,b]$ 上连续,则函数

$$\Phi(x) = \int_a^x f(x)\mathrm{d}t$$

就是 $f(x)$ 在 $[a,b]$ 上的一个原函数.

这个定理的重要意义是:一方面肯定了连续函数的原函数是存在的;另一方面初步地揭示了积分学中的定积分与原函数之间的联系. 因此,我们就有可能通过原函数来计算定积分.

5.3.2　微积分基本公式

定理 3　如果函数 $F(x)$ 是 $[a,b]$ 上的连续函数 $f(x)$ 的任意一个原函数,则

$$\int_a^b f(x)\mathrm{d}x = F(b) - F(a)$$

证明 因为 $\Phi(x) = \int_a^x f(t)\mathrm{d}t$ 与 $F(x)$ 都是 $f(x)$ 的原函数,故

$$F(x) - \Phi(x) = C \quad (a \leqslant x \leqslant b)$$

其中,C 为某一常数.

令 $x=a$ 得 $F(a)-\Phi(a)=C$,且 $\Phi(a) = \int_a^a f(t)\mathrm{d}t = 0$. 即有 $C = F(a)$,故

$$F(x)=\Phi(x)+F(a)$$

所以
$$\Phi(x)=F(x)-F(a) = \int_a^x f(t)\mathrm{d}t$$

令 $x=b$,有
$$\int_a^b f(x)\mathrm{d}x = F(b) - F(a)$$

为了方便起见,还常用 $F(x)\Big|_a^b$ 表示 $F(b)-F(a)$,即

$$\int_a^b f(x)\mathrm{d}x = F(x)\Big|_a^b = F(b) - F(a)$$

该式称之为微积分基本公式或牛顿-莱布尼兹公式. 它指出了求连续函数定积分的一般方法,把求定积分的计算问题与不定积分联系起来,转化为求被积函数的一个原函数在区间$[a,b]$上的增量的问题. 这就给定积分提供了一个有效而简便的计算方法,大大简化了定积分的计算.

微积分的基本定理揭示了导数和定积分之间的内在联系,同时它也提供了计算定积分的一种有效方法.

例1 计算下列定积分

(1) $\int_1^2 \frac{1}{x}\mathrm{d}x$ (2) $\int_1^3 \left(2x - \frac{1}{x^2}\right)\mathrm{d}x$

解 (1)因为$(\ln x)' = \frac{1}{x}$,所以 $\int_1^2 \frac{1}{x}\mathrm{d}x = \ln x\Big|_1^2 = \ln 2 - \ln 1 = \ln 2.$

(2)因为$(x^2)'=2x, \left(\frac{1}{x}\right)' = -\frac{1}{x^2}$,所以

$$\int_1^3\left(2x-\frac{1}{x^2}\right)\mathrm{d}x = \int_1^3 2x\mathrm{d}x - \int_1^3 \frac{1}{x^2}\mathrm{d}x = x^2\Big|_1^3 + \frac{1}{x}\Big|_1^3 = (9-1) + \left(\frac{1}{3}-1\right) = \frac{22}{3}$$

例2 计算定积分 $\int_0^\pi \sin x\mathrm{d}x, \int_\pi^{2\pi}\sin x\mathrm{d}x, \int_0^{2\pi}\sin x\mathrm{d}x.$

由计算结果你能发现什么结论?

解 因为$(-\cos x)'=\sin x$,所以

$$\int_0^\pi \sin x\mathrm{d}x = (-\cos x)\Big|_0^\pi = (-\cos\pi) - (-\cos 0) = 2$$

$$\int_\pi^{2\pi} \sin x\mathrm{d}x = (-\cos x)\Big|_\pi^{2\pi} = (-\cos 2\pi) - (-\cos\pi) = -2$$

$$\int_0^{2\pi} \sin x\mathrm{d}x = (-\cos x)\Big|_0^{2\pi} = (-\cos 2\pi) - (-\cos 0) = 0$$

可以发现,定积分的值可能取正值,也可能取负值,还可能是0.

(1)当对应的曲边梯形位于x轴上方时,定积分的值取正值,且等于曲边梯形的面积(图5.4).

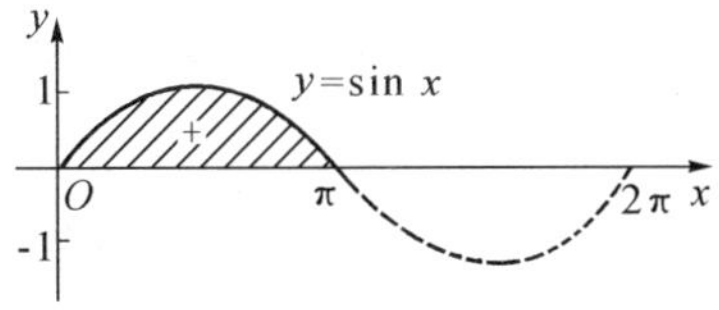

图 5.4

(2)当对应的曲边梯形位于 x 轴下方时,定积分的值取负值,且等于曲边梯形的面积的相反数(图 5.5).

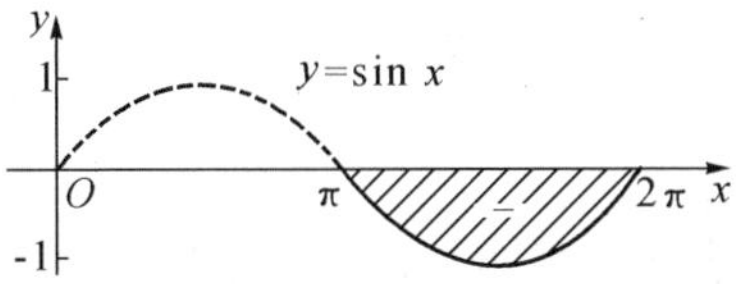

图 5.5

(3)当位于 x 轴上方的曲边梯形面积等于位于 x 轴下方的曲边梯形面积时,定积分的值为0 ,且等于位于 x 轴上方的曲边梯形面积减去位于 x 轴下方的曲边梯形面积(图 5.6).

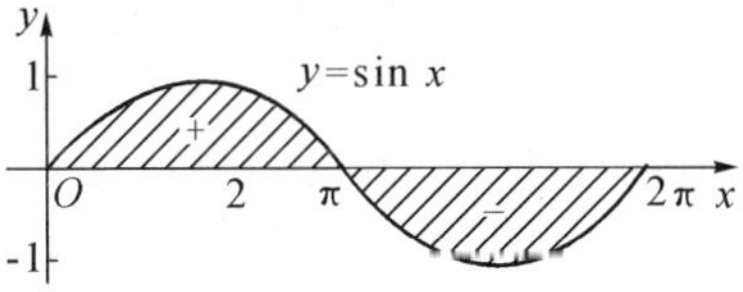

图 5.6

5.3.3　定积分的换元积分法

我们已经会依据牛顿－莱布尼兹公式给出的步骤求定积分. 但这种方法遇到用换元积分法求原函数时,需将新变量还原为原来的积分变量,才能求原函数之差,这样做比较麻烦. 现介绍省略还原为原积分变量的步骤计算定积分的方法.

定理 4　设函数 $f(x)$ 在区间 $[a,b]$ 上连续.

(1)函数 $x=\varphi(t)$ 在区间 $[\alpha,\beta]$ 上单调,且有连续导数.

(2)当 $t\in[\alpha,\beta]$ 时,$x\in[a,b]$,且 $a=\varphi(\alpha)$,$b=\varphi(\beta)$,则

$$\int_a^b f(x)\,\mathrm{d}x = \int_\alpha^\beta f[\varphi(t)]\varphi'(t)\,\mathrm{d}t$$

例 3　计算定积分 $\int_0^4 \frac{\mathrm{d}x}{1+\sqrt{x}}$.

解　令 $\sqrt{x}=t$,即 $x=t^2$,则 $\mathrm{d}x=2t\mathrm{d}t$,当 $x=0$ 时,$t=0$;当 $x=4$ 时,$t=2$. 于是

$$\int_0^4 \frac{\mathrm{d}x}{1+\sqrt{x}} = \int_0^2 \frac{2t\mathrm{d}t}{1+t} = 2[t-\ln(1+t)]_0^2 = 2(2-\ln 3)$$

例 4　求 $\int_0^a \sqrt{a^2-x^2}\,\mathrm{d}x\ (a>0)$.

解　令 $x=a\sin t\left(t\in\left[0,\frac{\pi}{2}\right]\right)$,则 $\mathrm{d}x=a\cos t\mathrm{d}t$. 且当 $x=0$ 时,$t=0$,当 $x=a$ 时,$t=\frac{\pi}{2}$,于是

$$\int_0^a \sqrt{a^2-x^2}\,\mathrm{d}x = \int_0^{\frac{\pi}{2}} a\cos t \cdot a\cos t\,\mathrm{d}t = a^2\int_0^{\frac{\pi}{2}}\cos^2 t\,\mathrm{d}t =$$

$$a^2\int_0^{\frac{\pi}{2}}\frac{1+\cos 2t}{2}\mathrm{d}t = \frac{a^2}{2}\left(t+\frac{\sin 2t}{2}\right)\Big|_0^{\frac{\pi}{2}} = \frac{1}{4}\pi a^2$$

在应用定理4计算定积分时需注意以下两点:

(1)引入的新函数 $x=\varphi(t)$ 必须单调,使 t 在区间 $[\alpha,\beta]$ 上变化时,x 在区间 $[a,b]$ 上变化,且 $a=\varphi(\alpha)$,$b=\varphi(\beta)$.

(2)改变积分变量时必须改变积分上、下限,简称为换元必换限.

定理4所给出的换元公式也可以反过来使用,把公式中左、右两边对调位置,同时把 t 改为 x,而 x 改为 t,得

$$\int_a^b f[\varphi(x)]\varphi'(x)\,\mathrm{d}x = \int_\alpha^\beta f(t)\,\mathrm{d}t$$

这样可用 $t=\varphi(x)$ 来引入新变量 t,而 $\alpha=\varphi(a)$,$\beta=\varphi(b)$.

例5 求 $\int_0^{\frac{\pi}{2}}\cos^5 x\sin x\,\mathrm{d}x$.

解 设 $t=\cos x$,$\mathrm{d}t=-\sin x\,\mathrm{d}x$,且当 $x=0$ 时,$t=1$;当 $x=\frac{\pi}{2}$ 时,$t=0$. 于是

$$\int_0^{\frac{\pi}{2}}\cos^5 x\sin x\,\mathrm{d}x = -\int_1^0 t^5\,\mathrm{d}t = \int_0^1 t^5\,\mathrm{d}t = \left(\frac{t^6}{6}\right)_0^1 = \frac{1}{6}$$

注意:如果我们不明显地写出新变量 t,那么定积分的上、下限就不要变更. 现在用这种记法写出计算过程如下

$$\int_0^{\frac{\pi}{2}}\cos^5\,\sin x\,\mathrm{d}x = -\int_0^{\frac{\pi}{2}}\cos^5 x\,\mathrm{d}(\cos x) = -\left(\frac{\cos^6 x}{6}\right)^{\frac{\pi}{2}} = -\left(0-\frac{1}{6}\right) = \frac{1}{6}$$

例6 设 $f(x)$ 在区间 $[-a,a]$ 上连续,证明:

(1)如果 $f(x)$ 为奇函数,则 $\int_{-a}^a f(x)\,\mathrm{d}x = 0$;

(2)如果 $f(x)$ 为偶函数,则 $\int_{-a}^a f(x)\,\mathrm{d}x = 2\int_0^a f(x)\,\mathrm{d}x$.

证明 由定积分的可加性知

$$\int_{-a}^a f(x)\,\mathrm{d}x = \int_{-a}^0 f(x)\,\mathrm{d}x + \int_0^a f(x)\,\mathrm{d}x$$

对于定积分 $\int_{-a}^0 f(x)\,\mathrm{d}x$,作代换 $x=-t$,得

$$\int_{-a}^0 f(x)\,\mathrm{d}x = -\int_a^0 f(-t)\,\mathrm{d}t = \int_0^a f(-t)\,\mathrm{d}t = \int_0^a f(-x)\,\mathrm{d}x$$

所以 $$\int_{-a}^a f(x)\,\mathrm{d}x = \int_0^a f(-x)\,\mathrm{d}x + \int_0^a f(x)\,\mathrm{d}x = \int_0^a [f(x)+f(-x)]\,\mathrm{d}x$$

(1)如果 $f(x)$ 为奇函数,即 $f(-x)=-f(x)$,则 $f(x)+f(-x)=f(x)-f(x)=0$,于是

$$\int_{-a}^a f(x)\,\mathrm{d}x = 0$$

(2)如果 $f(x)$ 为偶函数,即 $f(-x)=f(x)$,则 $f(x)+f(-x)=f(x)+f(x)=2f(x)$,于是

$$\int_{-a}^a f(x)\,\mathrm{d}x = 2\int_0^a f(x)\,\mathrm{d}x$$

例 7　求定积分 $\int_{-1}^{1}(|x|+\sin x)x^2\mathrm{d}x$

解　因为积分区间关于原点对称,且 $|x|x^2$ 为偶函数, $\sin x\cdot x^2$ 为奇函数,所以

$$\int_{-1}^{1}(|x|+\sin x)x^2\mathrm{d}x=\int_{-1}^{1}|x|x^2\mathrm{d}x=2\int_{0}^{1}x^3\mathrm{d}x=2\cdot\frac{x^4}{4}\Big|_0^1=\frac{1}{2}$$

5.3.4　定积分的分部积分法

依据不定积分的分部积分法,可得

$$\int_a^b u(x)v'(x)\mathrm{d}x=\left[\int u(x)v'(x)\mathrm{d}x\right]_a^b=$$
$$\left[u(x)v(x)-\int v(x)u'(x)\mathrm{d}x\right]_a^b=$$
$$\left[u(x)v(x)\right]_a^b-\int_a^b v(x)u'(x)\mathrm{d}x$$

简记作
$$\int_a^b uv'\mathrm{d}x=[uv]_a^b-\int_a^b vu'\mathrm{d}x$$

或
$$\int_a^b u\mathrm{d}v=[uv]_a^b-\int_a^b v\mathrm{d}u$$

这就是定积分的分部积分公式,公式表明原函数已经积出的部分可以先用上、下限代入.

例 8　求 $\int_1^3\ln x\mathrm{d}x$.

解
$$\int_1^3\ln x\mathrm{d}x=x\ln x\Big|_1^3-\int_1^3 x\mathrm{d}(\ln x)=(3\ln 3-0)-\int_1^3 x\frac{1}{x}\mathrm{d}x=$$
$$3\ln 3-\int_1^3\mathrm{d}x=3\ln 3-x\Big|_1^3=3\ln 3-(3-1)=3\ln 3-2$$

例 9　求 $\int_0^{\frac{1}{2}}\arcsin x\mathrm{d}x$.

解　$\int_0^{\frac{1}{2}}\arcsin x\mathrm{d}x=x\arcsin x\Big|_0^{\frac{1}{2}}-\int_0^{\frac{1}{2}}\frac{x}{\sqrt{1-x^2}}\mathrm{d}x=\frac{\pi}{12}+\sqrt{1-x^2}\Big|_0^{\frac{1}{2}}=\frac{\pi}{12}+\frac{\sqrt{3}}{2}-1.$

例 10　求 $\int_0^1 x\mathrm{e}^{-x}\mathrm{d}x$.

解
$$\int_0^1 x\mathrm{e}^{-x}\mathrm{d}x=-\int_0^1 x\mathrm{d}(\mathrm{e}^{-x})=-\left(x\mathrm{e}^{-x}\Big|_0^1-\int_0^1\mathrm{e}^{-x}\mathrm{d}x\right)=$$
$$-\left[(\mathrm{e}^{-1}-0)+\int_0^1\mathrm{e}^{-x}\mathrm{d}(-x)\right]=-\left(\mathrm{e}^{-1}+\mathrm{e}^{-x}\Big|_0^1\right)=$$
$$-(\mathrm{e}^{-1}+\mathrm{e}^{-1}-1)=1-2\mathrm{e}^{-1}$$

例 11　已知 $f(x)=\begin{cases}x^2,x<1\\ \frac{1}{2}x,x\geqslant 1\end{cases}$, 求 $\int_0^2 f(x)\mathrm{d}x$.

解　$\int_0^2 f(x)\mathrm{d}x=\int_0^1 f(x)\mathrm{d}x+\int_1^2 f(x)\mathrm{d}x=\int_0^1 x^2\mathrm{d}x+\int_1^2\frac{1}{2}x\mathrm{d}x=\frac{1}{3}x\Big|_0^1+\frac{1}{4}x^2\Big|_1^2=\frac{13}{12}.$

习题 5.3

1. 试求函数 $y=\int_0^x \cos t\mathrm{d}t$，当 $x=\frac{\pi}{4}$ 和 $x=\frac{\pi}{2}$ 时的导数.

2. 计算下列各导数.

(1) $\frac{\mathrm{d}}{\mathrm{d}x}\int_0^x \sqrt{1+2t^2}\mathrm{d}t$　(2) $\frac{\mathrm{d}}{\mathrm{d}x}\int_x^0 \sin 2t\mathrm{d}t$

3. 计算下列定积分.

(1) $\int_1^4 x\left(\sqrt{x}+\frac{1}{x^2}\right)\mathrm{d}x$　(2) $\int_0^1 \frac{x^4}{1+x^2}\mathrm{d}x$　(3) $\int_0^2 \frac{1}{4+x^2}\mathrm{d}x$

(4) $\int_0^1 2^x\mathrm{e}^x\mathrm{d}x$　(5) $\int_0^{\frac{\pi}{4}} \sec x\tan x\mathrm{d}x$　(6) $\int_0^{2\pi} \sqrt{\frac{1-\cos 2x}{2}}\mathrm{d}x$

(7) $\int_1^2 \frac{1}{(3x-1)^2}\mathrm{d}x$　(8) $\int_0^{\ln 3} \frac{\mathrm{e}^x}{1+\mathrm{e}^x}\mathrm{d}x$　(9) $\int_0^3 |2-x|\mathrm{d}x$

(10) $\int_{-\frac{\pi}{4}}^{\frac{\pi}{4}} \frac{1}{1+\sin x}\mathrm{d}x$　(11) $\int_0^1 \frac{\mathrm{d}x}{\mathrm{e}^x+\mathrm{e}^{-x}}$　(12) $\int_0^1 \frac{\arctan\sqrt{x}}{\sqrt{x}(1+x)}\mathrm{d}x$

(13) $\int_0^1 x\sqrt{3-2x}\mathrm{d}x$　(14) $\int_1^{\sqrt{3}} \frac{1}{x\sqrt{1+x^2}}\mathrm{d}x$　(15) $\int_0^1 x\mathrm{e}^{-2x}\mathrm{d}x$

(16) $\int_0^1 x\ln(1+x)\mathrm{d}x$　(17) $\int_0^1 x\arctan x\mathrm{d}x$　(18) $\int_{-2}^2 (|x|+x)\mathrm{e}^{-|x|}\mathrm{d}x$

5.4 无穷限的反常积分

前面学过的定积分 $\int_a^b f(x)\mathrm{d}x$ 中，积分区间 $[a,b]$ 是有限区间，在一些实际问题中，我们还会遇到积分区间是无穷区间的积分，它已经不属于前面所说的定积分了，我们称之为反常积分.

定义　设 $f(x)$ 在 $[a,+\infty)$ 上连续，取 $b>a$. 如果极限

$$\lim_{b\to+\infty}\int_a^b f(x)\mathrm{d}x$$

存在，称这极限为 $f(x)$ 在 $[a,+\infty)$ 上的反常积分. 记作

$$\int_a^{+\infty} f(x)\mathrm{d}x=\lim_{b\to+\infty}\int_a^b f(x)\mathrm{d}x$$

这时也称反常积分 $\int_a^{+\infty} f(x)\mathrm{d}x$ 收敛；如果上述的极限不存在，就称反常积分 $\int_a^{+\infty} f(x)\mathrm{d}x$ 发散.

类似可定义 $f(x)$ 在 $(-\infty,b]$ 上的反常积分

$$\int_{-\infty}^b f(x)\mathrm{d}x=\lim_{a\to-\infty}\int_a^b f(x)\mathrm{d}x$$

定义　设 $f(x)$ 在 $(-\infty,+\infty)$ 上连续，如果反常积分

$$\int_0^{+\infty} f(x)\mathrm{d}x \quad 和 \quad \int_{-\infty}^0 f(x)\mathrm{d}x$$

都收敛,则将上述两反常积分之和称为函数$f(x)$在无穷区间$(-\infty,+\infty)$上的反常积分,记为$\int_{-\infty}^{+\infty}f(x)\mathrm{d}x$,即

$$\int_{-\infty}^{+\infty}f(x)\mathrm{d}x=\int_{-\infty}^{0}f(x)\mathrm{d}x+\int_{0}^{+\infty}f(x)\mathrm{d}x=\lim_{a\to-\infty}\int_{a}^{0}f(x)\mathrm{d}x+\lim_{b\to+\infty}\int_{0}^{b}f(x)\mathrm{d}x$$

这时也称反常积分$\int_{-\infty}^{+\infty}f(x)\mathrm{d}x$收敛;否则就称反常积分$\int_{-\infty}^{+\infty}f(x)\mathrm{d}x$发散.

上述反常积分统称为无穷限的反常积分.

由上述定义及牛顿-莱布尼兹公式,可得如下结论:

设$F(x)$为$f(x)$在$(a,+\infty)$上的一个原函数,若$\lim\limits_{x\to+\infty}F(x)$存在,则反常积分

$$\int_{a}^{+\infty}f(x)\mathrm{d}x=\lim_{x\to+\infty}F(x)-F(a)$$

若$\lim\limits_{x\to+\infty}F(x)$不存在,则反常积分$\int_{a}^{+\infty}f(x)\mathrm{d}x$发散.

如果记$F(+\infty)=\lim\limits_{x\to+\infty}F(x)$,$[F(x)]_{a}^{+\infty}=F(+\infty)-F(a)$,则当$F(+\infty)$存在时,有

$$\int_{a}^{+\infty}f(x)\mathrm{d}x=[F(x)]_{a}^{+\infty}$$

当$F(+\infty)$不存在时,反常积分$\int_{a}^{+\infty}f(x)\mathrm{d}x$发散.

类似地,若在$(-\infty,b)$上$F'(x)=f(x)$,则当$F(-\infty)$存在时,有

$$\int_{-\infty}^{b}f(x)\mathrm{d}x=[F(x)]_{-\infty}^{b}$$

当$F(-\infty)$不存在时,反常积分$\int_{-\infty}^{b}f(x)\mathrm{d}x$发散.

若在$(-\infty,+\infty)$上$F'(x)=f(x)$,则当$F(-\infty)$与$F(+\infty)$都存在时,有

$$\int_{-\infty}^{+\infty}f(x)\mathrm{d}x=F(+\infty)-F(-\infty)$$

当$F(-\infty)$与$F(+\infty)$有一个不存在时,反常积分$\int_{-\infty}^{+\infty}f(x)\mathrm{d}x$发散.

例1　计算反常积分$\int_{-\infty}^{+\infty}\frac{1}{1+x^2}\mathrm{d}x$.

解　$\int_{-\infty}^{+\infty}\frac{1}{1+x^2}\mathrm{d}x=\arctan x\Big|_{-\infty}^{+\infty}=\lim\limits_{x\to+\infty}\arctan x-\lim\limits_{x\to-\infty}\arctan x=\frac{\pi}{2}-\left(-\frac{\pi}{2}\right)=\pi.$

这个反常积分值的几何意义是曲线$y=\frac{1}{1+x^2}$与x轴围成几何图形的面积(图5.7).

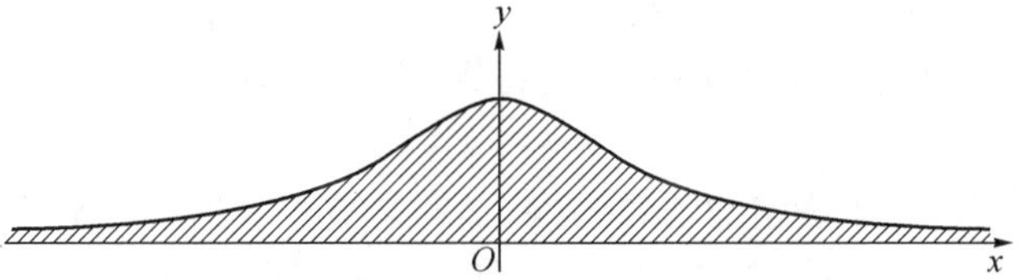

图5.7

例2　讨论反常积分$\int_{1}^{+\infty}\frac{1}{x^p}\mathrm{d}x$的敛散性.

解 当$p\neq 1$时，$\int_1^{+\infty}\frac{1}{x^p}dx=\frac{1}{1-p}x^{1-p}\Big|_1^{+\infty}=\frac{1}{1-p}\lim\limits_{x\to+\infty}x^{1-p}-\frac{1}{1-p}$.

若$p<1$，极限$\lim\limits_{x\to+\infty}x^{1-p}$不存在，反常积分$\int_1^{+\infty}\frac{1}{x^p}dx$发散.

若$p>1$，$\lim\limits_{x\to+\infty}x^{1-p}=0$，反常积分$\int_1^{+\infty}\frac{1}{x^p}dx$收敛，且$\int_1^{+\infty}\frac{1}{x^p}dx=\frac{1}{p-1}$.

当$p=1$时，$\int_1^{+\infty}\frac{1}{x}dx=\ln x\Big|_1^{+\infty}=\lim\limits_{x\to+\infty}\ln x=+\infty$，反常积分$\int_1^{+\infty}\frac{1}{x^p}dx$发散.

所以，当$p\leqslant 1$时，反常积分$\int_1^{+\infty}\frac{1}{x^p}dx$发散. 当$p>1$时，反常积分$\int_1^{+\infty}\frac{1}{x^p}dx$收敛.

习题 5.4

1. 计算下列反常积分.

(1) $\int_0^{+\infty}e^{-x}dx$　　　　(2) $\int_1^{+\infty}\frac{1}{x\sqrt{x}}dx$

2. 讨论反常积分$\int_2^{+\infty}\frac{1}{x\ln x}dx$是否收敛?

5.5 定积分的应用

由于定积分的概念和理论是在解决实际问题的过程中产生和发展起来的，因而它的应用非常广泛. 下面先介绍运用定积分解决实际问题的常用方法——微元法，然后讨论定积分在几何上的一些简单应用.

5.5.1 定积分的微元法

为了说明定积分的微元法，我们先回顾求曲边梯形面积A的方法和步骤.

(1)将区间$[a,b]$分成n个小区间，相应得到n个小曲边梯形，小曲边梯形的面积记为$\Delta A_i(i=1,2,\cdots,n)$;

(2)计算ΔA_i的近似值，即$\Delta A_i\approx f(\xi_i)\Delta x_i$(其中$\Delta x_i=x_i-x_{i-1}$，$\xi_i\in[x_{i-1},x_i]$);

(3)求和得A的近似值，即$A\approx\sum\limits_{i=1}^{n}f(\xi_i)\Delta x_i$;

(4)对和取极限得$A=\lim\limits_{\lambda\to0}\sum\limits_{i=1}^{n}f(\xi_i)\Delta x_i=\int_a^b f(x)dx$.

下面对上述四个步骤进行具体分析:

第(1)步指明了所求量(面积A)具有的特性，即A在区间$[a,b]$上具有可分割性和可加性.

第(2)步是关键，这一步确定的$\Delta A_i\approx f(\xi_i)\Delta x_i$是被积表达式$f(x)dx$的雏形. 这可以从以下过程来理解：由于分割的任意性，在实际应用中，为了简便起见，对$\Delta A_i\approx f(\xi_i)\Delta x_i$省略下标，得$\Delta A\approx f(\xi)\Delta x$，用$[x,x+dx]$表示$[a,b]$内的任一小区间，并取小区间的左端点$x$为$\xi$，则$\Delta A$的近似值就是以$dx$为底，$f(x)$为高的小矩形的面积(图5.8的阴影部分)，即

$$\Delta A\approx f(x)dx$$

通常称 $f(x)\mathrm{d}x$ 为面积元素，记为 $\mathrm{d}A=f(x)\mathrm{d}x$.

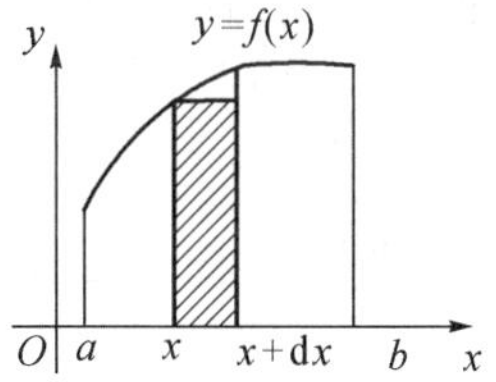

图 5.8

将(3),(4)两步合并，即将这些面积元素在 $[a,b]$ 上"无限累加"，就得到面积 A，即

$$A=\int_a^b f(x)\mathrm{d}x$$

一般说来，用定积分解决实际问题时，通常按以下步骤来进行：

(1)确定积分变量 x，并求出相应的积分区间 $[a,b]$；

(2)在区间 $[a,b]$ 上任取一个小区间 $[x,x+\mathrm{d}x]$，并在小区间上找出所求量 F 的微元 $\mathrm{d}F=f(x)\mathrm{d}x$；

(3)写出所求量 F 的积分表达式 $F=\int_a^b f(x)\mathrm{d}x$，然后计算它的值.

利用定积分按上述步骤解决实际问题的方法称为定积分的微元法.

注意　能够用微元法求出结果的量 F 一般应满足以下两个条件：

①F 是与变量 x 的变化范围 $[a,b]$ 有关的量；

②F 对于 $[a,b]$ 具有可加性，即如果把区间 $[a,b]$ 分成若干个部分区间，则 F 相应地分成若干个分量.

5.5.2　平面图形的面积

(1)由曲线 $y=f(x)$ 和直线 $x=a,x=b,y=0$ 所围成曲边梯形的面积的求法前面已经介绍，此处不再叙述.

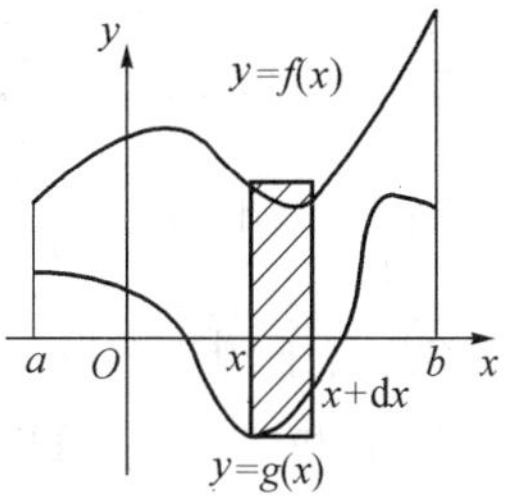

图 5.9

(2)求由两条曲线 $y=f(x),y=g(x)\ (f(x)\geqslant g(x))$ 及直线 $x=a,x=b$ 所围成平面图形的面积 A(图 5.9).

下面用微元法求面积 A.

①取 x 为积分变量，$x\in[a,b]$.

②在区间 $[a,b]$ 上任取一小区间 $[x,x+\mathrm{d}x]$，该区间上小曲边梯形的面积 $\mathrm{d}A$ 可以用高 $f(x)-g(x)$，底边为 $\mathrm{d}x$ 的小矩形的面积近似代替，从而得面积元素 $\mathrm{d}A=[f(x)-g(x)]\mathrm{d}x$.

③写出积分表达式，即 $A=\int_a^b [f(x)-g(x)]\mathrm{d}x$.

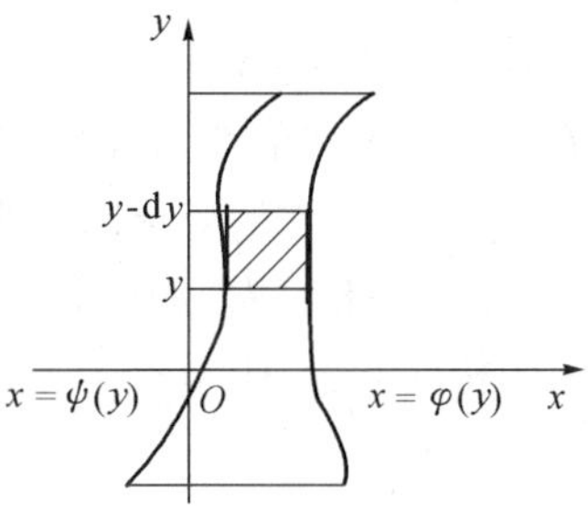

图 5.10

(3)求由两条曲线 $x=\psi(y),x=\varphi(y)\ (\psi(y)\leqslant\varphi(y))$ 及直线 $y=c,y=d$ 所围成平面图形(图 5.10)的面积. 这里取 y 为积分变量，$y\in[c,d]$，用类似(2)的方法可以推出

$$A=\int_c^d [\varphi(y)-\psi(y)]\mathrm{d}y$$

例 1　求由曲线 $y=x^2$ 与 $y=2x-x^2$ 所围图形的面积.

解 先画出所围的图形(图5.11).

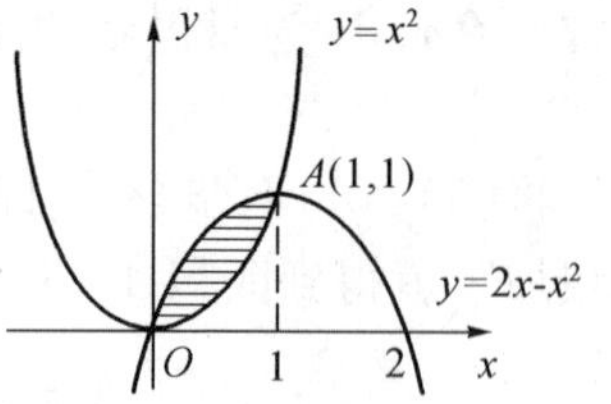

图 5.11

由方程组$\begin{cases}y=x^2\\y=2x-x^2\end{cases}$得两条曲线的交点为$O(0,0)$,$A(1,1)$,取$x$为积分变量,则$x\in[0,1]$. 所以

$$A=\int_0^1(2x-x^2-x^2)\,\mathrm{d}x=\left[x^2-\frac{2}{3}x^3\right]_0^1=\frac{1}{3}$$

例2 求曲线$y^2=2x$与$y=x-4$所围图形的面积.

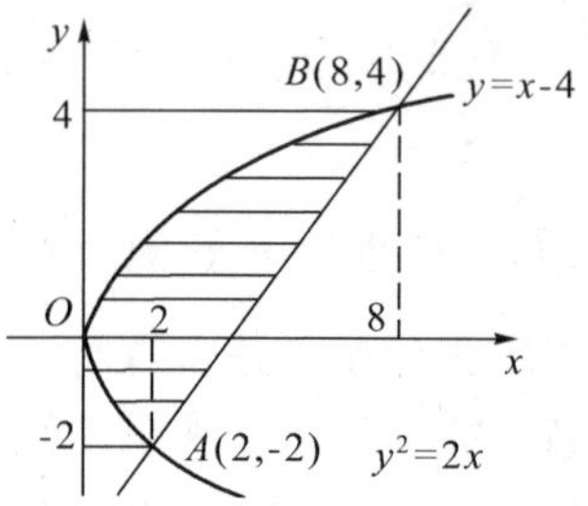

图 5.12

解 画出所围的图形(图5.12). 由方程组$\begin{cases}y^2=2x\\y=x-4\end{cases}$得两条曲线的交点坐标为$A(2,-2)$,$B(8,4)$,取$y$为积分变量,$y\in[-2,4]$.

将两曲线方程分别改写为$x=\frac{1}{2}y^2$及$x=y+4$得所求面积为

$$A=\int_{-2}^{4}\left(y+4-\frac{1}{2}y^2\right)\mathrm{d}y=\left(\frac{1}{2}y^2+4y-\frac{1}{6}y^3\right)\Big|_{-2}^{4}=18$$

注意 本题若以x为积分变量,由于图形在$[0,2]$和$[2,8]$两个区间上的构成情况不同,因此需要分成两部分来计算,其结果应为

$$A=2\int_0^2\sqrt{2x}\,\mathrm{d}x+\int_2^8[\sqrt{2x}-(x-4)]\,\mathrm{d}x=\frac{4\sqrt{2}}{3}x^{\frac{3}{2}}\Big|_0^2+\left[\frac{2\sqrt{2}}{3}x^{\frac{3}{2}}-\frac{1}{2}x^2+4x\right]\Big|_2^8=18$$

显然,对于例2选取x作为积分变量,不如选取y作为积分变量计算简便. 可见,适当选取积分变量,可使计算简化.

5.5.3 旋转体的体积

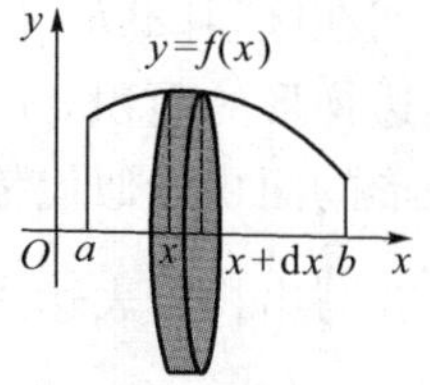

图 5.13

旋转体是一个平面图形绕这平面内的一条直线旋转而成的立体. 这条直线称为旋转轴.

设旋转体是由连续曲线$y=f(x)$ $(f(x)\geqslant 0)$和直线$x=a$,$x=b$及x轴所围成的曲边梯形绕x轴旋转一周而成(图5.13). 取x为积分变量,它的变化区间为$[a,b]$,在$[a,b]$上任取一小区间$[x,x+\mathrm{d}x]$,相应薄片的体积近似于以$f(x)$为底面圆半径,$\mathrm{d}x$为高的小圆柱体的体积,从而得到体积元素为$\mathrm{d}V=\pi[f(x)]^2\mathrm{d}x$,于是,所求旋转体体积为

$$V_x=\pi\int_a^b[f(x)]^2\mathrm{d}x$$

类似地,由曲线$x=\varphi(y)$和直线$y=c$,$y=d$及y轴所围成的曲边梯形绕y轴旋转一周而成(图5.14)旋转体的体积为

$$V_y = \pi\int_c^d [\varphi(y)]^2 \mathrm{d}y$$

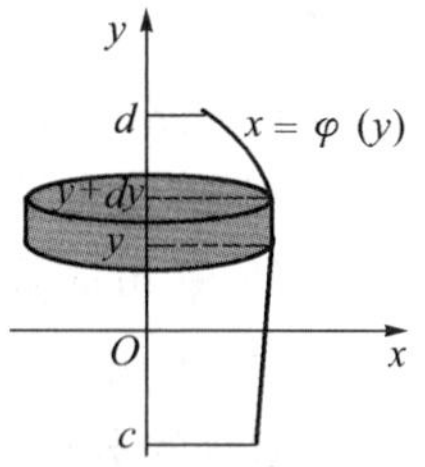

图 5.14

例 3　求由椭圆$\frac{x^2}{a^2}+\frac{y^2}{b^2}=1$绕 x 轴及 y 轴旋转而成的椭球体的体积.

解　(1)绕 x 轴旋转的椭球体如图 5.15 所示,它可看作上半椭圆 $y=\frac{b}{a}\sqrt{a^2-x^2}$与 x 轴围成的平面图形绕 x 轴旋转而成. 取 x 为积分变量,$x\in[-a,a]$,由公式所求椭球体的体积为

$$V_x = \pi\int_{-a}^{a}\left(\frac{b}{a}\sqrt{a^2-x^2}\right)^2 \mathrm{d}x =$$

$$\frac{2\pi b^2}{a^2}\int_0^a (a^2-x^2)\mathrm{d}x =$$

$$\frac{2\pi b^2}{a^2}\left[a^2x-\frac{x^3}{3}\right]_0^a = \frac{4}{3}\pi ab^2$$

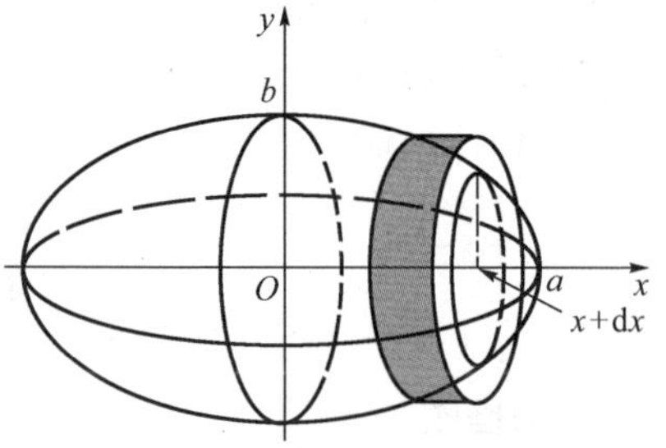

图 5.15

(2)绕 y 轴旋转的椭球体,可看作右半椭圆 $x=\frac{a}{b}\sqrt{b^2-y^2}$与 y 轴围成的平面图形绕 y 轴旋转而成(图 5.16),取 y 为积分变量, $y\in[-b,b]$,由公式所求椭球体体积为

$$V_y=\pi\int_{-b}^{b}\left(\frac{a}{b}\sqrt{b^2-y^2}\right)^2\mathrm{d}y =$$

$$\frac{2\pi a^2}{b^2}\int_0^b (b^2-y^2)\mathrm{d}y =$$

$$\frac{2\pi a^2}{b^2}\left[b^2y-\frac{y^3}{3}\right]_0^b = \frac{4}{3}\pi a^2 b$$

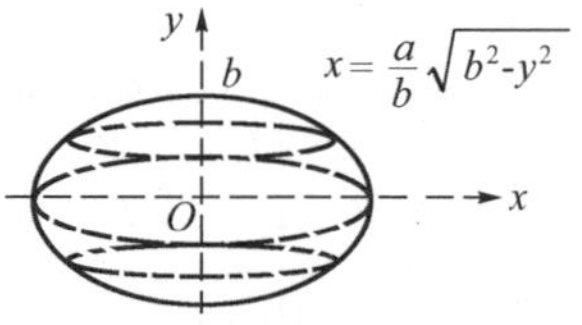

图 5.16

当 $a=b=R$ 时,上述结果为 $V=\frac{4}{3}\pi R^3$,这就是大家所熟悉的球体的体积公式.

习题 5.5

1. 求由以下曲线所围成的图形的面积.

(1) $y=\frac{1}{2}x^2$ 与 $x^2+y^2=8$(两部分都要计算);

(2) $y=\frac{1}{x}$与直线 $y=x$ 及 $x=2$.

2. 求下列已知曲线所围成的图形,按指定轴旋转所产生的旋转体的体积.

(1) $y=x^2, x=y^2$,绕 y 轴;

(2) $y=\arcsin x, x=1, y=0$,绕 x 轴.

本 章 小 结

一、定积分的概念

1. 定积分的定义.

2. 定积分的几何意义.

3. 定积分的性质.

二、微积分基本公式

1. 积分上限函数的性质.

2. 牛顿－莱布尼兹公式.

三、定积分的换元积分法

四、定积分的分部积分法

五、无穷限的反常积分

六、定积分的应用

1. 定积分的微元法.

2. 平面图形的面积.

3. 旋转体的体积.

自测与评估(5)

一、选择题

1. 设 $a=\int_0^1 e^{\sqrt{x}}dx, b=\int_0^1 e^x dx, c=\int_0^1 e^{x^2}dx$,则(　　).

A. $a<b<c$　　B. $b<a<c$　　C. $c<b<a$　　D. $a<c<b$

2. 设 $y=\int_x^0 \cos t dt$,则$\frac{dy}{dx}=$(　　).

A. $\cos x$　　B. $-\cos x$　　C. $\sin x$　　D. $-\sin x$

3. $\int_{-1}^1 |x|dx=$(　　).

A. 0　　B. 2　　C. 1　　D. 以上都不正确

4. 设函数$f(x)$ 在$[a,b]$ 上连续,则$\int_0^1 f(2x)dx$ 等于(　　).

A. $\int_0^2 f(t)dt$　　B. $\frac{1}{2}\int_0^1 f(t)dt$　　C. $2\int_0^2 f(t)dt$　　D. $\frac{1}{2}\int_0^2 f(t)dt$

5. 曲线 $y=\sqrt{x}$,直线 $x=1$, $y=0$ 围成的平面图形绕 x 轴旋转形成的几何体的体积为(　　).

A. $\int_0^1 \pi y dy$　　B. $\int_0^1 x^2 dx$　　C. $\int_0^1 \pi y^2 dy$　　D. $\int_0^1 \pi x dx$

二、填空题

1. $\int_0^2 \sqrt{4-x^2}dx=$ ____________.

2. $\int_{-1}^1 x^2\sin x dx=$ ____________.

3. 若$\int_0^a x(2-3x)dx=2$,则 $a=$ ____________.

4. $\int_{-2}^2 x^2|x|dx=$ ____________.

5. 直线 $x=a$ 将由 $y=x^2, x=1, x=3$ 及 $y=0$ 围成的平面图形分成面积相等的两部分,

则 $a=$ ________ .

三、计算题

1. 计算下列定积分.

(1) $\int_0^1 (x-2)\sqrt{x}\,\mathrm{d}x$　　(2) $\int_0^{\frac{\pi}{2}} \cos^2 x \sin x\,\mathrm{d}x$

(3) $\int_1^{e^2} \ln x\,\mathrm{d}x$　　(4) $\int_0^{\frac{\pi}{2}} |\sin x-\cos x|\,\mathrm{d}x$

2. 求由两条抛物线：$y^2=x$，$y=x^2$ 所围成的图形的面积.

第6章 行列式

在线性代数中,行列式是一个基本的运算工具. 它是在研究线性方程组时建立起来并得到广泛应用的. 本章先介绍二、三阶行列式的定义及展开式,再进一步讨论 n 阶行列式的定义、性质及计算,最后介绍求解非齐次线性方程组的克莱姆法则.

6.1 n 阶行列式的定义

6.1.1 二阶、三阶行列式

对于一个二元一次方程组

$$\begin{cases} a_{11}x_1 + a_{12}x_2 = b_1 \\ a_{21}x_1 + a_{22}x_2 = b_2 \end{cases} \tag{6.1}$$

当 $a_{11}a_{22} - a_{12}a_{21} \neq 0$ 时,用加减消元法求得其解为

$$\begin{cases} x_1 = \dfrac{b_1a_{22} - b_2a_{12}}{a_{11}a_{22} - a_{12}a_{21}} \\ x_2 = \dfrac{b_2a_{11} - b_1a_{21}}{a_{11}a_{22} - a_{12}a_{21}} \end{cases} \tag{6.2}$$

如果我们记

$$\begin{vmatrix} a & b \\ c & d \end{vmatrix} = ad - bc \tag{6.3}$$

把式(6.3)中的左端称为二阶行列式,右端称为此二阶行列式的展开式,a,b,c,d 称为此二阶行列式的元素,横排称为行,竖排称为列.

利用二阶行列式的概念,当二元一次方程组(6.1)的系数组成的行列式 $\begin{vmatrix} a_{11} & a_{12} \\ a_{21} & a_{22} \end{vmatrix} = a_{11}a_{22} - a_{12}a_{21} \neq 0$ 时,二元一次方程组(6.1)的解可简洁地表示为

$$\begin{cases} x_1 = \dfrac{\begin{vmatrix} b_1 & a_{12} \\ b_2 & a_{22} \end{vmatrix}}{\begin{vmatrix} a_{11} & a_{12} \\ a_{21} & a_{22} \end{vmatrix}} \\ x_2 = \dfrac{\begin{vmatrix} a_{11} & b_1 \\ a_{21} & b_2 \end{vmatrix}}{\begin{vmatrix} a_{11} & a_{12} \\ a_{21} & a_{22} \end{vmatrix}} \end{cases}$$

例1 解二元一次方程组 $\begin{cases} 2x_1 + x_2 = 5 \\ x_1 - 3x_2 = -1 \end{cases}$.

解　因为系数行列式 $D=\begin{vmatrix}2 & 1\\1 & -3\end{vmatrix}=2\times(-3)-1\times1=-7\neq0$，所以方程组有解，且 $D_1=\begin{vmatrix}5 & 1\\-1 & -3\end{vmatrix}=-14$，$D_2=\begin{vmatrix}2 & 5\\1 & -1\end{vmatrix}=-7$. 所以，方程组的解为

$$x_1=\frac{D_1}{D}=\frac{-14}{-7}=2,\quad x_2=\frac{D_2}{D}=\frac{-7}{-7}=1$$

对于由 3^2 个元素 $a_{ij}(i,j=1,2,3)$ 组成的三行三列的式子，定义

$$\begin{vmatrix}a_{11} & a_{12} & a_{13}\\a_{21} & a_{22} & a_{23}\\a_{31} & a_{32} & a_{33}\end{vmatrix}=a_{11}a_{22}a_{33}+a_{12}a_{23}a_{31}+a_{13}a_{21}a_{32}-a_{13}a_{22}a_{31}-a_{12}a_{21}a_{33}-a_{11}a_{23}a_{32}$$

并称它为三阶行列式.

此行列式的展开式有如下特征：展开式共有 $3!=6$ 项，其中每一项为不同行不同列元素的乘积，为了便于记忆，可采用下列图示方法（对角线法）.

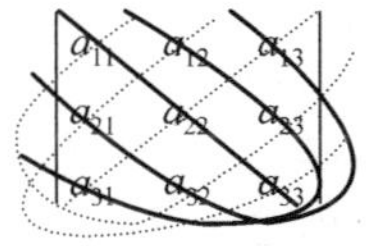

$$=a_{11}a_{22}a_{33}+a_{12}a_{23}a_{31}+a_{13}a_{21}a_{32}-a_{13}a_{22}a_{31}-a_{12}a_{21}a_{33}-a_{11}a_{23}a_{32}$$

类似于二元一次方程组，可以利用三阶行列式表示三元一次方程组的解.

如果三元一次线性方程组 $\begin{cases}a_{11}x_1+a_{12}x_2+a_{13}x_3=b_1\\a_{21}x_1+a_{22}x_2+a_{23}x_3=b_2\\a_{31}x_1+a_{32}x_2+a_{33}x_3=b_3\end{cases}$ 的系数组成的行列式

$$D=\begin{vmatrix}a_{11} & a_{12} & a_{13}\\a_{21} & a_{22} & a_{23}\\a_{31} & a_{32} & a_{33}\end{vmatrix}\neq0$$

用消元法解这个方程组，可得

$$x_1=\frac{D_1}{D},\quad x_2=\frac{D_2}{D},\quad x_3=\frac{D_3}{D}\tag{6.4}$$

其中 $D_i(i=1,2,3)$ 是用常数项 b_1,b_2,b_3 代替 D 中的第 i 列所得的三阶行列式，即

$$D_1=\begin{vmatrix}b_1 & a_{12} & a_{13}\\b_2 & a_{22} & a_{23}\\b_3 & a_{32} & a_{33}\end{vmatrix},\quad D_2=\begin{vmatrix}a_{11} & b_1 & a_{13}\\a_{21} & b_2 & a_{23}\\a_{31} & b_3 & a_{33}\end{vmatrix},\quad D_3=\begin{vmatrix}a_{11} & a_{12} & b_1\\a_{21} & a_{22} & b_2\\a_{31} & a_{32} & b_3\end{vmatrix}$$

例 2　计算行列式 $D=\begin{vmatrix}1 & -1 & 0\\4 & -5 & -3\\2 & 3 & 6\end{vmatrix}$.

解　$D=1\times(-5)\times6+(-1)\times(-3)\times2+0\times4\times3-0\times(-5)\times2-(-1)\times4\times6-1\times(-3)\times3=9$.

例 3　解三元一次方程组 $\begin{cases}x_1-x_2+2x_3=13\\x_1+x_2+x_3=10\\2x_1+3x_2-x_3=1\end{cases}$.

解　利用公式(6.4)，先计算系数行列式

$$D=\begin{vmatrix}1&-1&2\\1&1&1\\2&3&-1\end{vmatrix}=1\times1\times(-1)+(-1)\times1\times2+2\times1\times3-2\times1\times2-(-1)\times 1\times(-1)-1\times1\times3=-5\neq0.$$

且 $D_1=\begin{vmatrix}13&-1&2\\10&1&1\\1&3&-1\end{vmatrix}=-5, D_2=\begin{vmatrix}1&13&2\\1&10&1\\2&1&-1\end{vmatrix}=-10, D_3=\begin{vmatrix}1&-1&13\\1&1&10\\2&3&-1\end{vmatrix}=-35.$

所以方程组的解为 $x_1=\frac{D_1}{D}=1, x_2=\frac{D_2}{D}=2, x_3=\frac{D_3}{D}=7.$

为了计算更高阶的行列式,下面进一步分析三阶行列式的展开式的结构.

$$\begin{vmatrix}a_{11}&a_{12}&a_{13}\\a_{21}&a_{22}&a_{23}\\a_{31}&a_{32}&a_{33}\end{vmatrix}=a_{11}a_{22}a_{33}+a_{12}a_{23}a_{31}+a_{13}a_{21}a_{32}-a_{13}a_{22}a_{31}-a_{12}a_{21}a_{33}-a_{11}a_{23}a_{32}=$$

$$a_{11}\begin{vmatrix}a_{22}&a_{23}\\a_{32}&a_{33}\end{vmatrix}-a_{12}\begin{vmatrix}a_{21}&a_{23}\\a_{31}&a_{33}\end{vmatrix}+a_{13}\begin{vmatrix}a_{21}&a_{22}\\a_{31}&a_{32}\end{vmatrix}\tag{6.5}$$

记 $M_{11}=\begin{vmatrix}a_{22}&a_{23}\\a_{32}&a_{33}\end{vmatrix},\quad M_{12}=\begin{vmatrix}a_{21}&a_{23}\\a_{31}&a_{33}\end{vmatrix},\quad M_{13}=\begin{vmatrix}a_{21}&a_{22}\\a_{31}&a_{32}\end{vmatrix}$

这三个二阶行列式依次称为元素 a_{11},a_{12},a_{13} 的余子式. 这些余子式可以这样得到:划去 $a_{1j}(j=1,2,3)$ 所在行和列上的所有元素,余下的元素按原来的位置构成的二阶行列式就是 a_{1j} 的余子式 $M_{1j}(j=1,2,3)$. 并称 $A_{1j}=(-1)^{1+j}M_{1j}(j=1,2,3)$ 为 $a_{1j}(j=1,2,3)$ 的代数余子式.

因此式(6.5)可表示为

$$\begin{vmatrix}a_{11}&a_{12}&a_{13}\\a_{21}&a_{22}&a_{23}\\a_{31}&a_{32}&a_{33}\end{vmatrix}=a_{11}A_{11}+a_{12}A_{12}+a_{13}A_{13}\tag{6.6}$$

式(6.6)的右端称为此行列式按第一行的展开式. 按照同样的方法我们可以定义三阶行列式中所有元素的余子式和代数余子式,三阶行列式也可以按它的任一行或任一列进行展开.

类似地可以用三阶行列式来表示四阶行列式或用四阶行列式表示五阶行列式. 以此类推,下面给出 n 阶行列式的定义.

6.1.2 n 阶行列式的定义

定义 由 n^2 个元素 $a_{ij}(i,j=1,2,\cdots,n)$ 排成 n 行 n 列(横的称行,竖的称列),并左、右两边各加一竖线组成的一个算式

$$D=\begin{vmatrix}a_{11}&a_{12}&\cdots&a_{1n}\\a_{21}&a_{22}&\cdots&a_{2n}\\\vdots&\vdots&&\vdots\\a_{n1}&a_{n2}&\cdots&a_{nn}\end{vmatrix}$$

称为 n 阶行列式,简称行列式,它代表一个由确定的运算关系所得到的数. 其中 a_{ij} 称为 D 的

第 i 行第 j 列的元素$(i,j=1,2,\cdots,n)$. 式中 $a_{11},a_{22},\cdots,a_{nn}$所在的对角线称为行列式的主对角线,相应地,$a_{11},a_{22},\cdots,a_{nn}$称为主对角元,式中 $a_{1n},a_{2n-1},\cdots,a_{n1}$所在的对角线称为行列式的次对角线.

当 $n=1$ 时,定义 $D=|a_{11}|=a_{11}$;

当 $n\geqslant 2$ 时,定义 $D=a_{11}A_{11}+a_{12}A_{12}+\cdots+a_{1n}A_{1n}=\sum\limits_{j=1}^{n}a_{1j}A_{1j}$,其中 $A_{1j}=(-1)^{1+j}M_{1j}$.

M_{1j}是 D 中去掉第一行第 j 列的所有元素后,按原来顺序排成的 $n-1$ 阶行列式,即

$$M_{1j}=\begin{vmatrix} a_{21} & \cdots & a_{2j-1} & a_{2j+1} & \cdots & a_{2n} \\ a_{31} & \cdots & a_{3j-1} & a_{3j+1} & \cdots & a_{3n} \\ \vdots & & \vdots & \vdots & & \vdots \\ a_{n1} & \cdots & a_{nj-1} & a_{nj+1} & \cdots & a_{nn} \end{vmatrix}\quad (j=1,2,3,\cdots,n)$$

并称 M_{1j}是元素 a_{1j}的余子式,A_{1j}为元素 a_{1j}的代数余子式.

一般地,在 n 阶行列式 $D=\begin{vmatrix} a_{11} & a_{12} & \cdots & a_{1n} \\ a_{21} & a_{22} & \cdots & a_{2n} \\ \vdots & \vdots & & \vdots \\ a_{n1} & a_{n2} & \cdots & a_{nn} \end{vmatrix}$中划去 a_{ij}所在的第 i 行第 j 列的所有元素后,按原来顺序排成的 $n-1$ 阶行列式

$$\begin{vmatrix} a_{11} & a_{12} & \cdots & a_{1,j-1} & a_{1,j+1} & \cdots & a_{1n} \\ a_{21} & a_{22} & \cdots & a_{2,j-1} & a_{2,j+1} & \cdots & a_{2n} \\ \vdots & \vdots & & \vdots & \vdots & & \vdots \\ a_{i-1,1} & a_{i-1,2} & \cdots & a_{i-1,j-1} & a_{i-1,j+1} & \cdots & a_{i-1,n} \\ a_{i+1,1} & a_{i+1,2} & \cdots & a_{i+1,j-1} & a_{i+1,j+1} & \cdots & a_{i+1,n} \\ \vdots & \vdots & & \vdots & \vdots & & \vdots \\ a_{n1} & a_{n2} & \cdots & a_{n,j-1} & a_{n,j+1} & \cdots & a_{nn} \end{vmatrix}$$

称为元素 a_{ij}的余子式,记作 M_{ij};称$(-1)^{i+j}M_{ij}(i,j=1,2,\cdots,n)$为元素 a_{ij}的代数余子式,记作 A_{ij},即 $A_{ij}=(-1)^{i+j}M_{ij}$.

例 4　写出四阶行列式$\begin{vmatrix} 1 & 0 & 5 & -4 \\ 15 & -9 & 6 & 13 \\ -2 & 3 & 12 & 7 \\ 10 & -14 & 8 & 11 \end{vmatrix}$的元素 a_{32}的余子式和代数余子式.

解　$M_{32}=\begin{vmatrix} 1 & 5 & -4 \\ 15 & 6 & 13 \\ 10 & 8 & 11 \end{vmatrix}$,　$A_{32}=(-1)^{3+2}M_{32}=-\begin{vmatrix} 1 & 5 & -4 \\ 15 & 6 & 13 \\ 10 & 8 & 11 \end{vmatrix}$.

例 5　计算行列式 $D=\begin{vmatrix} 4 & 1 & 0 & 1 \\ 2 & 3 & 1 & -1 \\ 2 & 0 & 0 & 3 \\ -1 & 2 & -2 & 1 \end{vmatrix}$.

解　将行列式按第一行展开

$$M_{11}=\begin{vmatrix}3 & 1 & -1\\0 & 0 & 3\\2 & -2 & 1\end{vmatrix}=24,\quad M_{12}=\begin{vmatrix}2 & 1 & -1\\2 & 0 & 3\\-1 & -2 & 1\end{vmatrix}=11$$

$$M_{13}=\begin{vmatrix}2 & 3 & -1\\2 & 0 & 3\\-1 & 2 & 1\end{vmatrix}=-31,\quad M_{14}=\begin{vmatrix}2 & 3 & 1\\2 & 0 & 0\\-1 & 2 & -2\end{vmatrix}=16$$

$$A_{11}=(-1)^{1+1}M_{11}=24,\qquad A_{12}=(-1)^{1+2}M_{12}=-11$$

$$A_{13}=(-1)^{1+3}M_{13}=-31,\quad A_{14}=(-1)^{1+4}M_{11}=-16$$

所以 $D=a_{11}A_{11}+a_{12}A_{12}+a_{13}A_{13}+a_{14}A_{14}=4\times 24+1\times(-11)+0\times(-31)+1\times(-16)=69$.

例 6 计算行列式 $D=\begin{vmatrix}0 & 2 & 0 & 0 & 0\\5 & 5 & 0 & 0 & 0\\3 & 2 & -2 & 3 & 1\\2 & 7 & -4 & -1 & 4\\1 & 1 & 2 & 3 & 5\end{vmatrix}$.

解 $D=\begin{vmatrix}0 & 2 & 0 & 0 & 0\\5 & 5 & 0 & 0 & 0\\3 & 2 & -2 & 3 & 1\\2 & 7 & -4 & -1 & 4\\1 & 1 & 2 & 3 & 5\end{vmatrix}=(-1)^{1+2}\times 2\begin{vmatrix}5 & 0 & 0 & 0\\3 & -2 & 3 & 1\\2 & -4 & -1 & 4\\1 & 2 & 3 & 5\end{vmatrix}=-2\times 5\begin{vmatrix}-2 & 3 & 1\\-4 & -1 & 4\\2 & 3 & 5\end{vmatrix}=$

$-10\times 108=-1\ 080$

行列式的计算一般来说都比较麻烦,但像例 6,如果行列式的某行中的元素含有多个零,那么我们就容易将它化作低一阶的行列式进行计算.

习题 6.1

1. 求下列各式的值.

(1) $\begin{vmatrix}-1 & 3\\2 & 1\end{vmatrix}$;(2) $\begin{vmatrix}2 & 4\\1 & 2\end{vmatrix}$;(3) $\begin{vmatrix}a & b & c\\b & c & a\\c & a & b\end{vmatrix}$;(4) $\begin{vmatrix}1 & 2 & 3\\-1 & 4 & 2\\3 & 5 & -1\end{vmatrix}$;(5) $\begin{vmatrix}5 & 0 & 0 & 0\\2 & -1 & 0 & 0\\4 & 2 & 3 & 0\\-3 & 5 & 8 & 2\end{vmatrix}$.

2. 用定义计算行列式 $D_4=\begin{vmatrix}1 & 4 & -1 & 4\\2 & 1 & 4 & 3\\0 & 2 & 3 & 11\\3 & 0 & 9 & 0\end{vmatrix}$.

3. 写出下面行列式中元素 a_{13},a_{23} 的余子式及代数余子式.

(1) $\begin{vmatrix}31 & 45 & -100\\0 & 1 & 8\\-2 & -3 & 1\end{vmatrix}$;(2) $\begin{vmatrix}a & a & a & 2\\-a & 3 & 2 & 6\\-a & 0 & 7 & a\\3 & a & 4 & 1\end{vmatrix}$.

4. 证明：$\begin{vmatrix} a_{11} & a_{12} & a_{13} \\ a_{21} & a_{22} & a_{23} \\ a_{31} & a_{32} & a_{33} \end{vmatrix} = -\begin{vmatrix} a_{21} & a_{22} & a_{23} \\ a_{11} & a_{12} & a_{13} \\ a_{31} & a_{32} & a_{33} \end{vmatrix}$.

5. 利用行列式解下列方程组.

(1) $\begin{cases} 3x_1 - 2x_2 = 3 \\ x_1 + 3x_2 = -1 \end{cases}$　　(2) $\begin{cases} 3x_1 + x_2 - 5x_3 = 0 \\ 2x_1 - x_2 + 3x_3 = 3 \\ 4x_1 - x_2 + x_3 = 3 \end{cases}$

6. 解方程 $\begin{vmatrix} x-1 & 0 & 1 \\ 1 & x-2 & 0 \\ 1 & 0 & x-1 \end{vmatrix} = 0$.

6.2　n 阶行列式的性质

6.2.1　行列式的转置

首先给出 n 阶行列式转置的概念. 把 n 阶行列式

$$D = \begin{vmatrix} a_{11} & a_{12} & \cdots & a_{1n} \\ a_{21} & a_{22} & \cdots & a_{2n} \\ \vdots & \vdots & & \vdots \\ a_{n1} & a_{n2} & \cdots & a_{nn} \end{vmatrix}$$

中的所有行与列按原顺序互换后得到的行列式

$$\begin{vmatrix} a_{11} & a_{21} & \cdots & a_{n1} \\ a_{12} & a_{22} & \cdots & a_{n2} \\ \vdots & \vdots & & \vdots \\ a_{1n} & a_{2n} & \cdots & a_{nn} \end{vmatrix}$$

称为 D 的转置行列式，记为 D'(或 D^{T}).

显然,D 也是 D'的转置行列式.

6.2.2　n 阶行列式的性质

为了简化 n 阶行列式的计算,下面不加证明引入 n 阶行列式的基本性质.

性质 1　行列式与它的转置行列式相等,即 $D = D'$.

例如,若 $D = \begin{vmatrix} 1 & -4 & 2 \\ 0 & 3 & -1 \\ -2 & 1 & 5 \end{vmatrix}$，则 $D' = \begin{vmatrix} 1 & 0 & -2 \\ -4 & 3 & 1 \\ 2 & -1 & 5 \end{vmatrix}$,又

$$D = 1 \times \begin{vmatrix} 3 & -1 \\ 1 & 5 \end{vmatrix} - (-4) \times \begin{vmatrix} 0 & -1 \\ -2 & 5 \end{vmatrix} + 2 \times \begin{vmatrix} 0 & 3 \\ -2 & 1 \end{vmatrix} = 16 + 4 \times (-2) + 2 \times 6 = 20$$

$$D' = 1 \times \begin{vmatrix} 3 & 1 \\ -1 & 5 \end{vmatrix} - 0 \times \begin{vmatrix} -4 & 1 \\ 2 & 5 \end{vmatrix} + (-2) \times \begin{vmatrix} -4 & 3 \\ 2 & -1 \end{vmatrix} = 16 + (-2) \times (-2) = 20$$

即 $D = D'$.

由性质1可知,行列式中行所具有的性质对列也成立,因此下面我们仅讨论行列式行的性质.

性质2 用非零常数 k 乘以行列式 D 的任一行(或列)的每一个元素,等于用 k 乘以此行列式,即

$$\begin{vmatrix} a_{11} & a_{12} & \cdots & a_{1n} \\ \vdots & \vdots & & \vdots \\ ka_{i1} & ka_{i2} & \cdots & ka_{in} \\ \vdots & \vdots & & \vdots \\ a_{n1} & a_{n2} & \cdots & a_{nn} \end{vmatrix} = k \begin{vmatrix} a_{11} & a_{12} & \cdots & a_{1n} \\ \vdots & \vdots & & \vdots \\ a_{i1} & a_{i2} & \cdots & a_{in} \\ \vdots & \vdots & & \vdots \\ a_{n1} & a_{n2} & \cdots & a_{nn} \end{vmatrix}$$

推论1 若行列式的某一行(或列)的元素有公因子,则公因子可以提到行列式的外面来.

例如,$D = \begin{vmatrix} -2 & 12 \\ 1 & 9 \end{vmatrix} = 2 \times \begin{vmatrix} -1 & 6 \\ 1 & 9 \end{vmatrix} = 2 \times 3 \times \begin{vmatrix} -1 & 2 \\ 1 & 3 \end{vmatrix} = 6 \times (-5) = -30.$

推论2 若行列式的某一行(或列)的所有元素全为零,则行列式的值为零.

性质3 若行列式的两行(或列)互换,则行列式的值改变符号.

例如,(1) $\begin{vmatrix} 1 & 4 \\ -3 & 2 \end{vmatrix} = 14$,$\begin{vmatrix} -3 & 2 \\ 1 & 4 \end{vmatrix} = -14$,即 $\begin{vmatrix} 1 & 4 \\ -3 & 2 \end{vmatrix} = -\begin{vmatrix} -3 & 2 \\ 1 & 4 \end{vmatrix}$;

(2) $\begin{vmatrix} -7 & -17 & -8 \\ 0 & -5 & 5 \\ 3 & 9 & 2 \end{vmatrix} = 10$,$\begin{vmatrix} -8 & -17 & -7 \\ 5 & -5 & 0 \\ 2 & 9 & 3 \end{vmatrix} = -10$,

即 $$\begin{vmatrix} -7 & -17 & -8 \\ 0 & -5 & 5 \\ 3 & 9 & 2 \end{vmatrix} = -\begin{vmatrix} -8 & -17 & -7 \\ 5 & -5 & 0 \\ 2 & 9 & 3 \end{vmatrix}.$$

推论3 若行列式的两行(或两列)的对应元素全相等,则行列式的值为零.

推论4 若行列式中的某两行(或两列)的对应元素成比例,则此行列式的值为零.

例如,$\begin{vmatrix} -1 & 5 & -2 \\ 2 & 3 & -7 \\ -3 & 15 & -6 \end{vmatrix} = 3 \begin{vmatrix} -1 & 5 & -2 \\ 2 & 3 & -7 \\ -1 & 5 & -2 \end{vmatrix} = 0.$

性质4 如果行列式的某一行(或列)的元素都可以表示成两个元素之和,则此行列式可以表示成相应的两个行列式的和. 这两个行列式分别以两个加数之一作为该行(列)相应位置上的元素,其余各行(列)都与原行列式相同. 即

$$\begin{vmatrix} a_{11} & a_{12} & \cdots & a_{1n} \\ \vdots & \vdots & & \vdots \\ a_{i1}+b_{i1} & a_{i2}+b_{i2} & \cdots & a_{in}+b_{in} \\ \vdots & \vdots & & \vdots \\ a_{n1} & a_{n2} & \cdots & a_{nn} \end{vmatrix} = \begin{vmatrix} a_{11} & a_{12} & \cdots & a_{1n} \\ \vdots & \vdots & & \vdots \\ a_{i1} & a_{i2} & \cdots & a_{in} \\ \vdots & \vdots & & \vdots \\ a_{n1} & a_{n2} & \cdots & a_{nn} \end{vmatrix} + \begin{vmatrix} a_{11} & a_{12} & \cdots & a_{1n} \\ \vdots & \vdots & & \vdots \\ b_{i1} & b_{i2} & \cdots & b_{in} \\ \vdots & \vdots & & \vdots \\ a_{n1} & a_{n2} & \cdots & a_{nn} \end{vmatrix}$$

性质5 在行列式中,把某行(列)的各元素分别乘以非零常数 k,再加到另一行(列)的对应元素上,行列式的值不变(倍加变换,其值不变).

事实上，设 $D=\begin{vmatrix} a_{11} & a_{12} & \cdots & a_{1n} \\ \vdots & \vdots & & \vdots \\ a_{i1} & a_{i2} & \cdots & a_{in} \\ \vdots & \vdots & & \vdots \\ a_{j1} & a_{j2} & \cdots & a_{jn} \\ \vdots & \vdots & & \vdots \\ a_{n1} & a_{n2} & \cdots & a_{nn} \end{vmatrix}$，把 D 中的第 i 行乘以 k 加到第 j 行的对应元素上，得到

$$D_1=\begin{vmatrix} a_{11} & a_{12} & \cdots & a_{1n} \\ \vdots & \vdots & & \vdots \\ a_{i1} & a_{i2} & \cdots & a_{in} \\ \vdots & \vdots & \vdots & \vdots \\ a_{j1}+ka_{i1} & a_{j2}+ka_{i2} & \cdots & a_{jn}+ka_{in} \\ \vdots & \vdots & & \vdots \\ a_{n1} & a_{n2} & \cdots & a_{nn} \end{vmatrix}=$$

$$\begin{vmatrix} a_{11} & a_{12} & \cdots & a_{1n} \\ \vdots & \vdots & & \vdots \\ a_{i1} & a_{i2} & \cdots & a_{in} \\ \vdots & \vdots & & \vdots \\ a_{j1} & a_{j2} & \cdots & a_{jn} \\ \vdots & \vdots & & \vdots \\ a_{n1} & a_{n2} & \cdots & a_{nn} \end{vmatrix}+k\begin{vmatrix} a_{11} & a_{12} & \cdots & a_{1n} \\ \vdots & \vdots & & \vdots \\ a_{i1} & a_{i2} & \cdots & a_{in} \\ \vdots & \vdots & & \vdots \\ a_{i1} & a_{i2} & \cdots & a_{in} \\ \vdots & \vdots & & \vdots \\ a_{n1} & a_{n2} & \cdots & a_{nn} \end{vmatrix}=\begin{vmatrix} a_{11} & a_{12} & \cdots & a_{1n} \\ \vdots & \vdots & & \vdots \\ a_{i1} & a_{i2} & \cdots & a_{in} \\ \vdots & \vdots & & \vdots \\ a_{j1} & a_{j2} & \cdots & a_{jn} \\ \vdots & \vdots & & \vdots \\ a_{n1} & a_{n2} & \cdots & a_{nn} \end{vmatrix}+0=D$$

性质 6　行列式的值等于它任一行(或列)的各元素与其对应的代数余子式的乘积之和.

$$D=a_{i1}A_{i1}+a_{i2}A_{i2}+\cdots+a_{in}A_{in}=\sum_{j=1}^{n}a_{ij}A_{ij}\qquad(i=1,2,3,\cdots,n)$$

或
$$D=a_{1j}A_{1j}+a_{2j}A_{2j}+\cdots+a_{nj}A_{nj}=\sum_{i=1}^{n}a_{ij}A_{ij}\qquad(j=1,2,3,\cdots,n)$$

推论 5　行列式的任一行(或列)的元素与另一行(或列)对应元素的代数余子式的乘积之和为零.

$$a_{i1}A_{j1}+a_{i2}A_{j2}+\cdots+a_{in}A_{jn}=0\qquad(i\neq j)$$

$$a_{1i}A_{1j}+a_{2i}A_{2j}+\cdots+a_{ni}A_{nj}=0\qquad(i\neq j;i,j=1,2,3,\cdots,n)$$

例 1　计算行列式 $D=\begin{vmatrix} -5 & -1 & 0 & 0 \\ 6 & 2 & -1 & -2 \\ 3 & 4 & -1 & 0 \\ -3 & 1 & 0 & 0 \end{vmatrix}$.

解　注意到第 4 列有 3 个元素为零，按第 4 列展开：

$$D=(-2)\times(-1)^{2+4}\begin{vmatrix}-5&-1&0\\3&4&-1\\-3&1&0\end{vmatrix}=-2\times(-1)\times(-1)^{2+3}\begin{vmatrix}-5&-1\\-3&1\end{vmatrix}=$$

$$-2\times(-8)=16.$$

由此例可知,如果行列式中某行或某列的零元素较多,则按此行(列)来展开,行列式的计算就简单了.

例2　计算 $D=\begin{vmatrix}a_{11}&0&0&0\\a_{21}&a_{22}&0&0\\a_{31}&a_{32}&a_{33}&0\\a_{41}&a_{42}&a_{43}&a_{44}\end{vmatrix}$.

解　利用行列式的性质,依次降低其阶数,有

$$D=a_{11}\times(-1)^{1+1}\begin{vmatrix}a_{22}&0&0\\a_{32}&a_{33}&0\\a_{42}&a_{43}&a_{44}\end{vmatrix}=a_{11}a_{22}\times(-1)^{1+1}\begin{vmatrix}a_{33}&0\\a_{43}&a_{44}\end{vmatrix}=a_{11}a_{22}a_{33}a_{44}.$$

例3　计算下面行列式的值.

(1) $D_1=\begin{vmatrix}3&1&2\\290&106&196\\5&-3&2\end{vmatrix}$;(2) $D_2=\begin{vmatrix}a-b&a&b\\-a&b-a&a\\b&-b&-a-b\end{vmatrix}(a,b\neq0)$.

解　(1) $D_1=\begin{vmatrix}3&1&2\\300-10&100+6&200-4\\5&-3&2\end{vmatrix}=\begin{vmatrix}3&1&2\\300&100&200\\5&-3&2\end{vmatrix}+\begin{vmatrix}3&1&2\\-10&6&-4\\5&-3&2\end{vmatrix}=$

$$0+(-2)\begin{vmatrix}3&1&2\\5&-3&2\\5&-3&2\end{vmatrix}=0.$$

(2)利用性质5,在第一行上加上第二行的一倍,得

$$D_2=\begin{vmatrix}-b&b&a+b\\-a&b-a&a\\b&-b&-a-b\end{vmatrix}=0$$

习题6.2

1. 计算下列行列式.

(1) $\begin{vmatrix}1&2&3\\2&3&4\\3&4&5\end{vmatrix}$　　(2) $\begin{vmatrix}3&2&-4\\4&1&-2\\5&2&-3\end{vmatrix}$　　(3) $\begin{vmatrix}1&1&1\\1&2&0\\1&1&0\end{vmatrix}$

(4) $\begin{vmatrix}1&2&2&2\\2&2&2&2\\2&2&3&2\\2&2&2&4\end{vmatrix}$　　(5) $\begin{vmatrix}2&2&2&2\\2&-2&2&2\\2&2&-2&2\\2&2&2&-2\end{vmatrix}$　　(6) $\begin{vmatrix}1&2&0&0\\3&4&0&0\\0&0&-1&3\\0&0&5&1\end{vmatrix}$

2. 利用行列式的性质,计算下列行列式

(1) $\begin{vmatrix} a & 0 & 0 & b \\ 0 & a & b & 0 \\ 0 & b & a & 0 \\ b & 0 & 0 & a \end{vmatrix}$ (2) $\begin{vmatrix} x & 1 & 1 & 2 \\ 1 & x & 1 & 1 \\ 1 & 2 & x & 1 \\ 1 & 1 & 1 & x \end{vmatrix}$ (3) $\begin{vmatrix} a & b & b & b \\ b & a & b & b \\ b & b & a & b \\ b & b & b & a \end{vmatrix}$

3. 利用行列式性质证明.

(1) $\begin{vmatrix} a_1+b_1 & b_1+c_1 & c_1+a_1 \\ a_2+b_2 & b_2+c_2 & c_2+a_2 \\ a_3+b_3 & b_3+c_3 & c_3+a_3 \end{vmatrix} = 2\begin{vmatrix} a_1 & b_1 & c_1 \\ a_2 & b_2 & c_2 \\ a_3 & b_3 & c_3 \end{vmatrix}$.

(2) $\begin{vmatrix} a^2 & (a+1)^2 & (a+2)^2 \\ b^2 & (b+1)^2 & (b+2)^2 \\ c^2 & (c+1)^2 & (c+2)^2 \end{vmatrix} = 4(a-c)(c-b)(b-a)$.

6.3 n 阶行列式的计算

行列式的基本计算方法大致可以分为两种:一种是根据行列式的特点,利用行列式的性质,把它逐步化为上(或下)三角行列式计算,这种方法称为“化三角形法”;一种是选择零元素最多的行(或列)展开计算,也可以先利用性质把某一行(或列)的元素化为仅有一个非零元素,然后再按这一行(或列)展开计算,这种方法称为“降阶法”.

6.3.1 化三角形法

形如 $D=\begin{vmatrix} a_{11} & 0 & \cdots & 0 \\ a_{21} & a_{22} & \cdots & 0 \\ \vdots & \vdots & & \vdots \\ a_{n1} & a_{n2} & \cdots & a_{nn} \end{vmatrix}$ 的行列式称为下三角形行列式,特征是其主对角线上方的元素全为零.

而 $D'=\begin{vmatrix} a_{11} & a_{12} & \cdots & a_{1n} \\ 0 & a_{22} & \cdots & a_{2n} \\ \vdots & \vdots & & \vdots \\ 0 & 0 & \cdots & a_{nn} \end{vmatrix}$ 称为上三角形行列式,特征是其主对角线下方的元素全为零. 我们容易得到两个行列式的值为

$$D = a_{11}a_{22}\cdots a_{nn}, \quad D' = a_{11}a_{22}\cdots a_{nn}$$

在行列式的计算过程中,利用行列式的性质能将行列式化为下三角形(上三角形)行列式,从而行列式的值等于三角形行列式主对角元素的乘积. 为了方便起见,在运算过程中,对行列式的行的运算写在等号的上方,对列的运算写在等号的下方. 记号 $(i)\leftrightarrow(j)$ 表示第 i 行(列)和第 j 行(列)作对换;记号 $(i)\cdot k$ 表示把第 i 行(列)的元素遍乘一个非零常数 k;记号 $(i)+(j)\cdot k$ 表示把第 j 行(列)的元素遍乘 k 加到第 i 行(列).

例1 计算四阶行列式 $D=\begin{vmatrix}3&1&-1&2\\-5&1&3&-4\\2&0&1&-7\\1&-5&3&-1\end{vmatrix}$.

解 利用行列式的性质,把 D 化为上三角形行列式,再求值.

$$D=\begin{vmatrix}3&1&-1&2\\-5&1&3&-4\\2&0&1&-7\\1&-5&3&-1\end{vmatrix}\xlongequal{(1)\leftrightarrow(4)}-\begin{vmatrix}1&-5&3&-1\\-5&1&3&-4\\2&0&1&-7\\3&1&-1&2\end{vmatrix}\xlongequal[(2)+(1)\times 5]{(4)+(1)\times(-3)\\(3)+(1)\times(-2)}$$

$$-\begin{vmatrix}1&-5&3&-1\\0&-24&18&-9\\0&10&-5&-5\\0&16&-10&5\end{vmatrix}\xlongequal{(2)\leftrightarrow(3)}3\times 5\begin{vmatrix}1&-5&3&-1\\0&2&-1&-1\\0&-8&6&-3\\0&16&-10&5\end{vmatrix}\xlongequal[(3)+(2)\times 4]{(4)+(2)\times(-8)}$$

$$15\begin{vmatrix}1&-5&3&-1\\0&2&-1&-1\\0&0&2&-7\\0&0&-2&13\end{vmatrix}\xlongequal{(4)+(3)}15\begin{vmatrix}1&-5&3&-1\\0&2&-1&-1\\0&0&2&-7\\0&0&0&6\end{vmatrix}=15\times 2\times 2\times 6=360.$$

例2 计算 $D=\begin{vmatrix}2&1&1&1&1\\1&2&1&1&1\\1&1&2&1&1\\1&1&1&2&1\\1&1&1&1&2\end{vmatrix}$.

解 利用行列式的性质,把 D 化为上三角形行列式,再求值.

$$D=\begin{vmatrix}2&1&1&1&1\\1&2&1&1&1\\1&1&2&1&1\\1&1&1&2&1\\1&1&1&1&2\end{vmatrix}\xlongequal{(5)-(1)\\(4)-(1)\\(3)-(1)\\(2)-(1)}\begin{vmatrix}2&1&1&1&1\\-1&1&0&0&0\\-1&0&1&0&0\\-1&0&0&1&0\\-1&0&0&0&1\end{vmatrix}\xlongequal[(1)+(2)\\(1)+(3)\\(1)+(4)\\(1)+(5)]{}\begin{vmatrix}6&1&1&1&1\\0&1&0&0&0\\0&0&1&0&0\\0&0&0&1&0\\0&0&0&0&1\end{vmatrix}=6.$$

例3 计算四阶行列式 $D=\begin{vmatrix}2&-5&1&2\\-3&7&-1&4\\5&-9&2&7\\0&-7&1&2\end{vmatrix}$.

解 利用行列式的性质,把 D 化为上三角形行列式,再求值.

$$D\xlongequal[(1)\leftrightarrow(3)]{}-\begin{vmatrix}1&-5&2&2\\-1&7&-3&4\\2&-9&5&7\\1&-7&0&2\end{vmatrix}=-\begin{vmatrix}1&-5&2&2\\0&2&-1&6\\0&1&1&3\\0&-2&-2&0\end{vmatrix}=\begin{vmatrix}1&-5&2&2\\0&1&1&3\\0&2&-1&6\\0&-2&-2&0\end{vmatrix}=$$

$$\begin{vmatrix} 1 & -5 & 2 & 2 \\ 0 & 1 & 1 & 3 \\ 0 & 0 & -3 & 0 \\ 0 & 0 & 0 & 6 \end{vmatrix} = -18$$

例 4　计算 $D = \begin{vmatrix} -2 & 3 & -8 & -1 \\ 1 & -2 & 5 & 0 \\ 4 & -1 & 3 & 4 \\ 2 & -3 & -4 & 9 \end{vmatrix}$.

解　$D = \begin{vmatrix} -2 & 3 & -8 & -1 \\ 1 & -2 & 5 & 0 \\ 4 & -1 & 3 & 4 \\ 2 & -3 & -4 & 9 \end{vmatrix} \xlongequal{(1)\leftrightarrow(2)} -\begin{vmatrix} 1 & -2 & 5 & 0 \\ -2 & 3 & -8 & -1 \\ 4 & -1 & 3 & 4 \\ 2 & -3 & -4 & 9 \end{vmatrix} \xlongequal[(2)+(1)\times 2]{(4)+(1)\times(-2)\quad(3)+(1)\times(-4)}$

$$-\begin{vmatrix} 1 & -2 & 5 & 0 \\ 0 & -1 & 2 & -1 \\ 0 & 7 & -17 & 4 \\ 0 & 1 & -14 & 9 \end{vmatrix} \xlongequal[(3)+(2)\times 7]{(4)+(2)} -\begin{vmatrix} 1 & -2 & 5 & 0 \\ 0 & -1 & 2 & -1 \\ 0 & 0 & -3 & -3 \\ 0 & 0 & -12 & 8 \end{vmatrix} \xlongequal{(4)+(3)\times(-4)}$$

$$-\begin{vmatrix} 1 & -2 & 5 & 0 \\ 0 & -1 & 2 & -1 \\ 0 & 0 & -3 & -3 \\ 0 & 0 & 0 & 20 \end{vmatrix} = -3\times 20 = -60.$$

由于“化三角形法”程序固定，故适合在计算机上使用，而且计算工作量比按定义展开的方法要少.

6.3.2　降阶法

对于 $n(n\geqslant 3)$ 阶行列式的计算，除了按照定义将行列式按行（列）展开或化作三角形行列式进行计算外，我们还可以根据行列式的性质，在行列式的某行（列）中，除了一个元素外，把其余的元素尽可能地都化为零，然后按该行（列）展开，这样就把行列式化成低一阶的行列式来计算.

例 5　计算 $D = \begin{vmatrix} 1 & 2 & 3 & 4 \\ 1 & 0 & 1 & 2 \\ 3 & -1 & -1 & 0 \\ 1 & 2 & 0 & -5 \end{vmatrix}$.

解　$D = \begin{vmatrix} 1 & 2 & 3 & 4 \\ 1 & 0 & 1 & 2 \\ 3 & -1 & -1 & 0 \\ 1 & 2 & 0 & -5 \end{vmatrix} \xlongequal[(2)-(1)]{(4)-(1)\quad(3)+(1)\times(-3)} \begin{vmatrix} 1 & 2 & 3 & 4 \\ 0 & -2 & -2 & -2 \\ 0 & -7 & -10 & -12 \\ 0 & 0 & -3 & -9 \end{vmatrix} =$

$$\begin{vmatrix} -2 & -2 & -2 \\ -7 & -10 & -12 \\ 0 & -3 & -9 \end{vmatrix} = -2\times(-3)\begin{vmatrix} 1 & 1 & 1 \\ -7 & -10 & -12 \\ 0 & 1 & 3 \end{vmatrix} \xlongequal{(2)+(1)\times 7}$$

$$6\begin{vmatrix}1&1&1\\0&-3&-5\\0&1&3\end{vmatrix}=6\begin{vmatrix}-3&-5\\1&3\end{vmatrix}=6\times(-9+5)=-24$$

上述是行列式计算的两个基本方法,读者都应该掌握. 在手工计算行列式时,应在采用以上的一般步骤之前,注意观察计算对象是否具有某些特点,然后考虑能否利用这些特点采取相应的技巧计算,以达到简化计算的目的. 在计算以字母作元素的行列式时,更要注意简化.

例6 计算四阶行列式 $D=\begin{vmatrix}0&a&b&a\\a&0&a&b\\b&a&0&a\\a&b&a&0\end{vmatrix}$.

解 把各列元素都加到第一列上,得

$$D=\begin{vmatrix}2a+b&a&b&a\\2a+b&0&a&b\\2a+b&a&0&a\\2a+b&b&a&0\end{vmatrix}=(2a+b)\begin{vmatrix}1&a&b&a\\1&0&a&b\\1&a&0&a\\1&b&a&0\end{vmatrix}=(2a+b)\begin{vmatrix}1&a&b&a\\0&-a&a-b&b-a\\0&0&-b&0\\0&b-a&a-b&-a\end{vmatrix}=$$

$$(2a+b)\begin{vmatrix}-a&a-b&b-a\\0&-b&0\\b-a&a-b&-a\end{vmatrix}=(2a+b)(-b)\begin{vmatrix}-a&b-a\\b-a&-a\end{vmatrix}=$$

$$(2a+b)(-b)[a^2-(b-a)^2]=b^2(b^2-4a^2)$$

例7 解方程 $\begin{vmatrix}1&4&3&2\\2&x+4&6&4\\3&-2&x&1\\-3&2&5&-1\end{vmatrix}=0$.

解 因为

$$\begin{vmatrix}1&4&3&2\\2&x+4&6&4\\3&-2&x&1\\-3&2&5&-1\end{vmatrix}\xlongequal[(2)+(1)\times(-2)]{(3)+(4)}\begin{vmatrix}1&4&3&2\\0&x-4&0&0\\0&0&x+5&0\\-3&2&5&-1\end{vmatrix}=$$

$$(x-4)\times(-1)^{2+2}\times\begin{vmatrix}1&3&2\\0&x+5&0\\-3&5&-1\end{vmatrix}=$$

$$(x-4)(x+5)\times(-1)^{2+2}\times\begin{vmatrix}1&2\\-3&-1\end{vmatrix}=5(x-4)(x+5).$$

由 $5(x-4)(x+5)=0$,得 $x_1=4,x_2=-5$. 所以方程的解是 $x_1=4,x_2=-5$.

例8 计算三阶范德蒙(Vandermonde)行列式

$$D=\begin{vmatrix}1&1&1\\x_1&x_2&x_3\\x_1^2&x_2^2&x_3^2\end{vmatrix}$$

解　$D=\begin{vmatrix}1&1&1\\x_1&x_2&x_3\\x_1^2&x_2^2&x_3^2\end{vmatrix}\xlongequal[(2)+(1)\times(-x_1)]{(3)+(1)\times(-x_1^2)}\begin{vmatrix}1&1&1\\0&x_2-x_1&x_3-x_1\\0&x_2^2-x_1^2&x_3^2-x_1^2\end{vmatrix}=\begin{vmatrix}x_2-x_1&x_3-x_1\\x_2^2-x_1^2&x_3^2-x_1^2\end{vmatrix}=$

$$(x_2-x_1)(x_3-x_1)\begin{vmatrix}1&1\\x_2+x_1&x_3+x_1\end{vmatrix}=(x_2-x_1)(x_3-x_1)(x_3-x_2).$$

形如

$$D=\begin{vmatrix}1&1&1&\cdots&1\\x_1&x_2&x_3&\cdots&x_n\\x_1^2&x_2^2&x_3^2&\cdots&x_n^2\\\vdots&\vdots&\vdots&&\vdots\\x_1^{n-1}&x_2^{n-1}&x_3^{n-1}&\cdots&x_n^{n-1}\end{vmatrix}$$

的行列式称为 n 阶范德蒙行列式.

习题 6.3

1. 计算下列行列式.

(1) $\begin{vmatrix}1&-1&2\\3&2&1\\0&1&4\end{vmatrix}$　(2) $\begin{vmatrix}a&1&0\\-1&b&1\\0&-1&c\end{vmatrix}$　(3) $\begin{vmatrix}x&y&x+y\\y&x+y&x\\x+y&x&y\end{vmatrix}$

(4) $\begin{vmatrix}1&-3&0&-6\\2&1&-5&1\\0&2&-1&2\\1&4&-7&6\end{vmatrix}$　(5) $\begin{vmatrix}-2&5&-1&3\\1&-9&13&7\\3&-1&5&-5\\2&8&-7&-10\end{vmatrix}$　(6) $\begin{vmatrix}a&b&b&\cdots&b\\b&a&b&\cdots&b\\\vdots&\vdots&\vdots&&\vdots\\b&b&b&\cdots&a\end{vmatrix}_{(n阶)}$

2. 证明.

(1) $\begin{vmatrix}1+x&1&1&1\\1&1-x&1&1\\1&1&1+y&1\\1&1&1&1-y\end{vmatrix}=x^2y^2$　(2) $\begin{vmatrix}a_1&a_2&a_3&a_4&a_5\\b_1&b_2&b_3&b_4&b_5\\c_1&c_2&0&0&0\\d_1&d_2&0&0&0\\e_1&e_2&0&0&0\end{vmatrix}=0$

3. 计算下列 n 阶行列式.

(1) $\begin{vmatrix}0&1&0&\cdots&0\\0&0&2&\cdots&0\\\vdots&\vdots&\vdots&&\vdots\\0&0&0&\cdots&n-1\\n&0&0&\cdots&0\end{vmatrix}$　(2) $\begin{vmatrix}x&y&0&\cdots&0&0\\0&x&y&\cdots&0&0\\\vdots&\vdots&\vdots&&\vdots&\vdots\\0&0&0&\cdots&x&y\\y&0&0&\cdots&0&x\end{vmatrix}$

4. 试写出四阶范德蒙行列式,并计算.

6.4 克莱姆法则

现在我们来讨论用行列式解决线性方程组的求解问题. 在这里只讨论方程的个数与未知量的个数相同的情形. 以后会看到,这是一个重要的情形. 至于更一般的情形留到后面讨论.

定理(克莱姆 Cramer 法则) 设 n 元线性非齐次方程组

$$\begin{cases} a_{11}x_1+a_{12}x_2+\cdots+a_{1n}x_n=b_1 \\ a_{21}x_1+a_{22}x_2+\cdots+a_{2n}x_n=b_2 \\ \vdots \qquad\qquad\qquad\qquad \vdots \\ a_{n1}x_1+a_{n2}x_2+\cdots+a_{nn}x_n=b_n \end{cases} \tag{6.7}$$

若它的系数行列式

$$D=\begin{vmatrix} a_{11} & a_{12} & \cdots & a_{1n} \\ a_{21} & a_{22} & \cdots & a_{2n} \\ \vdots & \vdots & & \vdots \\ a_{n1} & a_{n2} & \cdots & a_{nn} \end{vmatrix}\neq 0$$

则方程组(6.7)有唯一的解

$$x_j=\frac{D_j}{D} \qquad (j=1,2,3,\cdots,n)$$

其中 D_j 是用方程右端的常数项 $b_1,b_2,\cdots,b_n$ 代替 D 中第 j 列的元素所得到的 n 阶行列式,即

$$D_j=\begin{vmatrix} a_{11} & \cdots & a_{1j-1} & b_1 & a_{1j+1} & \cdots & a_{1n} \\ a_{21} & \cdots & a_{2j-1} & b_2 & a_{2j+1} & \cdots & a_{2n} \\ \vdots & & \vdots & \vdots & \vdots & & \vdots \\ a_{n1} & \cdots & a_{nj-1} & b_n & a_{nj+1} & \cdots & a_{nn} \end{vmatrix}$$

证明 将 D 中第 j 列元素的代数余子式 $A_{1j},A_{2j},\cdots,A_{nj}(j=1,2,3,\cdots,n)$ 依次乘方程组(6.7)的第一个、第二个,直至第 n 个方程,得

$$\begin{cases} a_{11}A_{1j}x_1+a_{12}A_{1j}x_2+\cdots+a_{1j}A_{1j}x_j+\cdots+a_{1n}A_{1j}x_n=b_1A_{1j} \\ a_{21}A_{2j}x_1+a_{22}A_{2j}x_2+\cdots+a_{2j}A_{2j}x_j+\cdots+a_{2n}A_{2j}x_n=b_2A_{2j} \\ \vdots \qquad\qquad\qquad\qquad\qquad\qquad\qquad\qquad \vdots \\ a_{n1}A_{nj}x_1+a_{n2}A_{nj}x_2+\cdots+a_{nj}A_{nj}x_j+\cdots+a_{nn}A_{nj}x_n=b_nA_{nj} \end{cases}$$

把方程组的左、右两边分别相加得

$$(a_{11}A_{1j}+a_{21}A_{2j}+\cdots+a_{n1}A_{nj})x_1+\cdots+(a_{1j}A_{1j}+a_{2j}A_{2j}+\cdots+a_{nj}A_{nj})x_j+\cdots+$$
$$(a_{1n}A_{1j}+a_{2n}A_{2j}+\cdots+a_{nn}A_{nj})x_n=b_1A_{1j}+b_2A_{2j}+\cdots+b_nA_{nj}$$

由行列式的性质6及推论5知,此等式的左边除了 x_j 的系数为 D 外,其余系数都为零,而等式右边等于 D_j,所以方程组化为

$$D\cdot x_j=D_j \qquad (j=1,2,3,\cdots,n)$$

因为 $D\neq 0$,所以方程组有唯一解

$$x_j=\frac{D_j}{D} \qquad (j=1,2,3,\cdots,n)$$

如果线性方程组(6.7)的常数项均为零时,即

$$\begin{cases} a_{11}x_1+a_{12}x_2+\cdots+a_{1n}x_n=0 \\ a_{21}x_1+a_{22}x_2+\cdots+a_{1n}x_n=0 \\ \vdots \qquad\qquad\qquad\qquad \vdots \\ a_{n1}x_1+a_{n2}x_2+\cdots+a_{nn}x_n=0 \end{cases} \tag{6.8}$$

称为 n 元齐次线性方程组. 这时行列式 D_j 中的第 j 列元素都是零,所以 $D_j=0, j=1,2,\cdots,n$. 因此,当方程组(6.8)的系数行列式 $D\neq0$ 时,由克莱姆法则知道它有唯一解

$$x_j=0 \quad (j=1,2,\cdots,n)$$

全部由零组成的解称为零解. 于是有下面的结论:

推论 1 若齐次线性方程组(6.8)的系数行列式 $D\neq0$,则方程组只有零解. 即

$$x_1=x_2=\cdots=x_n=0$$

推论 2 齐次线性方程组(6.8)有非零解的必要条件是系数行列式 $D=0$.

在后面,我们将证明系数行列式为零也是齐次线性方程组有非零解的充分条件.

用克莱姆法则解系数行列式不为零的 n 元非齐次线性方程组,总共要计算 $n+1$ 个 n 阶行列式,计算量很大,一般不用它来解方程组. 克莱姆法则的意义主要是它揭示了方程组的解和系数之间的关系.

例 1 用克莱姆法则解方程组 $\begin{cases} x_1-x_2+x_3-2x_4=2 \\ 2x_1-x_3+4x_4=4 \\ 3x_1+2x_2+x_3=-1 \\ -x_1+2x_2-x_3+2x_4=-4 \end{cases}$.

解 因为方程组的系数行列式

$$D=\begin{vmatrix} 1 & -1 & 1 & -2 \\ 2 & 0 & -1 & 4 \\ 3 & 2 & 1 & 0 \\ -1 & 2 & -1 & 2 \end{vmatrix} \xlongequal{(1)+(4)} \begin{vmatrix} 0 & 1 & 0 & 0 \\ 2 & 0 & -1 & 4 \\ 3 & 2 & 1 & 0 \\ -1 & 2 & -1 & 2 \end{vmatrix}=$$

$$-\begin{vmatrix} 2 & -1 & 4 \\ 3 & 1 & 0 \\ -1 & -1 & 2 \end{vmatrix}=-\begin{vmatrix} 4 & 1 & 0 \\ 3 & 1 & 0 \\ -1 & -1 & 2 \end{vmatrix}=-2\begin{vmatrix} 4 & 1 \\ 3 & 1 \end{vmatrix}=-2\neq0$$

根据克莱姆法则,方程组有唯一解,且

$$D_1=\begin{vmatrix} 2 & -1 & 1 & -2 \\ 4 & 0 & -1 & 4 \\ -1 & 2 & 1 & 0 \\ -4 & 2 & -1 & 2 \end{vmatrix}=-2, \quad D_2=\begin{vmatrix} 1 & 2 & 1 & -2 \\ 2 & 4 & -1 & 4 \\ 3 & -1 & 1 & 0 \\ -1 & -4 & -1 & 2 \end{vmatrix}=4$$

$$D_3=\begin{vmatrix} 1 & -1 & 2 & -2 \\ 2 & 0 & 4 & 4 \\ 3 & 2 & -1 & 0 \\ -1 & 2 & -4 & 2 \end{vmatrix}=0, \quad D_4=\begin{vmatrix} 1 & -1 & 1 & 2 \\ 2 & 0 & -1 & 4 \\ 3 & 2 & 1 & -1 \\ -1 & 2 & -1 & -4 \end{vmatrix}=-1$$

所以方程组的解是

$$x_1=\frac{D_1}{D}=1,\quad x_2=\frac{D_2}{D}=-2,\quad x_3=\frac{D_3}{D}=0,\quad x_4=\frac{D_4}{D}=\frac{1}{2}$$

例2 用克莱姆法则解方程组$\begin{cases}x_1+x_2+2x_3-x_4=-1\\3x_2+x_3-2x_4=1\\2x_1-x_2+2x_3+x_4=0\\-x_1-2x_2+x_3+3x_4=0\end{cases}$.

解 因为方程组的系数行列式

$$D=\begin{vmatrix}1&1&2&-1\\0&3&1&-2\\2&-1&2&1\\-1&-2&1&3\end{vmatrix}=-14\neq0$$

根据克莱姆法则,方程组有唯一解,且

$$D_1=\begin{vmatrix}-1&1&2&-1\\0&3&1&-2\\0&-1&2&1\\0&-2&1&3\end{vmatrix}=-14,\quad D_2=\begin{vmatrix}1&-1&2&-1\\0&1&1&-2\\2&0&2&1\\-1&0&1&3\end{vmatrix}=-28$$

$$D_3=\begin{vmatrix}1&1&-1&-1\\0&3&1&-2\\2&-1&0&1\\-1&-2&0&3\end{vmatrix}=14,\quad D_4=\begin{vmatrix}1&1&2&-1\\0&3&1&1\\2&-1&2&0\\-1&-2&1&0\end{vmatrix}=-28$$

所以方程组的解为

$$x_1=\frac{-14}{-14}=1,\quad x_2=\frac{-28}{-14}=2,\quad x_3=\frac{14}{-14}=-1,\quad x_4=\frac{-28}{-14}=2$$

例3 求 λ 为何值时,齐次线性方程组$\begin{cases}(\lambda+3)x_1+x_2+2x_3=0\\\lambda x_1+x_3=0\\2\lambda x_2+(\lambda+3)x_3=0\end{cases}$只有零解?

解 若方程组只有零解,由定理知,它的系数行列式不为零,即

$$D=\begin{vmatrix}\lambda+3&1&2\\\lambda&0&1\\0&2\lambda&\lambda+3\end{vmatrix}=\lambda(\lambda-9)\neq0$$

解得 $\lambda\neq0$ 或 $\lambda\neq9$. 即当 $\lambda\neq0$ 或 $\lambda\neq9$ 时,该方程组只有零解.

例4 若齐次线性方程组$\begin{cases}(\lambda+3)x_1+14x_2+2x_3=0\\-2x_1+(\lambda-8)x_2-x_3=0\\-2x_1-3x_2+(\lambda-2)x_3=0\end{cases}$有非零解,试求 λ 的值.

解 由推论2可知,方程组有非零解的必要条件是系数行列式等于零. 由

$$\begin{vmatrix} \lambda+3 & 14 & 2 \\ -2 & \lambda-8 & -1 \\ -2 & -3 & \lambda-2 \end{vmatrix} = \begin{vmatrix} \lambda-1 & 14 & 2 \\ 0 & \lambda-8 & -1 \\ 2-2\lambda & -3 & \lambda-2 \end{vmatrix} = \begin{vmatrix} \lambda-1 & 14 & 2 \\ 0 & \lambda-8 & -1 \\ 0 & 25 & \lambda+2 \end{vmatrix} =$$

$$(\lambda-1)\begin{vmatrix} \lambda-8 & -1 \\ 25 & \lambda+2 \end{vmatrix} = (\lambda-1)(\lambda-3)^2 = 0$$

解得 $\lambda=1$ 或 $\lambda=3$. 所以,当 $\lambda=1$ 或 $\lambda=3$ 时方程组有非零解.

克莱姆法则解线性方程组有两个前提条件:一是方程个数与未知量个数相等;二是方程组的系数行列式不等于零.

习题 6.4

1. 用克莱姆法则解下列方程组.

(1) $\begin{cases} 2x_1+2x_2+3x_3=2 \\ x_1-x_2=2 \\ -x_1+2x_2+x_3=4 \end{cases}$ (2) $\begin{cases} x_2-x_3+x_4=-3 \\ x_1-2x_2+3x_3-4x_4=4 \\ x_1+3x_2-3x_4=1 \\ -7x_2+x_3+x_4=-3 \end{cases}$ (3) $\begin{cases} 2x_1+x_2+x_3=0 \\ x_1+2x_2+x_3=0 \\ x_1+x_2+2x_3=0 \end{cases}$

2. 问 m 取何值时,齐次方程组 $\begin{cases} (1-m)x_1-2x_2+4x_3=0 \\ 2x_1+(3-m)x_2+x_3=0 \\ x_1+x_2+(1-m)x_3=0 \end{cases}$ 有非零解?

3. 求多项式 $f(x)=a_1x^3+a_2x^2+a_3x+a_4$,使 $f(1)=0$, $f(-1)=2$, $f(2)=0$, $f(3)=10$.

本章小结

一、n 阶行列式的定义

1. 行列式实际上是一个计算方法,规定二阶行列式的运算法则为

$$\begin{vmatrix} a & b \\ c & d \end{vmatrix} = ad-bc$$

2. 三阶行列式的计算,可以按第一行展开,化作三个二阶行列式来计算

$$\begin{vmatrix} a_{11} & a_{12} & a_{13} \\ a_{21} & a_{22} & a_{23} \\ a_{31} & a_{32} & a_{33} \end{vmatrix} = a_{11}\begin{vmatrix} a_{22} & a_{23} \\ a_{32} & a_{33} \end{vmatrix} - a_{12}\begin{vmatrix} a_{21} & a_{23} \\ a_{31} & a_{33} \end{vmatrix} + a_{13}\begin{vmatrix} a_{21} & a_{22} \\ a_{31} & a_{32} \end{vmatrix}.$$

也可以用对角线法

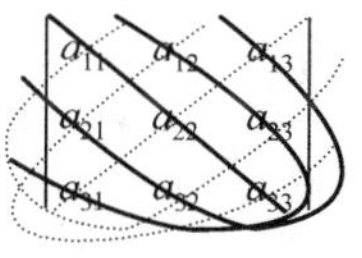

$$= a_{11}a_{22}a_{33}+a_{12}a_{23}a_{31}+a_{13}a_{21}a_{32}-a_{13}a_{22}a_{31}-a_{12}a_{21}a_{33}-a_{11}a_{23}a_{32}$$

3. n 阶行列式的定义,n 阶行列式的余子式、代数余子式以及它们之间的关系,即 $A_{ij}=(-1)^{i+j}M_{ij}$.

n 阶行列式的计算可以按行(列)展开

$$D = a_{i1}A_{i1} + a_{i2}A_{i2} + \cdots + a_{in}A_{in} = \sum_{j=1}^{n} a_{ij}A_{ij} \qquad (i = 1,2,3,\cdots,n)$$

或
$$D = a_{1j}A_{1j} + a_{2j}A_{2j} + \cdots + a_{nj}A_{nj} = \sum_{i=1}^{n} a_{ij}A_{ij} \qquad (j=1,2,3,\cdots,n)$$

二、行列式的性质

1. 转置行列式的定义. 转置行列式的值与原行列式的值相等.

2. 行列式的性质及推论. 行列式的性质主要用于行列式的计算和某些理论证明.

三、行列式的计算

行列式的计算的基本方法有:

1. 二、三阶行列式直接用对角线法进行计算.

2. 用性质将行列式化为三角形行列式进行计算.

3. 用性质将行列式中的某行(列)的元素尽可能多地化成零,然后按该行(列)展开降阶来计算.

四、克莱姆法则

使用克莱姆法则求解线性方程组,一般有:

1. 方程组中未知量的个数与方程的个数相同.

2. 非齐次线性方程组中如果系数行列式的值不为零,则方程组有唯一解.

3. 齐次线性方程组中如果系数行列式不为零,则方程组只有零解;如果系数行列式的值为零,则方程组有非零解.

自测与评估(6)

一、选择题

1. 行列式 $\begin{vmatrix} k-1 & 2 \\ 2 & k-1 \end{vmatrix} \neq 0$ 的充要条件是(　　).

A. $k\neq1$　　B. $k\neq3$

C. $k\neq1$ 且 $k\neq3$　　D. $k\neq-1$ 且 $k\neq3$

2. $\begin{vmatrix} a_{11} & a_{12} & a_{13} & a_{14} \\ a_{21} & a_{22} & a_{23} & a_{24} \\ a_{31} & a_{32} & a_{33} & a_{34} \\ a_{41} & a_{42} & a_{43} & a_{44} \end{vmatrix} = |A|$,则 $\begin{vmatrix} -a_{11} & -a_{12} & -a_{13} & -a_{14} \\ -a_{21} & -a_{22} & -a_{23} & -a_{24} \\ -a_{31} & -a_{32} & -a_{33} & -a_{34} \\ -a_{41} & -a_{42} & -a_{43} & -a_{44} \end{vmatrix} =$(　　).

A. $-|A|$　　B. $|A|$

C. $|A|^{-1}$　　D. 0

3. 若齐次线性方程组 $\begin{cases} \lambda x_1 + 2x_2 = 0 \\ 3x_1 + 2\lambda x_2 = 0 \end{cases}$ 有非零解,则 $\lambda =$(　　).

A. 2　　B. $-\sqrt{2}$　　C. $\sqrt{2}$　　D. $\pm\sqrt{3}$

二、填空题

1. 行列式 A 的代数余子式和余子式的关系是 $A_{ij} =$ __________ M_{ij}.

2. 行列式 $\begin{vmatrix} a_{11} & 0 & 0 & \cdots & 0 \\ a_{21} & a_{22} & 0 & \cdots & 0 \\ \vdots & \vdots & \vdots & & \vdots \\ a_{n1} & a_{n2} & a_{n3} & \cdots & a_{nn} \end{vmatrix} =$ ____________ .

3. 齐次线性方程组的系数行列式为 $|A|$,则当 $|A|$________时,该齐次线性方程组只有零解. 当 $|A|$________时,该齐次线性方程组有无数组解.

4. 若 $D_n = \begin{vmatrix} a_{11} & \cdots & a_{1n} \\ \vdots & & \vdots \\ a_{n1} & \cdots & a_{nn} \end{vmatrix}$,则 $a_{k1}A_{j1} + a_{k2}A_{j2} + \cdots + a_{kn}A_{jn} =$________.

三、计算题

1. 计算下列行列式.

(1) $\begin{vmatrix} x-y & x & y \\ y & x-y & x \\ x & y & x-y \end{vmatrix}$　(2) $\begin{vmatrix} 1+\cos x & 1+\sin x & 1 \\ 1-\sin x & 1+\cos x & 1 \\ 1 & 1 & 1 \end{vmatrix}$　(3) $\begin{vmatrix} -3 & 2 & 1 \\ 203 & 298 & 399 \\ \frac{1}{3} & \frac{1}{2} & \frac{2}{3} \end{vmatrix}$

(4) $\begin{vmatrix} 5 & 0 & 4 & 2 \\ 1 & -1 & 2 & 1 \\ 4 & 1 & 2 & 0 \\ 1 & 1 & 1 & 1 \end{vmatrix}$　(5) $\begin{vmatrix} 1 & 1 & -1 & 2 \\ -1 & -1 & -4 & 1 \\ 2 & 4 & -6 & 1 \\ 1 & 2 & 4 & 2 \end{vmatrix}$　(6) $\begin{vmatrix} 1 & 1 & 1 & 1 \\ a & x & b & b \\ b & b & x & c \\ c & c & c & x \end{vmatrix}$

2. 计算 n 阶行列式

$$\begin{vmatrix} 1 & 2 & 2 & \cdots & 2 & 2 \\ 2 & 2 & 2 & \cdots & 2 & 2 \\ 2 & 2 & 3 & \cdots & 2 & 2 \\ \vdots & \vdots & \vdots & & \vdots & \vdots \\ 2 & 2 & 2 & \cdots & -1 & 2 \\ 2 & 2 & 2 & \cdots & 2 & n \end{vmatrix}$$

3. 用克莱姆法则解下列线性方程组.

(1) $\begin{cases} x_1 + 2x_2 + 3x_3 + 4x_4 = 2 \\ 4x_1 + x_2 + 2x_3 + 3x_4 = 2 \\ 3x_1 + 4x_2 + x_3 + 2x_4 = 2 \\ 2x_1 + 3x_2 + 4x_3 + x_4 = 2 \end{cases}$　(2) $\begin{cases} x_1 + 2x_2 + 3x_3 - 2x_4 = 6 \\ 2x_1 - x_2 - 2x_3 - 3x_4 = 8 \\ 3x_1 + 2x_2 - x_3 + 2x_4 = 4 \\ 2x_1 - 3x_2 + 2x_3 + x_4 = -8 \end{cases}$

4. 齐次线性方程组 $\begin{cases} x_1 + x_2 + x_3 + ax_4 = 0 \\ x_1 + 2x_2 + x_3 + x_4 = 0 \\ x_1 + x_2 - 3x_3 + x_4 = 0 \\ x_1 + x_2 + ax_3 + bx_4 = 0 \end{cases}$ 有非零解,则 a,b 应满足什么条件?

5. 证明:(1)下面三个数 749,112,441 都能被 7 整除. 不计算行列式的值,试证明 $\begin{vmatrix} 7 & 4 & 9 \\ 1 & 1 & 2 \\ 4 & 4 & 1 \end{vmatrix}$ 也能被 7 整除.

(2) $\begin{vmatrix} 0 & a & b & a \\ a & 0 & a & b \\ b & a & 0 & a \\ a & b & a & 0 \end{vmatrix} = b^2(b^2 - 4a^2)$.

(3) $\begin{vmatrix} 1 & 1 & 1 & 1 \\ a_1 & a_2 & a_3 & a_4 \\ a_1^2 & a_2^2 & a_3^2 & a_4^2 \\ a_1^3 & a_2^3 & a_3^3 & a_4^3 \end{vmatrix} = (a_2 - a_1)(a_3 - a_1)(a_4 - a_1)(a_3 - a_2)(a_4 - a_2)(a_4 - a_3)$

第 7 章　矩　　阵

矩阵是在人们解决实际问题中,用数表来表达一些量或关系的共同需要,建立起来的一个数学概念. 随着现代科学技术的发展,矩阵作为线性代数研究的对象之一,成为应用于自然科学和工程技术以及社会科学领域各个方面的一个重要的数学工具. 本章主要介绍矩阵的概念及特殊矩阵、矩阵运算及性质、矩阵的逆矩阵等内容.

7.1　矩阵的概念

7.1.1　矩阵的定义

看下面的两个例子:

例 1　某班有 40 名同学,在一次考试中,五门课语文、数学、外语、历史、地理的成绩,按学号排序,见表 7.1(为方便起见,只列出其中一部分).

表 7.1

学号	语文	数学	外语	历史	地理
1	88	92	76	84	79
2	94	89	80	90	82
3	96	89	86	77	90
⋮	⋮	⋮	⋮	⋮	⋮
40	85	91	94	83	89

这是该班学生的学习成绩表,此表中每个数字代表某学生的某科的考试成绩. 如果将学生的各科成绩分离出来,按原来的顺序排成一个数表

$$\begin{bmatrix} 88 & 92 & 76 & 84 & 79 \\ 94 & 89 & 80 & 90 & 82 \\ 96 & 89 & 86 & 77 & 90 \\ \vdots & \vdots & \vdots & \vdots & \vdots \\ 85 & 91 & 94 & 83 & 89 \end{bmatrix}$$

表格中的每一行表示某一个学生的成绩,每一列表示某一科目学生的成绩.

例 2　设有线性方程组

$$\begin{cases} a_{11}x_1 + a_{12}x_2 + \cdots + a_{1n}x_n = 0 \\ a_{21}x_1 + a_{22}x_2 + \cdots + a_{2n}x_n = 0 \\ \vdots \qquad\qquad\qquad\qquad \vdots \\ a_{m1}x_1 + a_{m2}x_2 + \cdots + a_{mn}x_n = 0 \end{cases} \tag{7.1}$$

将其系数按照方程组中原来的相应位置排成一个矩形数表如下：

$$\begin{bmatrix} a_{11} & a_{12} & \cdots & a_{1n} \\ a_{21} & a_{22} & \cdots & a_{2n} \\ \vdots & \vdots & & \vdots \\ a_{m1} & a_{m2} & \cdots & a_{mn} \end{bmatrix} \tag{7.2}$$

其中，$a_{ij}(i=1,2,\cdots,m;j=1,2,\cdots,n)$表示方程组(7.1)中第$i$个方程中第$j$个变量的系数，这样方程组(7.1)就可以用矩形数表(7.2)来表示，我们称矩形数表(7.2)为方程组(7.1)的系数矩阵.

一般地：

定义 由$m\times n$个数$a_{ij}(i=1,2,\cdots,m;j=1,2,\cdots,n)$排成$m$行$n$列的矩形数表

$$\begin{bmatrix} a_{11} & a_{12} & \cdots & a_{1n} \\ a_{21} & a_{22} & \cdots & a_{2n} \\ \vdots & \vdots & & \vdots \\ a_{m1} & a_{m2} & \cdots & a_{mn} \end{bmatrix}$$

称为m行n列矩阵，简称$m\times n$阶矩阵. 其中$a_{ij}(i=1,2,\cdots,m;j=1,2,\cdots,n)$称为矩阵第$i$行第$j$列的元素.

矩阵常用大写、黑体字母$\boldsymbol{A},\boldsymbol{B},\boldsymbol{C},\boldsymbol{D},\cdots$表示，当需要指明行数$m$和列数$n$时，可用$\boldsymbol{A}_{m\times n},\boldsymbol{B}_{m\times n},\cdots$表示，或简写为$\boldsymbol{A}=[a_{ij}]_{m\times n}$.

7.1.2 几类特殊的矩阵

1. 行矩阵

当矩阵的行数$m=1$时，矩阵只有一行，即$\boldsymbol{A}=[a_{11} \quad a_{12} \quad \cdots \quad a_{1n}]$，称为行矩阵.

2. 列矩阵

当矩阵的列数$n=1$时，矩阵只有一列，即$\boldsymbol{A}=\begin{bmatrix} a_{11} \\ a_{21} \\ \vdots \\ a_{m1} \end{bmatrix}$，称为列矩阵.

3. 零矩阵

当矩阵的元素都是零时，称为零矩阵，记作$\boldsymbol{O}_{m\times n}$或$\boldsymbol{O}$.

4. 方阵

矩阵$\boldsymbol{A}$的行数和列数相等，即当$m=n$时，称矩阵$\boldsymbol{A}=\begin{bmatrix} a_{11} & a_{12} & \cdots & a_{1n} \\ a_{21} & a_{22} & \cdots & a_{2n} \\ \vdots & \vdots & & \vdots \\ a_{n1} & a_{n2} & \cdots & a_{nn} \end{bmatrix}$为$n$阶方阵.

它与 n 阶行列式不同，一个 n 阶矩阵 $\boldsymbol{A}$ 的元素按原来排列的形式构成的行列式，称为方阵 $\boldsymbol{A}$ 的行列式，记作 $|\boldsymbol{A}|$.

5. 三角矩阵

一个 n 阶方阵从左上角到右下角的对角线称为主对角线，从左下角到右上角的对角线称为次对角线.

当 n 阶方阵的主对角线以下的元素全为零时，称为上三角形矩阵.

$$\boldsymbol{A}=\begin{bmatrix} a_{11} & a_{12} & \cdots & a_{1n} \\ 0 & a_{22} & \cdots & a_{2n} \\ \vdots & \vdots & & \vdots \\ 0 & 0 & \cdots & a_{nn} \end{bmatrix}$$

当 n 阶方阵的主对角线以上的元素全为零时，称为下三角形矩阵.

$$\boldsymbol{A}=\begin{bmatrix} a_{11} & 0 & \cdots & 0 \\ a_{21} & a_{22} & \cdots & 0 \\ \vdots & \vdots & & \vdots \\ a_{n1} & a_{n2} & \cdots & a_{nn} \end{bmatrix}$$

上三角形矩阵和下三角形矩阵统称为三角形矩阵.

6. 对角矩阵

当 n 阶方阵除主对角线的元素外，其余元素全为零时，称为对角矩阵，简称对角阵.

$$\boldsymbol{A}=\begin{bmatrix} \lambda_1 & 0 & \cdots & 0 \\ 0 & \lambda_2 & \cdots & 0 \\ \vdots & \vdots & & \vdots \\ 0 & 0 & \cdots & \lambda_n \end{bmatrix}$$

对角阵也记作

$$\boldsymbol{A} = \mathrm{diag}[\lambda_1 \quad \lambda_2 \quad \cdots \quad \lambda_n]$$

7. 数量矩阵

当对角矩阵的主对角线上的元素全部相等时，即 $\lambda_1=\lambda_2=\cdots=\lambda_n=\lambda$ 时，称为数量矩阵.

$$\boldsymbol{A}=\begin{bmatrix} \lambda & 0 & \cdots & 0 \\ 0 & \lambda & \cdots & 0 \\ \vdots & \vdots & \vdots & \vdots \\ 0 & 0 & \cdots & \lambda \end{bmatrix}$$

8. 单位矩阵

当对角矩阵的主对角线上的元素全为 1 时，即 $\lambda_1=\lambda_2=\cdots=\lambda_n=1$ 时，称为单位矩阵，记作 $\boldsymbol{E}_n$，即

$$\boldsymbol{E}_n=\begin{bmatrix} 1 & 0 & \cdots & 0 \\ 0 & 1 & \cdots & 0 \\ \vdots & \vdots & & \vdots \\ 0 & 0 & \cdots & 1 \end{bmatrix}$$

9. 负矩阵

把矩阵 $\boldsymbol{A}$ 中的各个元素的前面都添加上负号,这时得到的矩阵称为矩阵 $\boldsymbol{A}$ 的负矩阵,记作 $-\boldsymbol{A}$. 即若 $\boldsymbol{A}=\begin{bmatrix} a_{11} & a_{12} & \cdots & a_{1n} \\ a_{21} & a_{22} & \cdots & a_{2n} \\ \vdots & \vdots & & \vdots \\ a_{m1} & a_{m2} & \cdots & a_{mn} \end{bmatrix}$, 则 $-\boldsymbol{A}=\begin{bmatrix} -a_{11} & -a_{12} & \cdots & -a_{1n} \\ -a_{21} & -a_{22} & \cdots & -a_{2n} \\ \vdots & \vdots & & \vdots \\ -a_{m1} & -a_{m2} & \cdots & -a_{mn} \end{bmatrix}$.

10. 阶梯形矩阵

若矩阵 $\boldsymbol{A}$ 满足:

(1)矩阵的零行位于矩阵的最下方(或无零行).

(2)任意一行第一个非零元素下方的元素全为零. 称这样的矩阵为阶梯形矩阵.

例如,矩阵 $\boldsymbol{A}=\begin{bmatrix} 1 & -3 & 3 & 0 & -1 & 4 \\ 0 & 0 & 5 & -3 & 0 & 0 \\ 0 & 0 & 0 & 3 & 4 & 5 \\ 0 & 0 & 0 & 0 & 6 & -1 \end{bmatrix}$, $\boldsymbol{B}=\begin{bmatrix} -1 & 3 & 0 & -3 \\ 0 & 0 & 0 & -2 \\ 0 & 0 & 0 & 0 \end{bmatrix}$都是阶梯形矩阵,而矩阵 $\boldsymbol{C}=\begin{bmatrix} 4 & -2 & 3 & 0 & 5 \\ 0 & 3 & -4 & 0 & 2 \\ 0 & -1 & 4 & 5 & 0 \\ 0 & 0 & 0 & -4 & 0 \end{bmatrix}$,$\boldsymbol{D}=\begin{bmatrix} 1 & 3 & 0 & -3 \\ 0 & 0 & 0 & 0 \\ 0 & 2 & 4 & 0 \end{bmatrix}$则都不是阶梯形矩阵.

我们把每个非零行首个非零元素为1,且首个非零元素所在列的其余元素全为零的阶梯形矩阵称为行简化阶梯形矩阵.

例如,$\boldsymbol{A}=\begin{bmatrix} 1 & 0 & 0 & 0 \\ 0 & 0 & 1 & 0 \end{bmatrix}$,$\boldsymbol{B}=\begin{bmatrix} 1 & 0 & 0 & 0 & 0 \\ 0 & 1 & 0 & 0 & 0 \\ 0 & 0 & 0 & 1 & 0 \\ 0 & 0 & 0 & 0 & 0 \end{bmatrix}$都是行简化阶梯形矩阵.

阶梯形矩阵在线性方程组解的讨论及解线性方程组的过程中起着十分重要的作用.

习题 7.1

1. 已知 $\boldsymbol{A}=\begin{bmatrix} 2 & 0 & -2 & 1 \\ 2 & -3 & 4 & -1 \\ -1 & 0 & 3 & -5 \end{bmatrix}$, 求 $\boldsymbol{A}$ 的负矩阵.

2. 指出下列矩阵中哪些是阶梯形矩阵?

(1) $\begin{bmatrix} 1 & 2 & 3 \\ 0 & 0 & 0 \end{bmatrix}$　(2) $\begin{bmatrix} 2 & 4 & -2 & 3 \\ 0 & 3 & -2 & 0 \\ 0 & 2 & 0 & 0 \end{bmatrix}$　(3) $\begin{bmatrix} -1 & 2 & 3 & 2 \\ 0 & 0 & 0 & 0 \\ 0 & 0 & 2 & 1 \end{bmatrix}$

(4) $\begin{bmatrix} 2 & 3 & 4 & 5 & 6 \\ 0 & 0 & 0 & 1 & 2 \\ 0 & 0 & 0 & 0 & 0 \end{bmatrix}$　(5) $\begin{bmatrix} 1 & 2 & 3 & 7 \\ 0 & 6 & -4 & 5 \\ 0 & -4 & 0 & 1 \\ 0 & 0 & 0 & 3 \end{bmatrix}$

7.2　矩阵的运算

7.2.1　矩阵的相等

定义　如果矩阵 $\boldsymbol{A}=(a_{ij})_{m\times n}$ 与矩阵 $\boldsymbol{B}=(b_{ij})_{m\times n}$ 的行数和列数分别相同,则称矩阵 $\boldsymbol{A}$ 和矩阵 $\boldsymbol{B}$ 是同型矩阵.

定义　如果矩阵 $\boldsymbol{A}$ 和矩阵 $\boldsymbol{B}$ 是同型矩阵,且各自对应位置上的元素也相等,即 $a_{ij}=b_{ij}$ $(i=1,2,\cdots,m;j=1,2,\cdots,n)$,就称矩阵 $\boldsymbol{A}$ 和矩阵 $\boldsymbol{B}$ 相等. 记作 $\boldsymbol{A}=\boldsymbol{B}$.

例 1　设矩阵 $\boldsymbol{A}=\begin{bmatrix}10 & -2\\ 3 & 0\end{bmatrix}$,$\boldsymbol{B}=\begin{bmatrix}10 & x\\ y & 0\end{bmatrix}$,且 $\boldsymbol{A}=\boldsymbol{B}$,求 x,y 的值.

解　根据矩阵相等的定义,得 $x=2,y=3$.

7.2.2　矩阵的加法

定义　设矩阵 $\boldsymbol{A}=[a_{ij}]_{m\times n}$,矩阵 $\boldsymbol{B}=[b_{ij}]_{m\times n}$ 是两个 $m\times n$ 矩阵,把它们所有对应位置上的元素相加所得到的 $m\times n$ 矩阵,称为矩阵 $\boldsymbol{A}$ 与矩阵 $\boldsymbol{B}$ 的和,记作 $\boldsymbol{A}+\boldsymbol{B}$,即

$$\boldsymbol{A}+\boldsymbol{B}=[a_{ij}]_{m\times n}+[b_{ij}]_{m\times n}=[a_{ij}+b_{ij}]_{m\times n}$$

注意　只有两个矩阵的行数和列数分别相同(即为同型矩阵)时,才能进行相加.

根据定义,不难验证矩阵加法满足以下规律:

(1)交换律:$\boldsymbol{A}+\boldsymbol{B}=\boldsymbol{B}+\boldsymbol{A}$.

(2)结合律:$(\boldsymbol{A}+\boldsymbol{B})+\boldsymbol{C}=\boldsymbol{A}+(\boldsymbol{B}+\boldsymbol{C})$.

(3)零矩阵满足:$\boldsymbol{A}+0=\boldsymbol{A}$.

(4)$\boldsymbol{A}+(-\boldsymbol{A})=0$.

根据矩阵加法和负矩阵的定义,可定义矩阵的减法

$$\boldsymbol{A}-\boldsymbol{B}=\boldsymbol{A}+(-\boldsymbol{B})$$

例 2　已知矩阵 $\boldsymbol{A}=\begin{bmatrix}3 & -1 & 5\\ 7 & -4 & 6\end{bmatrix}$, $\boldsymbol{B}=\begin{bmatrix}3 & -6 & 2\\ 2 & -4 & 1\end{bmatrix}$, $\boldsymbol{C}=\begin{bmatrix}1 & 2\\ 3 & 4\end{bmatrix}$,求(1)$\boldsymbol{A}+\boldsymbol{B}$;(2)$\boldsymbol{A}-\boldsymbol{B}$;(3)$\boldsymbol{A}$ 能否与 $\boldsymbol{C}$ 相加?

解　(1)$\boldsymbol{A}+\boldsymbol{B}=\begin{bmatrix}3 & -1 & 5\\ 7 & -4 & 6\end{bmatrix}+\begin{bmatrix}3 & -6 & 2\\ 2 & -4 & 1\end{bmatrix}=\begin{bmatrix}6 & -7 & 7\\ 9 & -8 & 7\end{bmatrix}$.

(2)$\boldsymbol{A}-\boldsymbol{B}=\begin{bmatrix}3 & -1 & 5\\ 7 & -4 & 6\end{bmatrix}-\begin{bmatrix}3 & -6 & 2\\ 2 & -4 & 1\end{bmatrix}=\begin{bmatrix}0 & 5 & 3\\ 5 & 0 & 5\end{bmatrix}$.

(3)因为 $\boldsymbol{A}$ 与 $\boldsymbol{C}$ 不是同型矩阵,由定义知 $\boldsymbol{A}+\boldsymbol{C}$ 相加无意义. 即 $\boldsymbol{A}$ 与 $\boldsymbol{C}$ 不能相加.

7.2.3　数与矩阵乘积

定义　数 λ 乘以矩阵 $\boldsymbol{A}=[a_{ij}]_{m\times n}$ 的每个元素所得的矩阵,称为数 λ 与矩阵 $\boldsymbol{A}$ 的乘积. 记作 $\lambda\boldsymbol{A}$,即

$$\lambda\boldsymbol{A}=\lambda[a_{ij}]_{m\times n}=[\lambda a_{ij}]_{m\times n}$$

数和矩阵的乘法满足下列规律:(λ,μ 为任意实数)

(1)$1\boldsymbol{A}=\boldsymbol{A}$;

(2) $\lambda(\mu A)=(\lambda\mu)A$;

(3) $\lambda(A+B)=\lambda A+\lambda B$;

(4) $(\lambda+\mu)A=\lambda A+\mu A$.

例3 已知 $A=\begin{bmatrix}3&-2&7&5\\1&0&4&-3\\6&8&0&2\end{bmatrix}$, $B=\begin{bmatrix}-2&0&1&4\\5&-1&7&6\\4&-2&1&-9\end{bmatrix}$, 求 $3A-2B$.

解 $3A-2B=3\begin{bmatrix}3&-2&7&5\\1&0&4&-3\\6&8&0&2\end{bmatrix}-2\begin{bmatrix}-2&0&1&4\\5&-1&7&6\\4&-2&1&-9\end{bmatrix}=$

$$\begin{bmatrix}9&-6&21&15\\3&0&12&-9\\18&24&0&6\end{bmatrix}-\begin{bmatrix}-4&0&2&8\\10&-2&14&12\\8&-4&2&-18\end{bmatrix}=\begin{bmatrix}13&-6&19&7\\-7&2&-2&-21\\10&28&-2&24\end{bmatrix}$$

例4 已知 $A=\begin{bmatrix}2&2&0\\3&3&5\\0&1&4\end{bmatrix}$, $B=\begin{bmatrix}7&1&3\\3&9&1\\3&2&2\end{bmatrix}$ 且满足 $A+3X=2B$, 求 X.

解 $X=\frac{1}{3}(2B-A)=\frac{1}{3}\left(2\begin{bmatrix}7&1&3\\3&9&1\\3&2&2\end{bmatrix}-\begin{bmatrix}2&2&0\\3&3&5\\0&1&4\end{bmatrix}\right)=$

$$\frac{1}{3}\left(\begin{bmatrix}14&2&6\\6&18&2\\6&4&4\end{bmatrix}-\begin{bmatrix}2&2&0\\3&3&5\\0&1&4\end{bmatrix}\right)=\frac{1}{3}\begin{bmatrix}12&0&6\\3&15&-3\\6&3&0\end{bmatrix}=\begin{bmatrix}4&0&2\\1&5&-1\\2&1&0\end{bmatrix}$$

7.2.4 矩阵的乘法

定义 设矩阵 $A=[a_{ik}]_{m\times s}$ 的列数与矩阵 $B=[b_{kj}]_{s\times n}$ 的行数相同,则由元素

$$c_{ij}=a_{i1}b_{1j}+a_{i2}b_{2j}+\cdots+a_{in}b_{nj}=\sum_{k=1}^{n}a_{ik}b_{kj}\quad(i=1,2,\cdots,m;j=1,2,\cdots,n)$$

构成的 m 行 n 列的矩阵 $C=[c_{ij}]_{m\times n}$,其中 $[c_{ij}]_{m\times n}=[\sum\limits_{k=1}^{s}a_{ik}b_{kj}]_{m\times n}$,称为矩阵 A 与矩阵 B 的乘积,记作 $C=AB$.

例如,设 $A=\begin{bmatrix}1&0&-1&2\\-1&1&3&0\\0&5&-1&4\end{bmatrix}$, $B=\begin{bmatrix}0&3&4\\1&2&1\\3&1&-1\\-1&2&1\end{bmatrix}$,则

$$C=AB=\begin{bmatrix}1&0&-1&2\\-1&1&3&0\\0&5&-1&4\end{bmatrix}\begin{bmatrix}0&3&4\\1&2&1\\3&1&-1\\-1&2&1\end{bmatrix}=\begin{bmatrix}-5&6&7\\10&2&-6\\-2&17&10\end{bmatrix}$$

对于矩阵的乘法运算需注意:

(1)矩阵 A 与矩阵 B 相乘,矩阵 A 的列数必须等于矩阵 B 的行数,才能进行乘法运算.

(2)矩阵 A,B 的乘积 C 的行数等于矩阵 A 的行数、列数等于矩阵 B 的列数.

例 5　已知矩阵 $\boldsymbol{A}=\begin{bmatrix}-1 & 1\\ 0 & 0\end{bmatrix}$, $\boldsymbol{B}=\begin{bmatrix}-1 & 0\\ -1 & 0\end{bmatrix}$, 求 $\boldsymbol{AB}$ 和 $\boldsymbol{BA}$.

解　$\boldsymbol{AB}=\begin{pmatrix}-1 & 1\\ 0 & 0\end{pmatrix}\begin{pmatrix}-1 & 0\\ -1 & 0\end{pmatrix}=\begin{pmatrix}(-1)\times(-1)+1\times(-1) & (-1)\times 0+1\times 0\\ 0\times(-1)+0\times(-1) & 0\times 0+0\times 0\end{pmatrix}=0.$

$\boldsymbol{BA}=\begin{bmatrix}-1 & 0\\ -1 & 0\end{bmatrix}\begin{bmatrix}-1 & 1\\ 0 & 0\end{bmatrix}=\begin{bmatrix}(-1)\times(-1)+0\times 0 & (-1)\times 1+0\times 0\\ (-1)\times(-1)+0\times 0 & (-1)\times 1+0\times 0\end{bmatrix}=\begin{bmatrix}1 & -1\\ 1 & -1\end{bmatrix}.$

由例 5 可以看出,由于矩阵乘法不满足交换律,虽然 $\boldsymbol{AB}$,$\boldsymbol{BA}$ 都存在,但 $\boldsymbol{AB}\neq\boldsymbol{BA}$. 因此两个矩阵 $\boldsymbol{A}$ 与 $\boldsymbol{B}$ 相乘时必须注意 $\boldsymbol{A}$ 和 $\boldsymbol{B}$ 的次序,为区别起见,称 $\boldsymbol{AB}$ 为用 $\boldsymbol{B}$ 右乘 $\boldsymbol{A}$ 或 $\boldsymbol{A}$ 左乘 $\boldsymbol{B}$,称 $\boldsymbol{BA}$ 为用 $\boldsymbol{B}$ 左乘 $\boldsymbol{A}$ 或 $\boldsymbol{A}$ 右乘 $\boldsymbol{B}$. 当 $\boldsymbol{AB}=0$ 时,不一定有 $\boldsymbol{A}=0$ 或 $\boldsymbol{B}=0$.

例 6　已知矩阵 $\boldsymbol{A}=\begin{bmatrix}2 & 1\\ -4 & 0\\ 3 & 1\end{bmatrix}$, $\boldsymbol{B}=\begin{bmatrix}7 & -9\\ -8 & 10\end{bmatrix}$, 求 $\boldsymbol{AB}$,$\boldsymbol{BA}$.

解　$\boldsymbol{AB}=\begin{bmatrix}2 & 1\\ -4 & 0\\ 3 & 1\end{bmatrix}\begin{bmatrix}7 & -9\\ -8 & 10\end{bmatrix}=\begin{bmatrix}6 & -8\\ -28 & 36\\ 13 & -17\end{bmatrix}.$

$\boldsymbol{BA}$ 没有意义.

例 7　已知 $\boldsymbol{A}=\begin{bmatrix}2 & -1\\ -6 & 3\end{bmatrix}$, $\boldsymbol{B}=\begin{bmatrix}3 & 1 & -2\\ 4 & 1 & -3\end{bmatrix}$, $\boldsymbol{C}=\begin{bmatrix}0 & 4 & 0\\ -2 & 7 & 1\end{bmatrix}$, 求 $\boldsymbol{AB}$,$\boldsymbol{AC}$.

解　$\boldsymbol{AB}=\begin{bmatrix}2 & 1\\ -6 & 3\end{bmatrix}\begin{bmatrix}3 & 1 & 2\\ 4 & 1 & -3\end{bmatrix}=\begin{bmatrix}2 & 1 & 1\\ -6 & -3 & 3\end{bmatrix}.$

$\boldsymbol{AC}=\begin{bmatrix}2 & -1\\ -6 & 3\end{bmatrix}\begin{bmatrix}0 & 4 & 0\\ -2 & 7 & 1\end{bmatrix}=\begin{bmatrix}2 & 1 & -1\\ -6 & -3 & 3\end{bmatrix}.$

虽然 $\boldsymbol{AB}=\boldsymbol{AC}$,但是 $\boldsymbol{A}\neq 0$ 且 $\boldsymbol{B}\neq\boldsymbol{C}$,因此由 $\boldsymbol{AB}=\boldsymbol{AC}$,一般不能推出 $\boldsymbol{B}=\boldsymbol{C}$.

注意　若两个矩阵 $\boldsymbol{A}$ 与 $\boldsymbol{B}$ 满足 $\boldsymbol{AB}=\boldsymbol{BA}$,则称 $\boldsymbol{A}$ 与 $\boldsymbol{B}$ 是可交换的.

例 8　已知矩阵 $\boldsymbol{A}=\begin{bmatrix}a_1 & b_1 & c_1\\ a_2 & b_2 & c_2\end{bmatrix}$, $\boldsymbol{E}_2=\begin{bmatrix}1 & 0\\ 0 & 1\end{bmatrix}$, $\boldsymbol{E}_3=\begin{bmatrix}1 & 0 & 0\\ 0 & 1 & 0\\ 0 & 0 & 1\end{bmatrix}$ 求 $\boldsymbol{E}_2\boldsymbol{A}$ 和 $\boldsymbol{AE}_3$.

解　$\boldsymbol{E}_2\boldsymbol{A}=\begin{bmatrix}1 & 0\\ 0 & 1\end{bmatrix}\begin{bmatrix}a_1 & b_1 & c_1\\ a_2 & b_2 & c_2\end{bmatrix}=\boldsymbol{A}$, $\boldsymbol{AE}_3=\begin{bmatrix}a_1 & b_1 & c_1\\ a_2 & b_2 & c_2\end{bmatrix}\begin{bmatrix}1 & 0 & 0\\ 0 & 1 & 0\\ 0 & 0 & 1\end{bmatrix}=\boldsymbol{A}.$

由例 8 可知在矩阵乘法中,单位矩阵 $\boldsymbol{E}$ 的性质与实数乘法中"1"的性质相似,即 $\boldsymbol{AE}=\boldsymbol{A}$,$\boldsymbol{EA}=\boldsymbol{A}$. 但当 $\boldsymbol{A}$ 不是方阵时,如 $\boldsymbol{A}$ 为 m 行 n 列矩阵,则左乘的单位矩阵为 m 阶,右乘的单位矩阵为 n 阶.

可以证明矩阵的乘法满足下列规律:

(1)结合律:$(\boldsymbol{AB})\boldsymbol{C}=\boldsymbol{A}(\boldsymbol{BC})$.

(2)分配律 :$\boldsymbol{A}(\boldsymbol{B}+\boldsymbol{C})=\boldsymbol{AB}+\boldsymbol{AC}$, $(\boldsymbol{A}+\boldsymbol{B})\boldsymbol{C}=\boldsymbol{AC}+\boldsymbol{BC}$.

(3)$\boldsymbol{AE}=\boldsymbol{EA}=\boldsymbol{A}$.

(4)数乘结合律:$\lambda(\boldsymbol{AB})=(\lambda\boldsymbol{A})\boldsymbol{B}=\boldsymbol{A}(\lambda\boldsymbol{B})$.

利用矩阵的乘法,可以定义方阵的幂.

定义　设 $\boldsymbol{A}$ 为 n 阶方阵,k 为正整数,记 $\boldsymbol{A}^k=\underbrace{\boldsymbol{A}\cdot\boldsymbol{A}\cdot\cdots\cdot\boldsymbol{A}}_{k个}$,称 $\boldsymbol{A}^k$ 为 $\boldsymbol{A}$ 的 k 次幂. 规定

$A^0 = E$.

注意 若A不是方阵,则A^k无意义.方阵A的幂适合下列运算规律:

$$A^k \cdot A^l = A^{k+l}, \quad (A^k)^l = A^{kl}$$

由于矩阵的乘法不满足交换律,故当$k>1$时,一般地

$$(AB)^k \neq A^k \cdot B^k$$

注意 在一般情况下,常见的一些乘法公式也不成立.如$(A+B)^2 = A^2 + AB + BA + B^2 \neq A^2 + 2AB + B^2$,$(A+B)(A-B) \neq A^2 - B^2$等.

例9 设$A = \begin{bmatrix} 1 & 3 \\ 2 & -1 \end{bmatrix}$,求$A^3$.

解 $A^2 = A \cdot A = \begin{bmatrix} 1 & 3 \\ 2 & -1 \end{bmatrix}\begin{bmatrix} 1 & 3 \\ 2 & -1 \end{bmatrix} = \begin{bmatrix} 7 & 0 \\ 0 & 7 \end{bmatrix}$,$A^3 = A^2 \cdot A = \begin{bmatrix} 7 & 0 \\ 0 & 7 \end{bmatrix}\begin{bmatrix} 1 & 3 \\ 2 & -1 \end{bmatrix} = \begin{bmatrix} 7 & 21 \\ 14 & -7 \end{bmatrix}$.

7.2.5 矩阵的转置

定义 将一个$m \times n$矩阵

$$A = \begin{bmatrix} a_{11} & a_{12} & \cdots & a_{1n} \\ a_{21} & a_{22} & \cdots & a_{2n} \\ \vdots & \vdots & & \vdots \\ a_{m1} & a_{m2} & \cdots & a_{mn} \end{bmatrix}$$

的行、列互换得到的$n \times m$矩阵,称为A的转置矩阵,记为A^{T}或A',即

$$A^{\mathrm{T}} = \begin{bmatrix} a_{11} & a_{21} & \cdots & a_{m1} \\ a_{12} & a_{22} & \cdots & a_{m2} \\ \vdots & \vdots & & \vdots \\ a_{1n} & a_{2n} & \cdots & a_{mn} \end{bmatrix}$$

矩阵转置的运算,满足下列运算规律:

(1) $(A^{\mathrm{T}})^{\mathrm{T}} = A$;

(2) $(A+B)^{\mathrm{T}} = A^{\mathrm{T}} + B^{\mathrm{T}}$;

(3) $(\lambda A)^{\mathrm{T}} = \lambda A^{\mathrm{T}}$($\lambda$是数);

(4) $(AB)^{\mathrm{T}} = B^{\mathrm{T}} \cdot A^{\mathrm{T}}$.

例10 设$A = \begin{bmatrix} 2 & 0 & -1 \\ 1 & 3 & 2 \end{bmatrix}$,$B = \begin{bmatrix} 1 & 7 & -1 \\ 4 & 2 & 3 \\ 2 & 0 & 1 \end{bmatrix}$,求$A^{\mathrm{T}}$,$B^{\mathrm{T}}$,$AB$,$B^{\mathrm{T}}A^{\mathrm{T}}$,$(AB)^{\mathrm{T}}$.

解 $A^{\mathrm{T}} = \begin{bmatrix} 2 & 1 \\ 0 & 3 \\ -1 & 2 \end{bmatrix}$,$B^{\mathrm{T}} = \begin{bmatrix} 1 & 4 & 2 \\ 7 & 2 & 0 \\ -1 & 3 & 1 \end{bmatrix}$.

$$AB = \begin{bmatrix} 2 & 0 & -1 \\ 1 & 3 & 2 \end{bmatrix}\begin{bmatrix} 1 & 7 & -1 \\ 4 & 2 & 3 \\ 2 & 0 & 1 \end{bmatrix} = \begin{bmatrix} 0 & 14 & -3 \\ 17 & 13 & 10 \end{bmatrix}.$$

$$B^{\mathrm{T}}A^{\mathrm{T}} = \begin{bmatrix} 1 & 4 & 2 \\ 7 & 2 & 0 \\ -1 & 3 & 1 \end{bmatrix}\begin{bmatrix} 2 & 1 \\ 0 & 3 \\ -1 & 2 \end{bmatrix} = \begin{bmatrix} 0 & 17 \\ 14 & 13 \\ -3 & 10 \end{bmatrix}.$$

$$(\boldsymbol{AB})^{\mathrm{T}}=\begin{bmatrix}0 & 17\\ 14 & 13\\ -3 & 10\end{bmatrix}.$$

所以$(\boldsymbol{AB})^{\mathrm{T}}=\boldsymbol{B}^{\mathrm{T}}\boldsymbol{A}^{\mathrm{T}}$.

例 11　证明 $(\boldsymbol{ABC})^{\mathrm{T}}=\boldsymbol{C}^{\mathrm{T}}\boldsymbol{B}^{\mathrm{T}}\boldsymbol{A}^{\mathrm{T}}$.

证明　$(\boldsymbol{ABC})^{\mathrm{T}}=[(\boldsymbol{AB})\boldsymbol{C}]^{\mathrm{T}}=\boldsymbol{C}^{\mathrm{T}}(\boldsymbol{AB})^{\mathrm{T}}=\boldsymbol{C}^{\mathrm{T}}\boldsymbol{B}^{\mathrm{T}}\boldsymbol{A}^{\mathrm{T}}$.

由例 11 可知,矩阵转置的运算性质还可以推广到有限多个矩阵相乘的情况,即

$$(\boldsymbol{A}_1\boldsymbol{A}_2\cdots\boldsymbol{A}_k)^{\mathrm{T}}=\boldsymbol{A}_k^{\mathrm{T}}\cdots\boldsymbol{A}_2^{\mathrm{T}}\boldsymbol{A}_1^{\mathrm{T}}$$

7.2.6　矩阵的初等变换

应用加减消元法解线性方程组时常要反复运用三种同解变换:

(1)将两个方程互换位置;

(2)将其中一个方程遍乘同一个非零常数 k;

(3)将一个方程的两边乘同一个非零常数 k 加到另一个方程上.

这三种变换称为方程组的初等变换,线性方程组经过初等变换后其解不变.

定义　下列三种矩阵的行(列)变换,称为矩阵的初等行(列)变换.

(1)位置变换:矩阵中的某两行(列)互换位置;

(2)倍法变换:用一个非零常数 k 乘以矩阵的某一行(列);

(3)消法变换:把矩阵的某一行(列)的 k 倍加到另一行(列)上去.

上述矩阵的初等行(列)变换合称为矩阵的初等变换.

定理 1　任意一个 $m\times n$ 矩阵 $\boldsymbol{A}$,经过若干次初等行变换都可以化成阶梯形矩阵.

利用矩阵的初等变换,可以将矩阵简化.

例 12　将矩阵 $\boldsymbol{A}=\begin{bmatrix}2 & 2 & 3 & 4\\ 0 & -1 & 0 & -2\\ 1 & 1 & 3 & 2\\ 1 & 2 & 3 & 4\end{bmatrix}$化为阶梯形矩阵.

解　$$\boldsymbol{A}=\begin{bmatrix}2 & 2 & 3 & 4\\ 0 & -1 & 0 & -2\\ 1 & 1 & 3 & 2\\ 1 & 2 & 3 & 4\end{bmatrix}\xrightarrow{r_1\leftrightarrow r_4}\begin{bmatrix}1 & 2 & 3 & 4\\ 0 & -1 & 0 & -2\\ 1 & 1 & 3 & 2\\ 2 & 2 & 3 & 4\end{bmatrix}\xrightarrow[r_4-2r_1]{r_3-r_1}\begin{bmatrix}1 & 2 & 3 & 4\\ 0 & -1 & 0 & -2\\ 0 & -1 & 0 & -2\\ 0 & -2 & -3 & -4\end{bmatrix}$$

$$\xrightarrow[r_4-2r_2]{r_3-r_2}\begin{bmatrix}1 & 2 & 3 & 4\\ 0 & -1 & 0 & -2\\ 0 & 0 & 0 & 0\\ 0 & 0 & -3 & 0\end{bmatrix}\xrightarrow{r_3\leftrightarrow r_4}\begin{bmatrix}1 & 2 & 3 & 4\\ 0 & -1 & 0 & -2\\ 0 & 0 & -3 & 0\\ 0 & 0 & 0 & 0\end{bmatrix}$$

定义　对 n 阶单位矩阵 $\boldsymbol{E}_n$ 做一次初等变换后得到的矩阵,称为初等矩阵. 初等矩阵有下列三种形式:

1. **互换方阵**

$$P(i,j)=\begin{bmatrix}1&&&&&&&&\\&\ddots&&&&&&&\\&&1&&&&&&\\&&&0&\cdots&1&&&\\&&&\vdots&&\vdots&&&\\&&&1&\cdots&0&&&\\&&&&&&1&&\\&&&&&&&\ddots&\\&&&&&&&&1\end{bmatrix}$$

$P(i,j)$是由单位矩阵$\boldsymbol{E}$的第i,j行互换得到的.

2. **倍乘矩阵**

$$\boldsymbol{P}(i(k))=\begin{bmatrix}1&&&&&\\&\ddots&&&&\\&&\ddots&&&\\&&&k&&\\&&&&\ddots&\\&&&&&\ddots&\\&&&&&&1\end{bmatrix}$$

$P(i(k))$是由单位矩阵$\boldsymbol{E}$的第i行乘以$k(k\neq0)$得到的.

3. **倍加矩阵**

$$\boldsymbol{P}(i+j(k))=\begin{bmatrix}1&&&&&\\&\ddots&&&&\\&&1&\cdots&k&&\\&&&\ddots&\vdots&&\\&&&&1&&\\&&&&&\ddots&\\&&&&&&1\end{bmatrix}$$

$\boldsymbol{P}(i+j(k))$是由单位矩阵$\boldsymbol{E}$的第j行乘以k加到第i行而得到的.

定理2 设$\boldsymbol{A}$是一个$m\times n$矩阵:

(1)对$\boldsymbol{A}$施行一次初等行变换得到的矩阵,相当于用一个相应的m阶初等方阵左乘$\boldsymbol{A}$;

(2)对$\boldsymbol{A}$施行一次初等列变换得到的矩阵,相当于用一个相应的n阶初等方阵右乘$\boldsymbol{A}$

证明略.

下面用具体例子来验证此定理.

设$\boldsymbol{A}=\begin{bmatrix}a_{11}&a_{12}&a_{13}\\a_{21}&a_{22}&a_{23}\\a_{31}&a_{32}&a_{33}\end{bmatrix}$,交换$\boldsymbol{A}$的第1,3行,即

$$\boldsymbol{A}=\begin{bmatrix} a_{11} & a_{12} & a_{13} \\ a_{21} & a_{22} & a_{23} \\ a_{31} & a_{32} & a_{33} \end{bmatrix} \xrightarrow{(1)\leftrightarrow(3)} \begin{bmatrix} a_{31} & a_{32} & a_{33} \\ a_{21} & a_{22} & a_{23} \\ a_{11} & a_{12} & a_{13} \end{bmatrix}$$

$$\boldsymbol{P}(1,3)\cdot\boldsymbol{A}=\begin{bmatrix} 0 & 0 & 1 \\ 0 & 1 & 0 \\ 1 & 0 & 0 \end{bmatrix}\begin{bmatrix} a_{11} & a_{12} & a_{13} \\ a_{21} & a_{22} & a_{23} \\ a_{31} & a_{32} & a_{33} \end{bmatrix}=\begin{bmatrix} a_{31} & a_{32} & a_{33} \\ a_{21} & a_{22} & a_{23} \\ a_{11} & a_{12} & a_{13} \end{bmatrix}$$

同理可以验证其他情况.

习题 7.2

1. 已知 $\boldsymbol{A}=\begin{bmatrix} a+b & b \\ 4 & a-2b \end{bmatrix}$, $\boldsymbol{B}=\begin{bmatrix} 5 & c+2d \\ c-d & 2 \end{bmatrix}$, 且 $\boldsymbol{A}=\boldsymbol{B}$, 求 a,b,c,d.

2. 计算.

(1) $\begin{bmatrix} 1 & -2 \\ 0 & 3 \end{bmatrix}+\begin{bmatrix} 2 & 3 \\ 4 & -1 \end{bmatrix}$　　(2) $\begin{bmatrix} 1 & 6 & 4 \\ 4 & 2 & 8 \end{bmatrix}+\begin{bmatrix} -2 & 0 & 4 \\ -3 & 1 & -6 \end{bmatrix}$

(3) $2\begin{bmatrix} 1 & 0 \\ 0 & 1 \end{bmatrix}+4\begin{bmatrix} 0 & 1 \\ 0 & 0 \end{bmatrix}-8\begin{bmatrix} 0 & 0 \\ 1 & 0 \end{bmatrix}+6\begin{bmatrix} 0 & 0 \\ 0 & 1 \end{bmatrix}$

3. 设 $\boldsymbol{A}=\begin{bmatrix} 1 & -1 & 2 \\ 0 & 1 & 3 \\ 1 & 2 & 1 \end{bmatrix}$, $\boldsymbol{B}=\begin{bmatrix} 3 & 1 \\ 2 & 2 \\ 1 & -1 \end{bmatrix}$ 求 $\boldsymbol{A}^{\mathrm{T}}, \boldsymbol{B}^{\mathrm{T}}, \boldsymbol{AB}, \boldsymbol{B}^{\mathrm{T}}\boldsymbol{A}^{\mathrm{T}}$.

4. 计算.

(1) $\begin{bmatrix} 3 & -2 \\ 5 & 4 \end{bmatrix}\begin{bmatrix} 3 & 4 \\ 2 & 5 \end{bmatrix}$　　(2) $\begin{bmatrix} 1 & 0 & 2 \\ -1 & 2 & 4 \end{bmatrix}\begin{bmatrix} 2 & 0 \\ -1 & 5 \\ 3 & 4 \end{bmatrix}$

(3) $\begin{bmatrix} 1 & 2 & 1 \\ -2 & 1 & -1 \end{bmatrix}\begin{bmatrix} 1 & 2 & 0 \\ 0 & 1 & 2 \\ 3 & 0 & -1 \end{bmatrix}$　　(4) $\begin{bmatrix} 1 & 2 & 3 \end{bmatrix}\begin{bmatrix} 4 \\ 5 \\ 6 \end{bmatrix}$

5. 计算: (1) $\begin{bmatrix} 1 & 2 \\ 0 & 1 \end{bmatrix}^3$; (2) $\begin{bmatrix} x & 0 & 0 \\ 0 & y & 0 \\ 0 & 0 & z \end{bmatrix}^4$.

6. 已知 $\boldsymbol{A}=\begin{bmatrix} 1 & -3 \\ -2 & 1 \end{bmatrix}$, $\boldsymbol{B}=\begin{bmatrix} 1 & 2 \\ 0 & 1 \end{bmatrix}$, 计算 $(\boldsymbol{A}^2+2\boldsymbol{AB}+\boldsymbol{B}^2)-(\boldsymbol{A}+\boldsymbol{B})^2$.

7. 将下列矩阵用初等行变换化为阶梯形矩阵.

(1) $\begin{bmatrix} 1 & 1 & 1 \\ 1 & 2 & 3 \\ 2 & -1 & -3 \end{bmatrix}$　(2) $\begin{bmatrix} 2 & -3 & 1 & -1 & 3 \\ 3 & 1 & 1 & 1 & 0 \\ 4 & -1 & -1 & -1 & 7 \end{bmatrix}$　(3) $\begin{bmatrix} 2 & 1 & 1 & -3 \\ 6 & 3 & 8 & -1 \\ 1 & 2 & 6 & 4 \end{bmatrix}$

7.3 矩阵的逆矩阵

7.3.1 逆矩阵的定义

定义 对于一个 n 阶方阵 $\boldsymbol{A}$,如果存在一个 n 阶方阵 $\boldsymbol{B}$,使得 $\boldsymbol{BA}=\boldsymbol{AB}=\boldsymbol{E}$,那么矩阵 $\boldsymbol{B}$ 称为矩阵 $\boldsymbol{A}$ 的逆矩阵,矩阵 $\boldsymbol{A}$ 的逆矩阵记作 $\boldsymbol{A}^{-1}$,即 $\boldsymbol{B}=\boldsymbol{A}^{-1}$. 如果矩阵 $\boldsymbol{A}$ 存在逆矩阵,则称矩阵 $\boldsymbol{A}$ 是可逆的. 如果 $\boldsymbol{B}$ 是 $\boldsymbol{A}$ 的逆矩阵,则 $\boldsymbol{A}$ 也是 $\boldsymbol{B}$ 的逆矩阵.

逆矩阵有下列性质:

性质1 若 $\boldsymbol{A}$ 是可逆矩阵,则 $\boldsymbol{A}$ 的逆矩阵是唯一的

证明 设 $\boldsymbol{B}$ 和 $\boldsymbol{C}$ 都是 $\boldsymbol{A}$ 的逆矩阵,则

$$\boldsymbol{AB}=\boldsymbol{BA}=\boldsymbol{E},\quad \boldsymbol{AC}=\boldsymbol{CA}=\boldsymbol{E}$$

$$\boldsymbol{B}=\boldsymbol{EB}=(\boldsymbol{CA})\boldsymbol{B}=\boldsymbol{C}(\boldsymbol{AB})=\boldsymbol{CE}=\boldsymbol{C}$$

故 $\boldsymbol{A}$ 的逆矩阵是唯一的.

性质2 $\boldsymbol{A}$ 的逆矩阵的逆矩阵仍为 $\boldsymbol{A}$,即 $(\boldsymbol{A}^{-1})^{-1}=\boldsymbol{A}$.

性质3 若 n 阶方阵 $\boldsymbol{A}$ 与 $\boldsymbol{B}$ 均有逆矩阵,则 $(\boldsymbol{AB})^{-1}=\boldsymbol{B}^{-1}\boldsymbol{A}^{-1}$.

证明

$$(\boldsymbol{AB})(\boldsymbol{B}^{-1}\boldsymbol{A}^{-1})=\boldsymbol{A}(\boldsymbol{BB}^{-1})\boldsymbol{A}^{-1}=\boldsymbol{AA}^{-1}=\boldsymbol{E}$$

$$(\boldsymbol{B}^{-1}\boldsymbol{A}^{-1})(\boldsymbol{AB})=\boldsymbol{B}^{-1}(\boldsymbol{A}^{-1}\boldsymbol{A})\boldsymbol{B}=\boldsymbol{B}^{-1}\boldsymbol{B}=\boldsymbol{E}$$

即 $\boldsymbol{AB}$ 有逆矩阵,且 $(\boldsymbol{AB})^{-1}=\boldsymbol{B}^{-1}\boldsymbol{A}^{-1}$.

7.3.2 n 阶方阵的行列式

定义 由方阵 $\boldsymbol{A}$ 的元素按原来的位置所构成的行列式,称为方阵 $\boldsymbol{A}$ 的行列式,记作 $|\boldsymbol{A}|$. n 阶方阵的行列式具有以下性质:

(1) $|\boldsymbol{A}^{\mathrm{T}}|=|\boldsymbol{A}|$;

(2) $|k\boldsymbol{A}|=k^n|\boldsymbol{A}|$($k$ 为非零实数);

(3) $|\boldsymbol{AB}|=|\boldsymbol{A}||\boldsymbol{B}|$.

例1 设 $\boldsymbol{A}=\begin{bmatrix}4&-2\\1&3\end{bmatrix}$,$\boldsymbol{B}=\begin{bmatrix}3&2\\-1&1\end{bmatrix}$,求 $|\boldsymbol{AB}|$,$|\boldsymbol{A}|$,$|\boldsymbol{B}|$.

解 $\boldsymbol{AB}=\begin{bmatrix}4&-2\\1&3\end{bmatrix}\begin{bmatrix}3&2\\-1&1\end{bmatrix}=\begin{bmatrix}14&6\\0&5\end{bmatrix}$.

$|\boldsymbol{AB}|=\begin{vmatrix}14&6\\0&5\end{vmatrix}=70$,$|\boldsymbol{A}|=\begin{vmatrix}4&-2\\1&3\end{vmatrix}=14$,$|\boldsymbol{B}|=\begin{vmatrix}3&2\\-1&1\end{vmatrix}=5$.

由此可知,$|\boldsymbol{AB}|=|\boldsymbol{A}||\boldsymbol{B}|=14\times5=70$.

定义 设 $\boldsymbol{A}$ 是 n 阶方阵,当 $|\boldsymbol{A}|\neq0$ 时,称 $\boldsymbol{A}$ 为非奇异矩阵;当 $|\boldsymbol{A}|=0$ 时,称 $\boldsymbol{A}$ 为奇异矩阵.

7.3.3 矩阵可逆的判定

由逆矩阵的性质知道,并不是所有的矩阵都有逆矩阵. 下面我们就以方阵 $\boldsymbol{A}$ 的行列式作为工具,来判别方阵 $\boldsymbol{A}$ 是否可逆的问题.

假设方阵 $\boldsymbol{A}$ 可逆,则存在 $\boldsymbol{A}^{-1}$ 使 $\boldsymbol{AA}^{-1}=\boldsymbol{E}$,于是 $|\boldsymbol{AA}^{-1}|=|\boldsymbol{E}|=1$,由方阵行列式的性

质知$|AA^{-1}|=|A||A^{-1}|=1$,即必有 $|A|\neq 0$.

由上面的结论我们得到定理:

定理 1　方阵 A 可逆的必要条件为方阵 A 为非奇异矩阵,即$|A|\neq 0$.

例 2　判别矩阵 $A=\begin{bmatrix}1&2&4&3\\2&4&8&0\\7&3&6&4\\5&1&2&9\end{bmatrix}$是否可逆.

解　因为矩阵中第二列和第三列的对应元素成比例,故 $|A|=0$,所以根据定理 1 知 A 不可逆.

如果矩阵 A 的行列式$|A|=0$,则矩阵不可逆,那么如果$|A|\neq 0$,矩阵 A 是不是一定可逆呢? 回答是肯定的,为了证明这一点,下面引入一个概念.

定义　设

$$A=\begin{bmatrix}a_{11}&a_{12}&\cdots&a_{1n}\\a_{21}&a_{22}&\cdots&a_{2n}\\\vdots&\vdots&&\vdots\\a_{n1}&a_{n2}&\cdots&a_{nn}\end{bmatrix}$$

我们作一个矩阵

$$A^*=\begin{bmatrix}A_{11}&A_{21}&\cdots&A_{n1}\\A_{12}&A_{22}&\cdots&A_{n2}\\\vdots&\vdots&&\vdots\\A_{1n}&A_{2n}&\cdots&A_{nn}\end{bmatrix}$$

其中 $A_{ij}(i,j=1,2,\cdots,n)$表示矩阵 A 的行列式$|A|$中元素 a_{ij}的代数余子式,矩阵 A^* 称为矩阵 A 的伴随矩阵.

利用伴随矩阵,我们可以证明矩阵可逆的充分条件.

定理 2　若方阵 A 的行列式$|A|\neq 0$,则方阵 A 是可逆矩阵,并且有

$$A^{-1}=\frac{1}{|A|}\cdot A^*$$

证明　由行列式的性质知

$$a_{i1}A_{i1}+a_{i2}A_{i2}+\cdots+a_{in}A_{in}=|A|\quad(i=1,2,\cdots,n)$$
$$a_{i1}A_{j1}+a_{i2}A_{j2}+\cdots+a_{in}A_{jn}=0\quad(i\neq j)$$

又由矩阵的乘法得

$$AA^*=\begin{bmatrix}a_{11}&a_{12}&\cdots&a_{1n}\\a_{21}&a_{22}&\cdots&a_{2n}\\\vdots&\vdots&&\vdots\\a_{n1}&a_{n2}&\cdots&a_{nn}\end{bmatrix}\begin{bmatrix}A_{11}&A_{21}&\cdots&A_{n1}\\A_{12}&A_{22}&\cdots&A_{n2}\\\vdots&\vdots&&\vdots\\A_{1n}&A_{2n}&\cdots&A_{nn}\end{bmatrix}=$$

$$\begin{bmatrix}|A|&0&\cdots&0\\0&|A|&\cdots&0\\\vdots&\vdots&&\vdots\\0&0&\cdots&\cdots\end{bmatrix}=|A|E$$

所以$A\cdot\left(\frac{1}{|A|}A^*\right)=\frac{1}{|A|}(AA^*)=\frac{1}{|A|}\cdot|A|E=E$.

同理可以验证$\left(\frac{1}{|A|}A^*\right)A=E$. 所以$A$可逆,且$A^{-1}=\frac{1}{|A|}\cdot A^*$.

将定理1和定理2合在一起,得出下列定理:

定理3 矩阵A可逆的充要条件为:方阵A的行列式$|A|\neq0$,且有$A^{-1}=\frac{1}{|A|}\cdot A^*$.

定理3给出了判别一个矩阵是否可逆的方法,也给出了求逆矩阵的一种方法:伴随矩阵法.

推论1 初等矩阵都是可逆矩阵.

推论2 任意一个可逆矩阵可以通过初等行变换化为单位矩阵. 可逆矩阵满足下列运算规律(A,B是同阶方阵且皆可逆,$k\neq0$):

(1)$(A^{-1})^{-1}=A$;

(2)$(kA)^{-1}=k^{-1}A^{-1}(k\neq0)$;

(3)$(AB)^{-1}=B^{-1}A^{-1}$(A,B同阶且均可逆);

(4)$(A^{\mathrm{T}})^{-1}=(A^{-1})^{\mathrm{T}}$;

(5)$|A^{-1}|=|A|^{-1}$.

7.3.4 逆矩阵的求法

1. 利用伴随矩阵求逆矩阵

例3 已知矩阵$A=\begin{bmatrix}2&1\\3&-5\end{bmatrix}$,求$A^{-1}$.

解 因为$|A|=\begin{vmatrix}2&1\\3&-5\end{vmatrix}=-10-3=-13\neq0$. 所以$A$可逆.

因为$A_{11}=-5,A_{12}=-3,A_{21}=-1,A_{22}=2$,所以$A^*=\begin{bmatrix}-5&-1\\-3&2\end{bmatrix}$,所以

$$A^{-1}=\frac{1}{|A|}A^*=-\frac{1}{13}\begin{bmatrix}-5&-1\\-3&2\end{bmatrix}$$

例4 已知矩阵$A=\begin{bmatrix}2&2&3\\1&-1&0\\-1&2&1\end{bmatrix}$,求$A^{-1}$.

解 因为$|A|=\begin{vmatrix}2&2&3\\1&-1&0\\-1&2&1\end{vmatrix}=-1$,而

$$A_{11}=\begin{vmatrix}-1&0\\2&1\end{vmatrix}=-1\qquad A_{12}=-\begin{vmatrix}1&0\\-1&1\end{vmatrix}=-1\qquad A_{13}=\begin{vmatrix}1&-1\\-1&2\end{vmatrix}=1$$

$$A_{21}=-\begin{vmatrix}2&3\\2&1\end{vmatrix}=4\qquad A_{22}=\begin{vmatrix}2&3\\-1&1\end{vmatrix}=5\qquad A_{23}=-\begin{vmatrix}2&2\\-1&2\end{vmatrix}=-6$$

$$A_{31}=\begin{vmatrix}2&3\\-1&0\end{vmatrix}=3\qquad A_{32}=-\begin{vmatrix}2&3\\1&0\end{vmatrix}=3\qquad A_{33}=\begin{vmatrix}2&2\\1&-1\end{vmatrix}=-4$$

所以 $A^* = \begin{bmatrix} -1 & 4 & 3 \\ -1 & 5 & 3 \\ 1 & -6 & -4 \end{bmatrix}$,所以

$$A^{-1} = \frac{1}{|A|}A^* = -\begin{bmatrix} -1 & 4 & 3 \\ -1 & 5 & 3 \\ 1 & -6 & -4 \end{bmatrix} = \begin{bmatrix} 1 & -4 & -3 \\ 1 & -5 & -3 \\ -1 & 6 & 4 \end{bmatrix}$$

2. 用初等行变换法求逆矩阵

由于可逆矩阵 A 可以通过初等变换化为单位矩阵,而每一次初等变换相当于可逆矩阵 A 左(右)乘一个初等矩阵,所以有

$$P_k \cdot \cdots \cdot P_2 \cdot P_1 \cdot A = E$$

又因

$$AA^{-1} = E,$$

$$P_k \cdot \cdots \cdot P_2 \cdot P_1 \cdot A \cdot A^{-1} = P_k \cdot \cdots \cdot P_2 \cdot P_1 \cdot E,$$

$$A^{-1} = P_k \cdot \cdots \cdot P_2 \cdot P_1$$

其中,$P_k, \cdots, P_2 \cdot P_1$ 为初等行变换矩阵.

上述式子表明,可逆矩阵 A 通过有限次的初等行变换化为单位矩阵,而同样的变换将单位矩阵化成了 A^{-1},于是得出一种求可逆矩阵 A 的逆矩阵的方法.

作一个 $n \times 2n$ 矩阵 $[A \vdots E]$,对该矩阵作初等行变换,当把矩阵 A 化成单位矩阵 E 时,右边的单位矩阵 E 就变成了 A^{-1}. 即

$$[A \vdots E] \xrightarrow{\text{初等行变换}} [E \vdots A^{-1}]$$

例 5　求矩阵 $A = \begin{bmatrix} 1 & 2 & -3 \\ 3 & 2 & -4 \\ 2 & -1 & 0 \end{bmatrix}$ 的逆矩阵.

解　因为 $[A \vdots E] = \left[\begin{array}{ccc:ccc} 1 & 2 & -3 & 1 & 0 & 0 \\ 3 & 2 & -4 & 0 & 1 & 0 \\ 2 & -1 & 0 & 0 & 0 & 1 \end{array}\right] \xrightarrow[r_3 - 2r_1]{r_2 - 3r_1} \left[\begin{array}{ccc:ccc} 1 & 2 & -3 & 1 & 0 & 0 \\ 0 & -4 & 5 & -3 & 1 & 0 \\ 0 & -5 & 6 & -2 & 0 & 1 \end{array}\right]$

$$\xrightarrow{r_2 - r_3} \left[\begin{array}{ccc:ccc} 1 & 2 & -3 & 1 & 0 & 0 \\ 0 & 1 & -1 & -1 & 1 & -1 \\ 0 & -5 & 6 & -2 & 0 & 1 \end{array}\right] \xrightarrow{r_3 + 5r_2} \left[\begin{array}{ccc:ccc} 1 & 2 & -3 & 1 & 0 & 0 \\ 0 & 1 & -1 & -1 & 1 & -1 \\ 0 & 0 & 1 & -7 & 5 & -4 \end{array}\right]$$

$$\xrightarrow[r_2 + r_3]{r_1 + 3r_3} \left[\begin{array}{ccc:ccc} 1 & 2 & 0 & -20 & 15 & -12 \\ 0 & 1 & 0 & -8 & 6 & -5 \\ 0 & 0 & 1 & -7 & 5 & 4 \end{array}\right] \xrightarrow{r_1 - 2r_2} \left[\begin{array}{ccc:ccc} 1 & 0 & 0 & -4 & 3 & -2 \\ 0 & 1 & 0 & -8 & 6 & -5 \\ 0 & 0 & 1 & -7 & 5 & -4 \end{array}\right]$$

所以 $A^{-1} = \begin{bmatrix} -4 & 3 & -2 \\ -8 & 6 & -5 \\ -7 & 5 & -4 \end{bmatrix}$.

7.3.5　求矩阵方程的解

含有未知矩阵的方程称为矩阵方程. 例如,$AX = B$,其中 X 为未知矩阵,现在只讨论 A 为 n 阶可逆方阵的情形.

方阵 A 的逆矩阵为 A^{-1},用 A^{-1} 左乘 $AX = B$,得:$X = A^{-1}B$.

例 6 解矩阵方程 $\begin{bmatrix}2 & 5\\1 & 3\end{bmatrix}X=\begin{bmatrix}4 & -6\\2 & 1\end{bmatrix}$.

解 因为 $|A|=1\neq0$,所以 A 是可逆矩阵. 且 $A^{-1}=\begin{bmatrix}3 & -5\\-1 & 2\end{bmatrix}$,所以

$$X=A^{-1}B=\begin{bmatrix}3 & -5\\-1 & 2\end{bmatrix}\begin{bmatrix}4 & -6\\2 & 1\end{bmatrix}=\begin{bmatrix}2 & -23\\0 & 8\end{bmatrix}$$

例 7 用逆矩阵解线性方程组 $\begin{cases}x_1+2x_2-3x_3=2\\3x_1+2x_2-4x_3=1.\\2x_1-x_2=4\end{cases}$

解 设 $A=\begin{bmatrix}1 & 2 & -3\\3 & 2 & -4\\2 & -1 & 0\end{bmatrix}$,$X=\begin{bmatrix}x_1\\x_2\\x_3\end{bmatrix}$,$B=\begin{bmatrix}2\\1\\4\end{bmatrix}$. 由矩阵的乘法知,上述线性方程组可以写成

$$AX=B$$

上式两边同时左乘 A^{-1},则得原方程组的解为 $X=A^{-1}B$.

由例 5 知,$A^{-1}=\begin{bmatrix}-4 & 3 & -2\\-8 & 6 & -5\\-7 & 5 & -4\end{bmatrix}$,于是 $X=A^{-1}B=\begin{bmatrix}-4 & 3 & -2\\-8 & 6 & -5\\-7 & 5 & -4\end{bmatrix}\begin{bmatrix}2\\1\\4\end{bmatrix}=\begin{bmatrix}-13\\-30\\-25\end{bmatrix}$,所以方程组的解为

$$\begin{cases}x_1=-13\\x_2=-30\\x_3=-25\end{cases}$$

习题 7.3

1. 利用伴随矩阵求下列矩阵的逆矩阵.

(1) $\begin{bmatrix}3 & 4\\2 & 5\end{bmatrix}$ (2) $\begin{bmatrix}1 & 0 & 0\\1 & 2 & 0\\1 & 2 & 3\end{bmatrix}$ (3) $\begin{bmatrix}2 & 2 & 3\\1 & -1 & 0\\-1 & 2 & 1\end{bmatrix}$

2. 利用初等行变换法求下列矩阵的逆矩阵.

(1) $\begin{bmatrix}1 & 1 & 1\\1 & 1 & -1\\1 & -1 & 1\\1 & -1 & -1\end{bmatrix}$ (2) $\begin{bmatrix}1 & 2 & 3\\2 & -1 & 4\\0 & -1 & 1\end{bmatrix}$

3. 设 A 为可逆矩阵,证明:

(1)若 $AB=AC$,则 $B=C$;

(2)若 $AX=0$, 则 $X=0$.

4. 解矩阵方程.

(1) $\begin{bmatrix} -1 & 2 \\ 3 & 0 \end{bmatrix} X = \begin{bmatrix} 2 & 3 \\ 0 & -3 \end{bmatrix}$　　(2) $\begin{bmatrix} 1 & 1 & -1 \\ 2 & 1 & 0 \\ 1 & -1 & 1 \end{bmatrix} X = \begin{bmatrix} 1 & -1 & 3 \\ 4 & 3 & 2 \\ 1 & -2 & 5 \end{bmatrix}$

5. 利用逆矩阵解线性方程组 $\begin{cases} x_1 + x_2 - x_3 = 2 \\ -2x_1 + x_2 + x_3 = 3. \\ x_1 + x_2 + x_3 = 6 \end{cases}$

7.4　矩阵的秩

矩阵的秩是矩阵理论中重要的一个概念,它可以用来判别线性方程组有无解,有什么样的解的情况. 因此,我们引进这个概念.

7.4.1　矩阵秩的概念

定义　在矩阵 $\boldsymbol{A} = (a_{ij})_{m \times n}$ 中,任取 k 行和 k 列($1 \leqslant k \leqslant \min(m,n)$),由这些行和列交叉点上的 k^2 个元素按原来的次序构成一个 k 阶行列式,称这个 k 阶行列式为矩阵 $\boldsymbol{A}$ 的一个 k 阶子式. 如果子式的值不为零,就称为非零子式.

例如,在矩阵

$$\boldsymbol{A} = \begin{bmatrix} 2 & -1 & 0 & 3 & -1 \\ 3 & 0 & 4 & -5 & 2 \\ 6 & -3 & 0 & 3 & 1 \end{bmatrix}$$

中,取第 1,3 行与第 2,5 列交点上的 4 个元素,组成矩阵 $\boldsymbol{A}$ 的一个二阶子式,即

$$\begin{vmatrix} -1 & -1 \\ -3 & 1 \end{vmatrix}$$

取第 1,2,3 行与第 2,3,5 列交点上的 9 个元素,组成矩阵 $\boldsymbol{A}$ 的一个三阶子式,即

$$\begin{vmatrix} -1 & 0 & -1 \\ 0 & 4 & 2 \\ -3 & 0 & 1 \end{vmatrix}$$

定义　在矩阵 $\boldsymbol{A} = (a_{ij})_{m \times n}$ 中,若 $\boldsymbol{A}$ 中至少有一个 r 阶子式不等于零,且在 $r \leqslant \min(m,n)$ 时,$\boldsymbol{A}$ 中所有的 $r+1$ 阶子式全为零,则称 r 为矩阵 $\boldsymbol{A}$ 的秩. 记作 $r(\boldsymbol{A})$,也就是说,矩阵 $\boldsymbol{A}$ 的秩就是矩阵 $\boldsymbol{A}$ 的非零子式的最高阶数.

按定义可得下列关于矩阵的秩的性质:

(1)零矩阵的秩等于零;

(2)对于矩阵 $\boldsymbol{A}_{m \times n}$,有 $0 \leqslant r(\boldsymbol{A}) \leqslant \min(m,n)$;

(3)$r(\boldsymbol{A}) = r(\boldsymbol{A}^{\mathrm{T}})$;

(4)若 n 阶方阵 $\boldsymbol{A}$ 是非奇异的,$|\boldsymbol{A}| \neq 0$,则 $r(\boldsymbol{A}) = n$,也称 n 阶非奇异方阵 $\boldsymbol{A}$ 为满秩方阵.

例 1　求矩阵 $\boldsymbol{A} = \begin{bmatrix} 1 & 1 & 0 & 0 \\ 1 & 0 & 1 & 1 \\ 2 & -1 & 3 & 3 \end{bmatrix}$ 的秩.

解 因矩阵 $\boldsymbol{A}$ 的一个二阶子式 $\begin{vmatrix}1 & 0\\0 & 1\end{vmatrix}=1\neq 0$. 是非零子式,而 $\boldsymbol{A}$ 的所有4个三阶子式均为零,即

$$\begin{vmatrix}1 & 1 & 0\\1 & 0 & 1\\2 & -1 & 3\end{vmatrix}=0,\quad \begin{vmatrix}1 & 1 & 0\\1 & 0 & 1\\2 & -1 & 3\end{vmatrix}=0,\quad \begin{vmatrix}1 & 0 & 0\\1 & 1 & 1\\2 & 3 & 3\end{vmatrix}=0,\quad \begin{vmatrix}1 & 0 & 0\\0 & 1 & 1\\-1 & 3 & 3\end{vmatrix}=0$$

由定义可知 $r(\boldsymbol{A})=2$.

7.4.2 矩阵秩的计算

如果按定义来计算矩阵的秩,要计算很多行列式,过程较麻烦.我们注意到秩只涉及子式是否为零,而并不要求子式的确定值,矩阵的初等行变换是不会改变矩阵行列式是否为零的性质,因此可以通过矩阵的初等行变换来求矩阵的秩.

定理1 矩阵经过初等行变换后,其秩不变.

定理2 阶梯形矩阵的秩等于它的非零行的行数.

例如,$\boldsymbol{A}=\begin{bmatrix}2 & -1 & 0 & 0 & 0\\0 & 0 & 3 & 5 & -6\\0 & 0 & 0 & 0 & 0\end{bmatrix}$,这是一个阶梯形矩阵且 $r(\boldsymbol{A})=2$.

由此,我们得到了一个求矩阵秩的简便方法:对矩阵进行初等行变换,将其化为阶梯形矩阵,则该矩阵的非零行的行数就是原矩阵的秩.

例2 求矩阵 $\boldsymbol{A}=\begin{bmatrix}1 & 0 & 0 & 1\\1 & 2 & 0 & -1\\3 & -1 & 0 & 4\\1 & 4 & 5 & 1\end{bmatrix}$ 的秩.

解
$$\boldsymbol{A}=\begin{bmatrix}1 & 0 & 0 & 1\\1 & 2 & 0 & -1\\3 & -1 & 0 & 4\\1 & 4 & 5 & 1\end{bmatrix}\xrightarrow[r_4+(-1)r_1]{\substack{r_2+(-1)r_1\\r_3+(-3)r_1}}\begin{bmatrix}1 & 0 & 0 & 1\\0 & 2 & 0 & -2\\0 & -1 & 0 & 1\\0 & 4 & 5 & 0\end{bmatrix}\xrightarrow[r_4+(-2)r_2]{r_3+\frac{1}{2}r_2}$$
$$\begin{bmatrix}1 & 0 & 0 & 1\\0 & 2 & 0 & -2\\0 & 0 & 0 & 0\\0 & 0 & 5 & 4\end{bmatrix}\xrightarrow{r_3\leftrightarrow r_4}\begin{bmatrix}1 & 0 & 0 & 1\\0 & 2 & 0 & -2\\0 & 0 & 5 & 4\\0 & 0 & 0 & 0\end{bmatrix}=\boldsymbol{B}$$

因为 $\boldsymbol{B}$ 为阶梯形矩阵,且有3个非零行,故 $r(\boldsymbol{A})=3$.

例3 求矩阵 $\boldsymbol{A}=\begin{bmatrix}a & 2 & 0 & 2\\1 & 3 & -1 & 6\\-4 & -6 & -2 & 0\end{bmatrix}$ 的秩.

解
$$\boldsymbol{A}=\begin{bmatrix}a & 2 & 0 & 2\\1 & 3 & -1 & 6\\-4 & -6 & -2 & 0\end{bmatrix}\xrightarrow[r_3\leftrightarrow r_2]{r_1\leftrightarrow r_3}\begin{bmatrix}1 & 3 & -1 & 6\\-4 & -6 & -2 & 0\\a & 2 & 0 & 2\end{bmatrix}\xrightarrow[r_2+4r_1]{r_3-ar_1}$$

$$\begin{bmatrix}1&3&-1&6\\0&6&-6&24\\0&2-3a&a&2-6a\end{bmatrix}\xrightarrow{\frac{1}{6}r_2}\begin{bmatrix}1&3&-1&6\\0&1&-1&4\\0&2-3a&a&2-6a\end{bmatrix}\xrightarrow{r_3-(2-3a)r_2}$$

$$\begin{bmatrix}1&3&-1&6\\0&1&-1&4\\0&0&2-2a&-6+6a\end{bmatrix}=\boldsymbol{B}$$

所以当 $a=1$ 时,阶梯形矩阵 $\boldsymbol{B}$ 有两行不为零,$r(\boldsymbol{A})=2$;当 $a\neq 1$ 时,$r(\boldsymbol{A})=3$.

习题 7.4

1. 设 $\boldsymbol{A}=(a_{ij})_{m\times n}$,且 $r(\boldsymbol{A})=r$,求:

(1)它的所有的 r 阶子式是否均不为零？举例说明.

(2)在它的 $r-1$ 阶子式中,能否有为零的情形？举例说明.

(3)若矩阵 $\boldsymbol{B}$ 是由矩阵 $\boldsymbol{A}$ 添加一行得来的,试问 $\boldsymbol{A}$ 与 $\boldsymbol{B}$ 的秩有什么关系？为什么？

2. 用定义的方法求下列矩阵的值.

(1)$\begin{bmatrix}2&-1&2\\4&0&2\\0&-3&3\end{bmatrix}$　　(2)$\begin{bmatrix}2&-3&8&2\\2&12&-2&12\\1&3&1&4\end{bmatrix}$

3. 求下列矩阵的秩.

(1)$\begin{bmatrix}1&0&3\\2&3&-2\\3&-1&2\end{bmatrix}$　　(2)$\begin{bmatrix}1&0&0&1\\0&1&0&2\\0&0&1&3\\1&2&3&4\end{bmatrix}$

(3)$\begin{bmatrix}2&-3&8&2\\1&6&-1&6\\1&3&1&4\end{bmatrix}$　　(4)$\begin{bmatrix}1&4&1&0\\2&1&-1&-3\\1&0&-3&-1\\0&2&-6&3\end{bmatrix}$

本 章 小 结

一、矩阵的概念

1. 矩阵的定义.

2. 几类特殊的矩阵.

(1)行矩阵;(2)列矩阵;(3)零矩阵;(4)方阵;(5)三角矩阵;(6)对角矩阵;(7)数量矩阵;(8)单位矩阵;(9)负矩阵;(10)(行简化)阶梯型矩阵.

二、矩阵的运算

1. 矩阵的加法:$\boldsymbol{A}+\boldsymbol{B}=[a_{ij}]_{m\times n}+[b_{ij}]_{m\times n}=[a_{ij}+b_{ij}]_{m\times n}$.

2. 数与矩阵的乘积:$\lambda\boldsymbol{A}=\lambda[a_{ij}]_{m\times n}=[\lambda a_{ij}]_{m\times n}$.

3. 矩阵的乘法:$\boldsymbol{C}_{m\times n}=\boldsymbol{A}_{m\times s}\boldsymbol{B}_{s\times n}=[a_{ik}]_{m\times s}\times[b_{kj}]_{s\times n}=[\sum\limits_{k=1}^{s}a_{ik}b_{kj}]_{m\times n}$.

4. 矩阵的转置.

$$(A^{T})^{T}=A$$
$$(A+B)^{T}=A^{T}+B^{T}$$
$$(\lambda A)^{T}=\lambda A^{T}(\lambda \text{ 是数})$$
$$(AB)^{T}=B^{T}\cdot A^{T}$$

5. 矩阵的初等变换.

(1)矩阵的初等变换:位置变换、倍法变换、消法变换.

(2)初等矩阵:互换方矩阵($\boldsymbol{P}(i,j)$)、倍乘矩阵($\boldsymbol{P}(i(k))$)、倍加矩阵($\boldsymbol{P}(i+j(k))$).

(3)初等变换与初等矩阵的关系.

(4)矩阵的初等变换的应用.

三、矩阵的逆矩阵

1. 逆矩阵的定义.

2. 矩阵可逆的条件:矩阵 $\boldsymbol{A}$ 可逆的充要条件是 $|\boldsymbol{A}|\neq 0$.

3. 逆矩阵的求法.

(1)利用伴随矩阵求逆矩阵:$\boldsymbol{A}^{-1}=\dfrac{1}{|\boldsymbol{A}|}\cdot\boldsymbol{A}^{*}$.

(2)利用初等行变换求逆矩阵:$[\boldsymbol{A}\quad \boldsymbol{E}]\xrightarrow{\text{初等行变换}}[\boldsymbol{E}\quad \boldsymbol{A}^{-1}]$

4. 解矩阵方程:设 $\boldsymbol{A}$ 是可逆矩阵,如果 $\boldsymbol{AX}=\boldsymbol{B}$,则 $\boldsymbol{X}=\boldsymbol{A}^{-1}\boldsymbol{B}$.

四、矩阵的秩

1. 矩阵秩的定义.

2. 矩阵秩的性质.

3. 矩阵秩的求法.

(1)定义法.

(2)利用初等行变换把矩阵转化成阶梯形矩阵,再求矩阵的秩.

自测与评估(7)

一、选择题

1. n 阶行列式 $D=\begin{vmatrix}0&-1&0&\cdots&0&0\\0&0&-1&\cdots&0&0\\\vdots&\vdots&\vdots&&\vdots&\vdots\\0&0&0&\cdots&0&-1\\-1&0&0&\cdots&0&0\end{vmatrix}=(\quad)$.

A. $(-1)^{n}$　　B. $(-1)^{n+1}$　　C. -1　　D. -1 或 1

2. 设 $\boldsymbol{A}$ 是方阵,则 $|\boldsymbol{A}|=0$ 是 $\boldsymbol{A}$ 不可逆的(　　).

A. 充分非必要条件　　B. 必要非充分条件

C. 充分必要条件　　D. 非充分非必要条件

3. 设 $\boldsymbol{A}=\begin{bmatrix}2&4\\1&3\end{bmatrix}$,则 $\boldsymbol{A}^{-1}=(\quad)$.

A. $\begin{bmatrix}3&4\\1&2\end{bmatrix}$　　B. $\begin{bmatrix}-3&4\\1&-2\end{bmatrix}$　　C. $\dfrac{1}{2}\begin{bmatrix}3&-4\\-1&2\end{bmatrix}$　　D. $\begin{bmatrix}-3&-4\\1&-2\end{bmatrix}$

4. 设 $\boldsymbol{C}=(c_{ij})_{m\times n}$和 $\boldsymbol{A},\boldsymbol{B}$ 满足关系 $\boldsymbol{AC}=\boldsymbol{CB}$，则 $\boldsymbol{A},\boldsymbol{B}$ 分别是(　　)阶矩阵.

A. $n\times m, m\times n$　　B. $m\times n, m\times n$

C. $n\times n, m\times m$　　D. $m\times m, n\times n$

5. 关于初等矩阵，下列说法正确的(　　).

A. 都是可逆矩阵　　B. 所对应的行列式等于 1

C. 相乘仍为初等矩阵　　D. 相加仍为初等矩阵

6. 设 $A=\begin{bmatrix}0&1&0&0\\1&0&0&0\\0&0&1&1\\0&0&1&2\end{bmatrix}$，则 $\boldsymbol{A}^{-1}=($　　$)$.

A. $\begin{bmatrix}0&-1&0&0\\-1&0&0&0\\0&0&1&-1\\0&0&-1&2\end{bmatrix}$　　B. $\begin{bmatrix}0&1&0&0\\1&0&0&0\\0&0&1&-1\\0&0&-1&2\end{bmatrix}$

C. $\begin{bmatrix}0&1&0&0\\1&0&0&0\\0&0&2&-1\\0&0&-1&1\end{bmatrix}$　　D. $\begin{bmatrix}0&-1&0&0\\-1&0&0&0\\0&0&2&-1\\0&0&-1&1\end{bmatrix}$

7. 设 $\boldsymbol{A},\boldsymbol{B}$ 是 n 阶可逆上三角形矩阵，则(　　)不是上三角形矩阵.

A. $\boldsymbol{AB}$　　B. $\boldsymbol{A}+\boldsymbol{B}$　　C. $\boldsymbol{A}^{-1}\boldsymbol{B}^{-1}$　　D. $\boldsymbol{A}^{\mathrm{T}}\boldsymbol{B}^{\mathrm{T}}$

8. 下列矩阵中，是阶梯矩阵的是(　　).

A. $\begin{bmatrix}0&0&0&0\\3&0&5&1\end{bmatrix}$　　B. $\begin{bmatrix}1&0&4\\0&-2&3\\0&0&1\end{bmatrix}$

C. $\begin{bmatrix}1&0\\0&0\\0&2\end{bmatrix}$　　D. $\begin{bmatrix}1&2&0&4\\0&3&1&3\\0&6&0&1\\0&0&0&5\end{bmatrix}$

9. 下列说法不正确的是(　　).

A. $\boldsymbol{A}(\boldsymbol{BC})=(\boldsymbol{AB})\boldsymbol{C}$　　B. $(\boldsymbol{B}+\boldsymbol{C})\boldsymbol{A}=\boldsymbol{BA}+\boldsymbol{CA}$

C. $(\boldsymbol{AB})^{K}=\boldsymbol{A}^{K}\boldsymbol{B}^{K}$　　D. $(\boldsymbol{AB})^{\mathrm{T}}\neq\boldsymbol{B}^{\mathrm{T}}\boldsymbol{A}^{\mathrm{T}}$

10. 下列矩阵，哪个不是初等矩阵(　　).

A. $\begin{bmatrix}1&0&0\\0&2&0\\0&0&1\end{bmatrix}$　　B. $\begin{bmatrix}1&0&0\\0&0&1\\0&1&0\end{bmatrix}$

C. $\begin{bmatrix}1&1&0\\0&1&1\\0&0&1\end{bmatrix}$　　D. $\begin{bmatrix}1&0&0\\0&1&2\\0&0&1\end{bmatrix}$

二、填空题

1. $(\boldsymbol{A}^{\mathrm{T}})^{\mathrm{T}}=$____________.

2. 若 $\boldsymbol{A}=\begin{bmatrix}1 & -1 & 2\\0 & 1 & 3\\1 & 2 & 1\end{bmatrix}$,则 $\boldsymbol{A}^{\mathrm{T}}=$ ________.

3. $\begin{bmatrix}x^2 & -2z & x\\y & 0 & x+y\\-3 & z & 3x\end{bmatrix}$是对称矩阵,则 x,y,z 分别等于________.

4. $\boldsymbol{A}=\begin{bmatrix}-1 & 1\\0 & 1\end{bmatrix}$,$\boldsymbol{B}=\begin{bmatrix}-1 & 0\\-1 & 1\end{bmatrix}$,则$(\boldsymbol{AB})^{\mathrm{T}}=$________.

5. 设矩阵 $\boldsymbol{A}=\begin{bmatrix}2 & 1\\-1 & 2\end{bmatrix}$,$\boldsymbol{E}$ 为二阶单位矩阵,矩阵 $\boldsymbol{B}$ 满足 $\boldsymbol{BA}=\boldsymbol{B}+2\boldsymbol{E}$,则 $|\boldsymbol{B}|=$________.

三、计算题

(1)$\begin{bmatrix}1 & 0\\0 & 1\end{bmatrix}\begin{bmatrix}3 & 2\\5 & 6\end{bmatrix}$,　(2)$\begin{bmatrix}2 & -1\\-3 & 3\end{bmatrix}^2-5\begin{bmatrix}2 & -1\\-3 & 3\end{bmatrix}+2\begin{bmatrix}1 & 0\\0 & 1\end{bmatrix}$

四、设 $\boldsymbol{A}=\begin{bmatrix}2 & 2 & 3\\1 & -1 & 0\\-1 & 2 & 0\end{bmatrix}$,求 $\boldsymbol{A}^{-1}$.

五、解矩阵方程 $\begin{bmatrix}1 & 0 & 1\\-1 & 1 & 1\\-2 & -1 & 1\end{bmatrix}\boldsymbol{X}=\begin{bmatrix}2\\0\\-3\end{bmatrix}$.

六、在秩是 r 的矩阵中,有没有等于零的 $r-1$ 阶子式?有没有等于零的 r 阶子式?有没有不等于零的 $r-1$ 阶子式?

七、设 $\boldsymbol{A},\boldsymbol{B}$ 均为 n 阶非奇异矩阵,$\boldsymbol{A}+\boldsymbol{B}$ 和 $\boldsymbol{AB}$ 是否也为非奇异矩阵,为什么?

八、设 $\boldsymbol{A}$ 是 n 阶方阵,且 $\boldsymbol{AA}^{\mathrm{T}}=\boldsymbol{E}$,$|\boldsymbol{A}|=-1$,试证:$|\boldsymbol{A}+\boldsymbol{E}|=0$.

第 8 章　线性方程组

前面我们学习了矩阵的概念和矩阵的初等变换,介绍了未知量的个数与方程个数相等的线性方程组的求解方法. 在实际问题中,我们经常会遇到未知量的个数与方程个数不相等的线性方程组求解问题. 本章将利用矩阵的初等变换知识介绍利用消元法解线性方程组和线性方程组解的情况判定.

8.1　线性方程组的概念

8.1.1　线性方程组的基本概念

定义　一般地,称由 n 个未知量 m 个方程所构成的方程组

$$\begin{cases} a_{11}x_1 + a_{12}x_2 + \cdots + a_{1n}x_n = b_1 \\ a_{21}x_1 + a_{22}x_2 + \cdots + a_{1n}x_n = b_2 \\ \vdots \qquad\qquad\qquad\qquad\qquad \vdots \\ a_{m1}x_1 + a_{m2}x_2 + \cdots + a_{mn}x_n = b_m \end{cases} \tag{8.1}$$

为 n 元线性方程组. 其中,x_j 是第 j 个未知量; a_{ij}是第 i 个方程第 j 个未知量的系数; b_i 是第 i 个方程的常数项($i=1,2,\cdots,m$; $j=1,2,\cdots n$).

在方程组(8.1)中,当 $b_1=b_2=\cdots=b_m=0$ 时,即

$$\begin{cases} a_{11}x_1 + a_{12}x_2 + \cdots + a_{1n}x_n = 0 \\ a_{21}x_1 + a_{22}x_2 + \cdots + a_{1n}x_n = 0 \\ \vdots \qquad\qquad\qquad\qquad\qquad \vdots \\ a_{m1}x_1 + a_{m2}x_2 + \cdots + a_{mn}x_n = 0 \end{cases} \tag{8.2}$$

称方程组(8.2)为 n 元齐次线性方程组. 而当 $b_1,b_2,\cdots,b_m$ 不全为零时, 称方程组(8.1)为 n 元非齐次线性方程组.

由矩阵相等和矩阵运算的定义,我们可将方程组(8.1)写成

$$\begin{bmatrix} a_{11} & a_{12} & \cdots & a_{1n} \\ a_{21} & a_{22} & \cdots & a_{2n} \\ \vdots & \vdots & & \vdots \\ a_{m1} & a_{m2} & \cdots & a_{mn} \end{bmatrix}\begin{bmatrix} x_1 \\ x_2 \\ \vdots \\ x_n \end{bmatrix} = \begin{bmatrix} b_1 \\ b_2 \\ \vdots \\ b_m \end{bmatrix}$$

记矩阵

$$\boldsymbol{A} = \begin{bmatrix} a_{11} & a_{12} & \cdots & a_{1n} \\ a_{21} & a_{22} & \cdots & a_{2n} \\ \vdots & \vdots & & \vdots \\ a_{m1} & a_{m2} & \cdots & a_{mn} \end{bmatrix}, \boldsymbol{X} = \begin{bmatrix} x_1 \\ x_2 \\ x_n \end{bmatrix}, \boldsymbol{B} = \begin{bmatrix} b_1 \\ b_2 \\ b_m \end{bmatrix}$$

称矩阵 $\boldsymbol{A}$ 是方程组(8.1)的系数矩阵,$\boldsymbol{X}$ 为未知量矩阵,$\boldsymbol{B}$ 为常数项矩阵,则方程组(8.1)就

可以写成矩阵形式方程 $\boldsymbol{AX}=\boldsymbol{B}$. 而齐次线性方程组(8.2)就可以写成矩阵方程 $\boldsymbol{AX}=0$. 我们还将由系数和常数项所组成的矩阵 $\begin{bmatrix} a_{11} & a_{12} & \cdots & a_{1n} & b_1 \\ a_{21} & a_{22} & \cdots & a_{2n} & b_2 \\ \vdots & \vdots & & \vdots & \vdots \\ a_{m1} & a_{m2} & \cdots & a_{mn} & b_m \end{bmatrix}$ 称为方程组(8.1)的增广矩阵,记作 $\overline{\boldsymbol{A}}$. 由于线性方程组(8.1)的解仅与其系数和常数项有关,因此增广矩阵 $\overline{\boldsymbol{A}}$ 全面反映了这个线性方程组.

例1 已知方程组 $\begin{cases} 2x_1-7x_2+3x_3+x_4=6 \\ 3x_1+5x_2+2x_3+2x_4=4 \\ 9x_1+4x_2+x_3+7x_4=2 \end{cases}$,写出方程组的矩阵形式和增广矩阵.

解 方程组的矩阵形式和增广矩阵分别是

$$\begin{bmatrix} 2 & -7 & 3 & 1 \\ 3 & 5 & 2 & 2 \\ 9 & 4 & 1 & 7 \end{bmatrix}\begin{bmatrix} x_1 \\ x_2 \\ x_3 \\ x_4 \end{bmatrix}=\begin{bmatrix} 6 \\ 4 \\ 2 \end{bmatrix}, \quad \overline{\boldsymbol{A}}=\begin{bmatrix} 2 & -7 & 3 & 1 & 6 \\ 3 & 5 & 2 & 2 & 4 \\ 9 & 4 & 1 & 7 & 2 \end{bmatrix}$$

由 n 个数 $c_1,c_2,\cdots,c_n$ 组成的一个有序数组 $(c_1,c_2,\cdots,c_n)$,若将这 n 个数替代方程组(8.1)中对应的未知量 $x_1,x_2,\cdots,x_n$,即取 $x_1=c_1,x_2=c_2,\cdots,x_n=c_n$,代入方程组后,方程组中的各方程仍恒成立,则称 $(c_1,c_2,\cdots,c_n)$ 是方程组(8.1)的一组解. 而在齐次线性方程组(8.2)中,显然有 $x_1=x_2=\cdots=x_n=0$ 是(8.2)的一组解,我们称这组解是齐次线性方程组(8.2)的零解. 如果齐次线性方程组(8.2)的解 $(c_1,c_2,\cdots,c_n)$ 不全为零,则称其为齐次线性方程组(8.2)的非零解.

8.1.2 用消元法解线性方程组

例2 用消元法解非齐次线性方程组 $\begin{cases} -x_1+2x_2-3x_3=4 \\ x_1-x_2+2x_3=-2 \\ 2x_1+3x_2+2x_3=3 \end{cases}$.

解 交换第一个方程与第二个方程的位置,得 $\begin{cases} x_1-x_2+2x_3=-2 \\ -x_1+2x_2-3x_3=4 \\ 2x_1+3x_2+2x_3=3 \end{cases}$.

将第一个方程加到第二个方程上,再将第一个方程乘以 -2 后加到第三个方程上,这样消去了第二、第三个方程中的 x_1,得 $\begin{cases} x_1-x_2+2x_3=-2 \\ x_2-x_3=2 \\ 5x_2-2x_3=7 \end{cases}$.

将第二个方程加到第一个方程上,再将第二个方程乘以 -5 后加到第三个方程上,这样消去了第一、第三个方程中的 x_2,得 $\begin{cases} x_1+x_3=0 \\ x_2-x_3=2 \\ 3x_3=-3 \end{cases}$.

将第三个方程两边乘以$\frac{1}{3}$,得$\begin{cases}x_1+x_3=0\\x_2-x_3=2\\x_3=-1\end{cases}$.

将第三个方程加到第二个方程上,再将第三个方程乘以 -1 后加到第一个方程上,这样消去了第二、第三个方程中的 x_3,得$\begin{cases}x_1=1\\x_2=1\\x_3=-1\end{cases}$.

例 3　用消元法解齐次线性方程组$\begin{cases}x_1+x_2+x_3+2x_4=0\\2x_1-x_2+3x_3+8x_4=0\\-3x_1+2x_2-x_3-9x_4=0\\x_2-2x_3-3x_4=0\end{cases}$.

解　将第一个方程分别乘以 -2 和 3 后加到第二个方程和第三个方程上,消去第二、第三个方程中的 x_1 项,得

$$\xrightarrow[(3)+(1)\times 3]{(2)+(1)\times(-2)}\begin{cases}x_1+x_2+x_3+2x_4=0\\-3x_2+x_3+4x_4=0\\5x_2+2x_3-3x_4=0\\x_2-2x_3-3x_4=0\end{cases}$$

为避免出现分数,互换方程组中第二个方程和第四个方程的位置,得

$$\xrightarrow{(2)\leftrightarrow(4)}\begin{cases}x_1+x_2+x_3+2x_4=0\\x_2-2x_3-3x_4=0\\5x_2+2x_3-3x_4=0\\-3x_2+x_3+4x_4=0\end{cases}$$

用同样的方法消去第三个方程和第四个方程中的 x_2 项,得

$$\xrightarrow[(4)+(2)\times 3]{(3)+(2)\times(-5)}\begin{cases}x_1+x_2+x_3+2x_4=0\\x_2-2x_3-3x_4=0\\12x_3+12x_4=0\\-5x_3-5x_4=0\end{cases}$$

将第三个方程除以 12 后再乘以 5 加到第四个方程上去,得

$$\xrightarrow[(4)+(3)\times 5]{(3)\div 12}\begin{cases}x_1+x_2+x_3+2x_4=0\\x_2-2x_3-3x_4=0\\x_3+x_4=0\end{cases}$$

我们称这个方程组为阶梯形方程组,它与原方程组的解是相同的,也称为是同解方程组.

由第三个方程得 $x_3=-x_4$,回代到第二个方程可得 $x_2=x_4$,再将 $x_3=-x_4$,$x_2=x_4$ 回代到第一个方程中得 $x_1=-2x_4$,此时不论 x_4 取什么实数 k,$x_1=-2k$,$x_2=k$,$x_3=-k$,$x_4=k$ 都是原方程组的解,所以我们也称 x_4 是方程组的自由元. 方程组的解可以写成

$$\begin{bmatrix}x_1\\x_2\\x_3\\x_4\end{bmatrix}=\begin{bmatrix}-2k\\k\\-k\\k\end{bmatrix}=k\begin{bmatrix}-2\\1\\-1\\1\end{bmatrix}\quad(k\in\mathbf{R})$$

记 $\boldsymbol{X}=\begin{bmatrix}x_1\\x_2\\x_3\\x_4\end{bmatrix}$,$\boldsymbol{X}_1=\begin{bmatrix}-2\\1\\-1\\1\end{bmatrix}$,则 $\boldsymbol{X}=k\boldsymbol{X}_1$. 显然取 $k=1$ 时,有 $\boldsymbol{X}=\boldsymbol{X}_1$,也是方程组的一个解,我们称 $\boldsymbol{X}_1$ 是方程组的一个基础解,而 $\boldsymbol{X}=k\boldsymbol{X}_1$ 则是方程组的所有解,并称 $\boldsymbol{X}=k\boldsymbol{X}_1$ 是方程组的通解.

习题 8.1

1. 将下列方程组改写成矩阵方程形式,并写出其增广矩阵.

(1) $\begin{cases}2x_1-3x_2-3x_3+2x_4=-1\\-x_1+3x_2+x_3=3\\x_1-2x_2+2x_3-x_4=2\end{cases}$　　(2) $\begin{cases}2x_1+x_2-x_3+x_4=1\\3x_1-2x_2+2x_3-3x_4=2\\5x_1+x_2-x_3+2x_4=-1\\2x_1-x_2+x_3-3x_4=4\end{cases}$

2. 用消元法解下列线性方程组

(1) $\begin{cases}4x_1+2x_2-x_3=2\\3x_1-x_2+2x_3=10\\11x_1+3x_2=8\end{cases}$　　(2) $\begin{cases}2x_1+3x_2+x_3=4\\x_1-2x_2+4x_3=-5\\3x_1+8x_2-2x_3=13\\4x_1-x_2+9x_3=-6\end{cases}$

(3) $\begin{cases}x_1+2x_2+3x_3+4x_4=0\\2x_1-x_2+x_3-2x_4=0\\3x_1+x_2+4x_3+2x_4=0\end{cases}$　　(4) $\begin{cases}x_1+x_2+3x_3-x_4=-2\\x_2-x_3+x_4=1\\x_1+x_2+2x_3+2x_4=4\\x_1-x_2+x_3-x_4=0\end{cases}$

8.2 n 元齐次线性方程组

8.2.1 齐次线性方程组 $\boldsymbol{AX}=\boldsymbol{0}$ 的通解结构

定义 对于齐次线性方程组 $\boldsymbol{AX}=\boldsymbol{0}$ 的 S 个解 $\boldsymbol{X}_1,\boldsymbol{X}_2,\cdots,\boldsymbol{X}_S$,如果有一组数 $k_1,k_2,\cdots,k_S$,使得 $\boldsymbol{X}=k_1\boldsymbol{X}_1+k_2\boldsymbol{X}_2+\cdots+k_S\boldsymbol{X}_S$,则称 $\boldsymbol{X}$ 是 $\boldsymbol{X}_1,\boldsymbol{X}_2,\cdots,\boldsymbol{X}_S$ 的线性组合,或者说 $\boldsymbol{X}$ 由 $\boldsymbol{X}_1,\boldsymbol{X}_2,\cdots,\boldsymbol{X}_S$ 线性表出. 且称这组数 $k_1,k_2,\cdots,k_S$ 为组合系数.

对于齐次线性方程组 $\boldsymbol{AX}=\boldsymbol{0}$ 的解有.

性质1 若 $\boldsymbol{X}_1,\boldsymbol{X}_2$ 是齐次线性方程组 $\boldsymbol{AX}=\boldsymbol{0}$ 的两个解,则 $\boldsymbol{X}_1+\boldsymbol{X}_2$ 也是 $\boldsymbol{AX}=\boldsymbol{0}$ 的解.

证明 $\boldsymbol{X}_1,\boldsymbol{X}_2$ 是齐次线性方程组 $\boldsymbol{AX}=\boldsymbol{0}$ 的两个解,所以 $\boldsymbol{AX}_1=\boldsymbol{0},\boldsymbol{AX}_2=\boldsymbol{0}$,而 $\boldsymbol{A}(\boldsymbol{X}_1+\boldsymbol{X}_2)=\boldsymbol{AX}_1+\boldsymbol{AX}_2=\boldsymbol{0}$,所以 $\boldsymbol{X}_1,\boldsymbol{X}_2$ 也是 $\boldsymbol{AX}=\boldsymbol{0}$ 的解.

性质 2　若 $\boldsymbol{X}_1$ 是齐次线性方程组 $\boldsymbol{AX}=\boldsymbol{0}$ 的解，则 $k\boldsymbol{X}_1$ 也是 $\boldsymbol{AX}=\boldsymbol{0}$ 的解.

证明　由条件可知 $\boldsymbol{AX}_1=\boldsymbol{0}$，而 $\boldsymbol{A}(k\boldsymbol{X}_1)=k(\boldsymbol{AX}_1)=\boldsymbol{0}$，所以 $k\boldsymbol{X}_1$ 也是 $\boldsymbol{AX}=\boldsymbol{0}$ 的解.

以上两个性质告诉我们齐次线性方程组的 S 个解 $\boldsymbol{X}_1,\boldsymbol{X}_2,\cdots,\boldsymbol{X}_S$ 的任一线性组合 $k_1\boldsymbol{X}_1+k_2\boldsymbol{X}_2+\cdots+k_S\boldsymbol{X}_S$ 仍然是这个方程组的解.

定义　对于 n 维向量组 $\boldsymbol{X}_1,\boldsymbol{X}_2,\cdots,\boldsymbol{X}_S$，若存在一组不全为零的数 $k_1,k_2,\cdots,k_S$，使得 $k_1\boldsymbol{X}_1+k_2\boldsymbol{X}_2+\cdots+k_S\boldsymbol{X}_S=\boldsymbol{0}$ 成立，则称向量组 $\boldsymbol{X}_1,\boldsymbol{X}_2,\cdots,\boldsymbol{X}_S$ 线性相关；若上式仅当 $k_1=k_2=\cdots=k_S=0$ 时成立，则称向量组 $\boldsymbol{X}_1,\boldsymbol{X}_2,\cdots,\boldsymbol{X}_S$ 线性无关。

定义　如果齐次线性方程组 $\boldsymbol{AX}=\boldsymbol{0}$ 的一组解 $\boldsymbol{X}_1,\boldsymbol{X}_2,\cdots,\boldsymbol{X}_S$ 满足：

(1) $\boldsymbol{X}_1,\boldsymbol{X}_2,\cdots,\boldsymbol{X}_S$ 线性无关；

(2) 方程组 $\boldsymbol{AX}=\boldsymbol{0}$ 的任何一个解都可以由 $\boldsymbol{X}_1,\boldsymbol{X}_2,\cdots,\boldsymbol{X}_S$ 的线性组合 $k_1\boldsymbol{X}_1+k_2\boldsymbol{X}_2+\cdots+k_s\boldsymbol{X}_S$ 来线性表出，则称 $\boldsymbol{X}_1,\boldsymbol{X}_2,\cdots,\boldsymbol{X}_S$ 是方程组 $\boldsymbol{AX}=\boldsymbol{0}$ 的一个基础解系.

注意　(1) 方程组 $\boldsymbol{AX}=\boldsymbol{0}$ 的基础解系不唯一.

(2) 当系数矩阵 $\boldsymbol{A}_{m\times n}$ 的秩 $R(\boldsymbol{A})=r$ 时，基础解系中含有的基础解的个数 $s=n-r$，而 $k_1\boldsymbol{X}_1+k_2\boldsymbol{X}_2+\cdots+k_S\boldsymbol{X}_S$（其中 $k_1,k_2,\cdots,k_S$ 为任意实数）即为 $\boldsymbol{AX}=\boldsymbol{0}$ 的全部解，称为方程组 $\boldsymbol{AX}=\boldsymbol{0}$ 的通解.

因此齐次线性方程组 $\boldsymbol{AX}=\boldsymbol{0}$ 的求解问题就归结为如何求其一个基础解系了. 通过上节的例题用消元法解方程组不难看出，消元法的方法就是系数矩阵 $\boldsymbol{A}$ 的行初等变换，因此求齐次线性方程组的基础解系可归纳为：

(1) 写出齐次线性方程组的系数矩阵 $\boldsymbol{A}$；

(2) 通过初等行变换将 $\boldsymbol{A}$ 化为行简化阶梯形矩阵；

(3) 称行简化阶梯形矩阵中每一行第一个不为零的元所在的列为主元列，而非主元列所对应的未知量即为自由元，共有 $n-r$ 个自由元；

(4) 写出由自由元所表示的解后，分别按顺序令自由元中一个为 1，其余为 0，由此可得 $n-r$ 个线性无关的基础解，即得齐次线性方程组 $\boldsymbol{AX}=\boldsymbol{0}$ 的一个基础解系；

(5) 由基础解系中的解所得的线性组合即为齐次线性方程组 $\boldsymbol{AX}=\boldsymbol{0}$ 的通解.

例 1　求齐次线性方程组 $\begin{cases}x_1-x_2+5x_3-x_4=0\\x_1+x_2-2x_3+3x_4=0\\3x_1-x_2+8x_3+x_4=0\\x_1+3x_2-9x_3+7x_4=0\end{cases}$ 的一个基础解系和通解.

解　$$\boldsymbol{A}=\begin{bmatrix}1&-1&5&-1\\1&1&-2&3\\3&-1&8&1\\1&3&-9&7\end{bmatrix}\xrightarrow[(4)+(1)\times(-1)]{\substack{(2)+(1)\times(-1)\\(3)+(1)\times(-3)}}\begin{bmatrix}1&-1&5&-1\\0&2&-7&4\\0&2&-7&4\\0&4&-14&8\end{bmatrix}$$

$$\xrightarrow[(4)+(2)\times(-2)]{(3)+(2)\times(-1)}\begin{bmatrix}1&-1&5&-1\\0&2&-7&4\\0&0&0&0\\0&0&0&0\end{bmatrix}\xrightarrow{(2)\div 2}\begin{bmatrix}1&-1&5&-1\\0&1&-\frac{7}{2}&2\\0&0&0&0\\0&0&0&0\end{bmatrix}$$

$$\xrightarrow{(1)+(2)}\begin{bmatrix}1 & 0 & \frac{3}{2} & 1\\ 0 & 1 & -\frac{7}{2} & 2\\ 0 & 0 & 0 & 0\\ 0 & 0 & 0 & 0\end{bmatrix}$$，这里非主元列(第3,4两列)所对应的未知量 x_3, x_4 可以取任意实数,称为自由元.

与原方程组同解的方程组是 $\begin{cases}x_1+\frac{3}{2}x_3+x_4=0\\ x_2-\frac{7}{2}x_3+2x_4=0\end{cases}$，解得 $\begin{cases}x_1=-\frac{3}{2}x_3-x_4\\ x_2=\frac{7}{2}x_3-2x_4\end{cases}$，分别令 $x_3=1$，$x_4=0$；$x_3=0, x_4=1$ 得 $X_1=\begin{bmatrix}-\frac{3}{2}\\ \frac{7}{2}\\ 1\\ 0\end{bmatrix}$，$X_2=\begin{bmatrix}-1\\ -2\\ 0\\ 1\end{bmatrix}$，由 X_1, X_2 构成了这个方程组的一个基础解系,于是得方程组的通解为

$$X=k_1X_1+k_2X_2=k_1\begin{bmatrix}-\frac{3}{2}\\ \frac{7}{2}\\ 1\\ 0\end{bmatrix}+k_2\begin{bmatrix}-1\\ -2\\ 0\\ 1\end{bmatrix}\quad(k_1,k_2\in\mathbf{R})$$

8.2.2 齐次线性方程组 $AX=0$ 解的情况判定

定理1 n 元齐次线性方程组 $AX=0$ 有非零解的充要条件是它的系数矩阵的秩小于未知量的个数,即 $R(A)=r<n$.

推论1 方程个数与未知量个数相等的齐次线性方程组 $AX=0$ 有非零解的充要条件是它的系数矩阵行列式等于零.

推论2 如果齐次线性方程组 $AX=0$ 的方程的个数小于未知量的个数,那么它一定有非零解.

定理2 n 元齐次线性方程组 $AX=0$ 只有零解的充要条件是它的系数矩阵的秩等于未知量的个数,即 $R(A)=r=n$.

例2 齐次线性方程组 $\begin{cases}3x_1+x_2+2x_3=0\\ -x_2+x_3=0\\ 3x_1+3x_3=0\end{cases}$ 是否有非零解?

解 因为 $\begin{vmatrix}3 & 1 & 2\\ 0 & -1 & 1\\ 3 & 0 & 3\end{vmatrix}=\begin{vmatrix}3 & 1 & 3\\ 0 & -1 & 0\\ 3 & 0 & 3\end{vmatrix}=-9+9=0$，所以方程组有非零解.

例 3　当 λ 为何值时，方程组 $\begin{cases}(\lambda+3)x_1+x_2+2x_3=0\\ \lambda x_1+(\lambda+1)x_2+x_3=0\\ 3(\lambda+1)x_1+\lambda x_2+(\lambda+3)x_3=0\end{cases}$ 有非零解？

解　$\begin{vmatrix}\lambda+3 & 1 & 2\\ \lambda & \lambda-1 & 1\\ 3(\lambda+1) & \lambda & \lambda+3\end{vmatrix}=\lambda^2(\lambda-1)$. 当 $\lambda^2(\lambda-1)=0$，即 $\lambda=0$ 或 $\lambda=1$ 时，方程组有非零解.

例 4　求出齐次线性方程组 $\begin{cases}ax_1+x_2+x_3=0\\ x_1+bx_2+x_3=0\\ x_1+2bx_2+x_3=0\end{cases}$ 有非零解的充分必要条件.

解

$$\boldsymbol{A}=\begin{bmatrix}a & 1 & 1\\ 1 & b & 1\\ 1 & 2b & 1\end{bmatrix}\xrightarrow{(1)\leftrightarrow(2)}\begin{bmatrix}1 & b & 1\\ a & 1 & 1\\ 1 & 2b & 1\end{bmatrix}\xrightarrow[(3)+(1)\times(-1)]{(2)+(1)\times(-a)}\begin{bmatrix}1 & b & 1\\ 0 & 1-ab & 1-a\\ 0 & b & 0\end{bmatrix}$$

$$\xrightarrow{(2)+(3)\times a}\begin{bmatrix}1 & b & 1\\ 0 & 1 & 1-a\\ 0 & b & 0\end{bmatrix}\xrightarrow{(3)+(2)\times(-b)}\begin{bmatrix}1 & b & 1\\ 0 & 1 & 1-a\\ 0 & 0 & -b(1-a)\end{bmatrix}$$

所以，此线性方程组有非零解的充分必要条件是 $b=0$ 或 $a=1$.

习题 8.2

1. 求下列齐次线性方程组的一个基础解系和通解.

(1) $\begin{cases}5x_1-2x_2+4x_3-3x_4=0\\ -3x_1+5x_2-x_3+2x_4=0\\ x_1-3x_2+2x_3+x_4=0\end{cases}$　　(2) $\begin{cases}x_1+x_2+x_3+x_4=0\\ 2x_1-x_2+x_3-2x_4=0\\ 3x_1+x_2+4x_3+2x_4=0\end{cases}$

(3) $\begin{cases}x_1+x_2-2x_3+3x_4=0\\ 3x_1-x_2+8x_3+x_4=0\\ x_1+3x_2-9x_3+7x_4=0\end{cases}$　　(4) $\begin{cases}x_1-3x_2+x_3-2x_4=0\\ -5x_1+x_2-2x_3+3x_4=0\\ -x_1-11x_2+2x_3-5x_4=0\\ 3x_1+5x_2+x_4=0\end{cases}$

2. 已知齐次线性方程组 $\begin{cases}x+ky+z=0\\ x+3ky-5z=0\\ ky+y-z=0\end{cases}$ 有非零解，求 k 的值.

3. 已知齐次线性方程组 $\begin{cases}ax_1+x_2+x_3=0\\ x_1+ax_2+x_3=0\\ x_1+x_2+x_3=0\end{cases}$ 只有零解，求 a 的值.

8.3　*n* 元非齐次线性方程组

8.3.1　非齐次线性方程组 $AX=B$ 的通解结构

定理 1　非齐次线性方程组 $\boldsymbol{AX}=\boldsymbol{B}$ 有解的充分必要条件是它的系数矩阵的秩和增广

矩阵的秩相等,即 $R(\boldsymbol{A})=R(\overline{\boldsymbol{A}})=n$.

这是因为增广矩阵 $\overline{\boldsymbol{A}}$ 仅比系数矩阵 $\boldsymbol{A}$ 多一列,如果 $R(\boldsymbol{A})\neq R(\overline{\boldsymbol{A}})$,那么它的同解方程组是一个矛盾方程组,方程组无解.

例1 求解非齐次线性方程组 $\begin{cases}4x_1+2x_2-x_3=4\\3x_1-x_2+2x_3=10\\x_1+3x_2-3x_3=-8\end{cases}$.

解 $$\overline{\boldsymbol{A}}=\begin{bmatrix}4&2&-1&4\\3&-1&2&10\\1&3&-3&-8\end{bmatrix}\xrightarrow{(1)\leftrightarrow(3)}\begin{bmatrix}1&3&-3&-8\\3&-1&2&10\\4&2&-1&4\end{bmatrix}\xrightarrow[(3)+(1)\times(-4)]{(2)+(1)\times(-3)}$$

$$\begin{bmatrix}1&3&-3&-8\\0&-10&11&34\\0&-10&11&36\end{bmatrix}\xrightarrow{(3)+(2)\times(-1)}\begin{bmatrix}1&3&-3&-8\\0&-10&11&34\\0&0&0&2\end{bmatrix}$$

它的同解方程组 $\begin{cases}x_1+3x_2-3x_3=-8\\-10x_2+11x_3=34\\0=2\end{cases}$ 是一个矛盾方程组,无解.

所以原方程组无解.

这个例子说明非齐次线性方程组 $\boldsymbol{AX}=\boldsymbol{B}$ 并非在任何情况下都有解.

性质 设 $\boldsymbol{AX}=\boldsymbol{0}$ 是非齐次线性方程组 $\boldsymbol{AX}=\boldsymbol{B}$ 对应的齐次线性方程组,$\boldsymbol{X}_0$ 是 $\boldsymbol{AX}=\boldsymbol{B}$ 的一个解,$\overline{\boldsymbol{X}}$是 $\boldsymbol{AX}=\boldsymbol{0}$ 的一个解,则 $\boldsymbol{X}_0+\overline{\boldsymbol{X}}$是 $\boldsymbol{AX}=\boldsymbol{B}$ 的解.

证 $\overline{\boldsymbol{X}}$是 $\boldsymbol{AX}=\boldsymbol{0}$ 的一个解,$\boldsymbol{X}_0$ 是 $\boldsymbol{AX}=\boldsymbol{B}$ 的一个解,所以 $\boldsymbol{A}\overline{\boldsymbol{X}}=\boldsymbol{0}$,$\boldsymbol{AX}_0=\boldsymbol{B}$,而 $\boldsymbol{A}(\overline{\boldsymbol{X}}+\boldsymbol{X}_0)=\boldsymbol{A}\overline{\boldsymbol{X}}+\boldsymbol{AX}_0=\boldsymbol{0}+\boldsymbol{B}=\boldsymbol{B}$,所以 $\boldsymbol{X}_0+\overline{\boldsymbol{X}}$是 $\boldsymbol{AX}=\boldsymbol{B}$ 的解.

定理2 设 $\boldsymbol{X}_0$ 是非齐次线性方程组 $\boldsymbol{AX}=\boldsymbol{B}$ 的一个解,$\overline{\boldsymbol{X}}$是对应齐次线性方程组 $\boldsymbol{AX}=\boldsymbol{0}$ 的通解,则 $\boldsymbol{X}_0+\overline{\boldsymbol{X}}$是非齐次线性方程组 $\boldsymbol{AX}=\boldsymbol{B}$ 的通解.

与齐次线性方程组求通解步骤相似,可将非齐次线性方程组求通解步骤归结为:

(1)将增广矩阵$\overline{\boldsymbol{A}}$通过行初等变换化为阶梯形矩阵.

(2)当 $R(\boldsymbol{A})\neq R(\overline{\boldsymbol{A}})$时,方程组无解.

当 $R(\boldsymbol{A})=R(\overline{\boldsymbol{A}})=r$ 时,非主元列所对应的未知量即为自由元,共有 $n-r$ 个自由元;当 $r=n$ 时方程组 $\boldsymbol{AX}=\boldsymbol{B}$ 有唯一解,当 $r<n$ 时方程组 $\boldsymbol{AX}=\boldsymbol{B}$ 有无穷多解.

(3)令所有自由元为零,则可得 $\boldsymbol{AX}=\boldsymbol{B}$ 的一个解 $\boldsymbol{X}_0$,并称 $\boldsymbol{X}_0$ 是 $\boldsymbol{AX}=\boldsymbol{B}$ 的一个特解.

(4)去掉$\overline{\boldsymbol{A}}$中常数项 $\boldsymbol{B}$ 所在的列,可求得 $\boldsymbol{AX}=\boldsymbol{0}$ 的通解$\overline{\boldsymbol{X}}$.

(5)由此得 $\boldsymbol{AX}=\boldsymbol{B}$ 的通解为 $\boldsymbol{X}=\boldsymbol{X}_0+\overline{\boldsymbol{X}}$.

例2 求解非齐次线性方程组 $\begin{cases}x_1+x_2+x_3+2x_4=3\\2x_1-x_2+3x_3+8x_4=8\\-3x_1+2x_2-x_3-9x_4=-5\\x_2-2x_3-3x_4=-4\end{cases}$.

解　$$\overline{A}=\begin{bmatrix}1&1&1&2&3\\2&-1&3&8&8\\-3&2&-1&-9&-5\\0&1&-2&-3&-4\end{bmatrix}\xrightarrow[(3)+(1)\times 3]{(2)+(1)\times(-2)}\begin{bmatrix}1&1&1&2&3\\0&-3&1&4&2\\0&5&2&-3&4\\0&1&-2&-3&-4\end{bmatrix}$$

$$\xrightarrow{(2)\leftrightarrow(4)}\begin{bmatrix}1&1&1&2&3\\0&1&-2&-3&-4\\0&5&2&-3&4\\0&-3&1&4&2\end{bmatrix}\xrightarrow[(4)+(2)\times 3]{(3)+(2)\times(-5)}\begin{bmatrix}1&1&1&2&3\\0&1&-2&-3&-4\\0&0&12&12&24\\0&0&-5&-5&-10\end{bmatrix}$$

$$\xrightarrow[(4)+(3)\times 5]{(3)\div 12}\begin{bmatrix}1&1&1&2&3\\0&1&-2&-3&-4\\0&0&1&1&2\\0&0&0&0&0\end{bmatrix}\xrightarrow[(1)+(3)\times(-1)]{(2)+(3)\times 2}\begin{bmatrix}1&1&0&1&1\\0&1&0&-1&0\\0&0&1&1&2\\0&0&0&0&0\end{bmatrix}$$

$$\xrightarrow{(1)+(2)\times(-1)}\begin{bmatrix}1&0&0&2&1\\0&1&0&-1&0\\0&0&1&1&2\\0&0&0&0&0\end{bmatrix}.$$

所以,与原方程组同解的方程组是$\begin{cases}x_1+2x_4=1\\x_2-x_4=0\\x_3+x_4=2\end{cases}$,即$\begin{cases}x_1=-2x_4+1\\x_2=x_4\\x_3=-x_4+2\end{cases}$.

这里 $R(A)=R(\overline{A})=3,n=4,n-R(A)=1$,有一个自由元 x_4,取 $x_4=k$,所求解为

$$\begin{cases}x_1=-2k+1\\x_2=k\\x_3=-k+2\\x_4=k\end{cases}$$

或写成

$$\begin{bmatrix}x_1\\x_2\\x_3\\x_4\end{bmatrix}=k\begin{bmatrix}-2\\1\\-1\\1\end{bmatrix}+\begin{bmatrix}1\\0\\2\\0\end{bmatrix}\quad(k\in\mathbf{R})$$

当我们取 $k=0$ 时,有$\begin{bmatrix}x_1\\x_2\\x_3\\x_4\end{bmatrix}=\begin{bmatrix}1\\0\\2\\0\end{bmatrix}$,它是原方程组的一个解,而另一部分 $k\begin{bmatrix}-2\\1\\-1\\1\end{bmatrix}$则是原方程组对应的齐次线性方程组的通解.

例 3　求非齐次线性方程组$\begin{cases}x_1+x_2+x_3+x_4+x_5=7\\3x_1+2x_2+x_3+x_4-3x_5=-2\\x_1+2x_3+2x_4+7x_5=23\\5x_1+4x_2+3x_3+3x_4-x_5=12\end{cases}$的通解.

解 $\overline{A}=\begin{bmatrix}1&1&1&1&1&7\\3&2&1&1&-3&-2\\1&0&2&2&7&23\\5&4&3&3&-1&12\end{bmatrix}\xrightarrow[(4)+(1)\times(-5)]{\substack{(2)+(1)\times(-3)\\(3)+(1)\times(-1)}}\begin{bmatrix}1&1&1&1&1&7\\0&-1&-2&-2&-6&-23\\0&-1&1&1&6&16\\0&-1&-2&-2&-6&-23\end{bmatrix}$

$$\xrightarrow[(4)+(2)\times(-1)]{(3)+(2)\times(-1)}\begin{bmatrix}1&1&1&1&1&7\\0&-1&-2&-2&-6&-23\\0&0&3&3&12&39\\0&0&0&0&0&0\end{bmatrix}\xrightarrow[(3)\div 3]{(2)\times(-1)}\begin{bmatrix}1&1&1&1&1&7\\0&1&2&2&6&23\\0&0&1&1&4&13\\0&0&0&0&0&0\end{bmatrix}$$

$$\xrightarrow[(2)+(3)\times(-2)]{(1)+(3)\times(-1)}\begin{bmatrix}1&1&0&0&-3&-6\\0&1&0&0&-2&-3\\0&0&1&1&4&13\\0&0&0&0&0&0\end{bmatrix}\xrightarrow{(1)+(2)\times(-1)}\begin{bmatrix}1&0&0&0&-1&-3\\0&1&0&0&-2&-3\\0&0&1&1&4&13\\0&0&0&0&0&0\end{bmatrix}$$

所以特解 $X_0=\begin{bmatrix}-3\\-3\\13\\0\\0\end{bmatrix}$,基础解 $X_1=\begin{bmatrix}0\\0\\-1\\1\\0\end{bmatrix}$,$X_2=\begin{bmatrix}1\\2\\-4\\0\\1\end{bmatrix}$.

所求通解 $X=k_1\begin{bmatrix}0\\0\\-1\\1\\0\end{bmatrix}+k_2\begin{bmatrix}1\\2\\-4\\0\\1\end{bmatrix}+\begin{bmatrix}-3\\-3\\13\\0\\0\end{bmatrix}$,$k_1,k_2\in\mathbf{R}$.

8.3.2 非齐次线性方程组 $AX=B$ 解的情况判定

(1)若 $R(A)<R(\overline{A})$,则方程组无解.

(2)若 $R(A)=R(\overline{A})=n$,则方程组有唯一解.

(3)若 $R(A)=R(\overline{A})<n$,则方程组有无穷多组解.

例4 试讨论下列方程组解的情况.

(1)$\begin{cases}x_1+2x_2-3x_3+4x_4=4\\2x_1+2x_2-5x_3+7x_4=11\\2x_1+6x_2-7x_3+9x_4=7\end{cases}$

(2)$\begin{cases}x_1-x_2+2x_3-2x_4=4\\x_1+5x_3+x_4=2\\2x_1-2x_2+5x_3-4x_4=9\\x_1-x_2+3x_3-x_4=6\end{cases}$

(3)$\begin{cases}2x_1-3x_2+8x_3=2\\2x_1+12x_2-2x_3=12\\x_1+3x_2+x_3=4\end{cases}$

解 分别对增广矩阵施行初等行变换

$$(1)\overline{A}=\begin{bmatrix}1&2&-3&4&4\\2&2&-5&7&11\\2&6&-7&9&7\end{bmatrix}\to\begin{bmatrix}1&2&-3&4&4\\0&-2&1&-1&3\\0&2&1&1&-1\end{bmatrix}\to\begin{bmatrix}1&2&-3&4&4\\0&-2&1&-1&3\\0&0&0&0&2\end{bmatrix}$$

因为 $r(\overline{A})=3,r(A)=2,r(\overline{A})\neq r(A)$,所以方程组无解.

$$(2)\overline{A}=\begin{bmatrix}1&-1&2&-2&4\\1&0&5&1&2\\2&-2&5&-4&9\\1&-1&3&-1&6\end{bmatrix}\to\begin{bmatrix}1&-1&2&-2&4\\0&1&3&3&-2\\0&0&1&0&1\\0&0&0&1&1\end{bmatrix},$$

因为 $r(\overline{A})=r(A)=4=n$,所以方程组有唯一解.

$$(3)\overline{A}=\begin{bmatrix}2&-3&8&2\\2&12&-2&12\\1&3&1&4\end{bmatrix}\to\begin{bmatrix}1&3&1&4\\0&-3&2&-2\\0&0&0&0\end{bmatrix}$$

因为 $r(\overline{A})=r(A)=2<3=n$,所以方程组有无穷多解.

例 5　当 λ 为何值时,线性方程组 $\begin{cases}\lambda x_1+x_2+x_3=1\\x_1+\lambda x_2+x_3=\lambda\\x_1+x_2+\lambda x_3=\lambda^2\end{cases}$ 有唯一解,无解,无穷多解?

解　$$\overline{A}=\begin{bmatrix}\lambda&1&1&1\\1&\lambda&1&\lambda\\1&1&\lambda&\lambda^2\end{bmatrix}\to\begin{bmatrix}1&1&\lambda&\lambda^2\\1&\lambda&1&\lambda\\\lambda&1&1&1\end{bmatrix}\to\begin{bmatrix}1&1&\lambda&\lambda^2\\0&\lambda-1&1-\lambda&\lambda-\lambda^2\\0&1-\lambda&1-\lambda^2&1-\lambda^3\end{bmatrix}\to$$

$$\begin{bmatrix}1&1&\lambda&\lambda^2\\0&\lambda-1&1-\lambda&\lambda(1-\lambda)\\0&0&(1-\lambda)(2+\lambda)&(1-\lambda)(1+\lambda)^2\end{bmatrix}$$

当 $\lambda\neq1$ 且 $\lambda\neq-2$ 时,$r(\overline{A})=r(A)=3=n$,方程组有唯一解.

当 $\lambda=1$ 时,$r(\overline{A})=r(A)=1<3=n$,方程组无解.

当 $\lambda=-2$ 时,$r(\overline{A})=3,r(A)=2,r(\overline{A})\neq r(A)$,方程组无解.

习题 8.3

1. 求下列非齐次线性方程组的通解.

(1) $\begin{cases}5x_1+9x_2+3x_3=8\\2x_1+5x_2+x_3=1\\x_1+3x_2+x_3=0\end{cases}$　　(2) $\begin{cases}2x_1-5x_2+3x_3+3x_4=1\\5x_1-8x_2+5x_3+4x_4=3\end{cases}$

(3) $\begin{cases}5x_1+x_2+2x_3=2\\2x_1+x_2+x_3=4\\9x_1+2x_2+5x_3=3\end{cases}$　　(4) $\begin{cases}2x_1-3x_2+x_3+5x_4=6\\-3x_1+x_2+2x_3-4x_4=5\\-x_1-2x_2+3x_3+x_4=11\end{cases}$

2. 当 λ,k 为何值时,线性方程组 $\begin{cases}x_1-3x_2+x_3=2\\2x_1-x_2+2x_3=k\\-x_1+2x_2+\lambda x_3=0\end{cases}$ 有唯一解,无解,无穷多解?

本章小结

一、线性方程组的概念

1. 非齐次线性方程组.

2. 齐次线性方程组.

二、线性方程组解的情况判定

1. 齐次线性方程组 $\boldsymbol{AX}=\boldsymbol{0}$ 总是有解的,因为它至少有零解.

当 $R(\boldsymbol{A})=n$ 时,齐次线性方程组只有零解;

当 $R(\boldsymbol{A})<n$ 时,齐次线性方程组有非零解,并且在通解中含有 $n-R(\boldsymbol{A})$ 个自由元.

2. 非齐次线性方程组 $\boldsymbol{AX}=\boldsymbol{B}$ 的解可以分成三种情况:

当 $R(\boldsymbol{A})<R(\overline{\boldsymbol{A}})$ 时,方程组无解;

当 $R(\boldsymbol{A})=R(\overline{\boldsymbol{A}})=n$ 时,方程组有唯一解;

当 $R(\boldsymbol{A})=R(\overline{\boldsymbol{A}})<n$ 时,方程组有无穷组解.

三、线性方程组解的结构

1. 齐次线性方程组 $\boldsymbol{AX}=\boldsymbol{0}$ 的通解结构.

2. 非齐次线性方程组 $\boldsymbol{AX}=\boldsymbol{B}$ 的通解结构.

自测与评估(8)

一、选择题

1. 设 $\boldsymbol{A}$ 是秩为 r 的 $m\times n$ 矩阵,则齐次线性方程组 $\boldsymbol{AX}=\boldsymbol{0}$ 只有零解的充要条件是(　　).

A. $m<n$　　B. $m=n$　　C. $r=m$　　D. $r=n$

2. 设 $\boldsymbol{A}$ 是 $m\times n$ 矩阵,如果 $r(\boldsymbol{A})<n$,则非齐次线性方程组 $\boldsymbol{AX}=\boldsymbol{B}$(　　).

A. 必有无穷多组解　　B. 可能有解

C. 有唯一解　　D. 一定有解

3. 齐次线性方程组 $\begin{cases}x_1-3x_2+2x_3=0\\-2x_1+6x_2-4x_3=0\end{cases}$ 的任意一个基础解系中,基础解的有(　　).

A. 0 个　　B. 1 个　　C. 2 个　　D. 3 个

4. 若线性方程组 $\begin{bmatrix}1&2&1\\2&3&a+2\\1&a&-2\end{bmatrix}\begin{bmatrix}x_1\\x_2\\x_3\end{bmatrix}=\begin{bmatrix}1\\3\\0\end{bmatrix}$ 无解,则 $a=$(　　).

A. 3　　B. 1　　C. -1　　D. 任意实数

5. 若 $\boldsymbol{A}$ 是行列式为零的 n 阶方阵,则齐次线性方程组 $\boldsymbol{AX}=\boldsymbol{0}$(　　).

A. 只有零解　　B. 只有有限个非零解

C. 必有无穷多个非零解　　D. 可能无解

6. 若 $\boldsymbol{A}$ 是 $m\times n$ 矩阵,且 $R(\boldsymbol{A})<n$,则非齐次线性方程组 $\boldsymbol{AX}=\boldsymbol{B}$(　　).

A. 必有无穷多个解　　B. 可能无解

C. 有唯一解　　D. 一定有解

7. 已知 $\boldsymbol{A}$ 是 $m \times n$ 矩阵，线性方程组 $\boldsymbol{AX}=\boldsymbol{B}$ 有唯一解的充要条件是(　　).

A. $R(\boldsymbol{A})=R(\overline{\boldsymbol{A}})<m$　　B. $R(\boldsymbol{A})=R(\overline{\boldsymbol{A}})=m$

C. $R(\boldsymbol{A})=R(\overline{\boldsymbol{A}})<n$　　D. $R(\boldsymbol{A})=R(\overline{\boldsymbol{A}})=n$

8. 齐次线性方程 $x_1-3x_2+2x_3+5x_4=0$ 的任意一个基础解系中，基础解有(　　).

A. 0 个　　B. 1 个　　C. 2 个　　D. 3 个

二、填空题

1. 如果齐次线性方程组 $\begin{cases}ax_1+2x_2=0\\3x_1+2ax_2=0\end{cases}$ 有非零解，则 $a=$__________.

2. 若 n 元齐次线性方程组的系数矩阵的秩 $r<n$，则其基础解系中所含的基础解的个数有__________.

3. 已知线性方程组 $\boldsymbol{AX}=\boldsymbol{B}$ 的增广矩阵 $\overline{\boldsymbol{A}}$ 化为阶梯形矩 $\overline{\boldsymbol{A}}=\begin{bmatrix}1&-1&2&1&1\\0&1&-1&3&2\\0&0&0&0&0\end{bmatrix}$，则方程组的通解 $\boldsymbol{X}=$______________________________.

4. 设 $\boldsymbol{A}$ 是 n 阶方阵，当且仅当 $|\boldsymbol{A}|$__________时，线性方程组 $\boldsymbol{AX}=\boldsymbol{0}$ 只有零解.

5. 当 $k=$__________时，齐次线性方程组 $\begin{cases}x_1-2x_2=0\\-3x_1+kx_2=0\end{cases}$ 有非零解.

6. 非齐次线性方程组 $\boldsymbol{AX}=\boldsymbol{B}$ 有解的充要条件是______________________________.

7. 设 $\boldsymbol{X}_0$ 是方程组 $\boldsymbol{AX}=\boldsymbol{B}$ 的一个解，$\boldsymbol{X}_1,\boldsymbol{X}_2$ 是 $\boldsymbol{AX}=\boldsymbol{0}$ 的基础解系，则方程组 $\boldsymbol{AX}=\boldsymbol{B}$ 的通解 $\boldsymbol{X}=$______________________________.

8. 已知 $\boldsymbol{A}=\begin{bmatrix}a&1&1\\1&b&1\\1&2b&1\end{bmatrix}$，且 $\boldsymbol{AX}=\boldsymbol{0}$ 有非零解，则 a,b 应满足______________________________.

三、计算题

1. 求齐次线性方程组 $\begin{cases}5x_1-2x_2+4x_3-3x_4=0\\-3x_1+5x_2-x_3+2x_4=0\\x_1-3x_2+2x_3+x_4=0\end{cases}$ 的通解.

2. 求非齐次线性方程组 $\begin{cases}5x_1+9x_2+3x_3=8\\2x_1+5x_2+x_3=1\\x_1+3x_2+x_3=0\end{cases}$ 的通解.

3. 当 k 为所值时，齐次线性方程组 $\begin{cases}kx_1-2x_2=0\\-8x_1+kx_2=0\end{cases}$ 有非零解.

4. 非齐次线性方程组 $\begin{cases}2x_1+x_2-x_3+x_4=1\\3x_1-2x_2+2x_3-3x_4=2\\5x_1+x_2-x_3+2x_4=-1\\2x_1-x_2+x_3-3x_4=5\end{cases}$ 是否有解？若有解，则求出它的通解.

第 9 章　随机变量及其数字特征

在中学,我们已经学习过概率的初步知识,本章将在概率的概念、性质及计算的基础上学习用变量表示事件,研究在一般情况下如何描述随机现象的规律. 本章主要介绍随机变量的概念、两类随机变量的概率分布或概率密度的概念、分布函数、常见随机变量的分布以及随机变量的数字特征.

9.1　随机变量的概念

9.1.1　随机变量

1. 随机变量的定义

某人射击一次,可能出现命中 0 环,命中 1 环,…,命中 10 环等结果,即可能出现的结果可以由 0,1,2,…,10 这 11 个数表示.

设一盒中有 5 个球,其中 2 个白球、3 个黑球,从中任意取出 2 个,那么其中的白球个数可能是 0,1,2. 即可能的结果可以由 0,1,2 这 3 个数表示.

设某线路公交车两车的间隔时间是 5 min,某人随机地在某一站点乘坐该线路公交车,那么该乘客等待的时间可能是区间[0,5]上的任意一个实数,即可能出现的结果可以由区间[0,5]上的任意一个实数表示.

在上面的随机射击试验中,可能出现的结果可以用一个数即"环数"来表示,这个数在随机试验前是无法预先确定的,在不同的随机试验中,结果可能有变化,也就是说,这种随机试验的结果可以用一个变量来表示. 在取球的试验中,结果可以用"白球个数"这个变量来表示;在乘车试验中的结果可以用"等待时间"这个变量来表示.

定义　如果随机试验的结果可以用一个变量来表示,那么这样的变量称为随机变量. 随机变量常用 X,Y,Z 等字母表示;有时也用 $\xi,\eta,\zeta,\cdots$ 希腊字母表示.

例如,上面射击命中环数 X 是一个随机变量:

$X=0$,表示命中 0 环;

$X=1$,表示命中 1 环;

……

$X=10$,表示命中 10 环.

同样,在上面的取球的试验中,"白球个数";在乘车试验中,"等待时间",都是随机变量.

由随机变量定义可知,在试验前随机变量的取值是不能确定的,但随机变量的取值具有一定的概率规律. 例如,在上面的取球的试验中,设 Y 表示抽到"白球个数",那么,

$$P(Y=0)=0.3,\quad P(Y=1)=0.6,\quad P(Y=2)=0.1$$

2. 随机变量的分类

根据随机变量取值的情况,可以把随机变量分为两类:离散型随机变量和非离散型随

机变量.

(1)若随机变量 X 的所有可能取值可以一一列举出来(即取值是可列个),则称 X 为离散型随机变量.

例如,掷一枚骰子掷出的点数 X;从 10 张已经编号的卡片(从 1 到 10 号)中任取一张,被取出的卡片的号数 Y;同时投掷 5 枚硬币,得到硬币正面向上的个数 Z. 这些随机变量都是离散型随机变量.

(2)若随机变量 X 的所有取值不能一一列举出来,则称 X 为非离散型随机变量. 非离散型随机变量的范围很广,其中最重要的是所谓连续型随机变量,它是依照一定的概率规律在数轴上的某个区间上取值的.

例如,随机变量 X 为"某批电子元件的寿命",则 X 的取值范围是 $[0,+\infty)$;随机变量 Y 为"测量某零件尺寸时的测量误差",则 Y 的取值范围是 (a,b). 这些随机变量都是连续型随机变量.

对一个随机变量 X,不仅要了解它取哪些值,而且要了解取各个值的概率,即它的取值规律,通常把 X 取值的规律称为 X 的分布.

9.1.2　离散型随机变量分布

定义　设离散型随机变量 X 的所有可能取值为

$$x_1, x_2, \cdots, x_i, \cdots$$

并且 X 取每个值 $x_i(i=1,2,\cdots)$ 的概率为

$$P(X = x_i) = p_i \tag{9.1}$$

称式(9.1)为离散型随机变量 X 的概率分布,简称分布列或分布.

有时也将 X 分布列用表格的形式表示,见表 9.1.

表 9.1

X	x_1	x_2	$\cdots$	x_i	$\cdots$
P	p_1	p_2	$\cdots$	p_i	$\cdots$

离散型随机变量的概率分布具有下面两个基本性质:

(1)$p_i \geqslant 0, i=1,2,\cdots$;

(2)$\sum\limits_{i=1} p_i = 1$.

例 1　投掷一个骰子,设得到的点数为 X,求 X 的分布列.

解　由题意知,X 可能的取值为 1,2,3,4,5,6.

$P(X=1), P(X=2), P(X=3), P(X=4), P(X=5), P(X=6)$ 的值都是 $\frac{1}{6}$,所以 X 的分布列见表 9.2.

表 9.2

X	1	2	3	4	5	6
P	$\frac{1}{6}$	$\frac{1}{6}$	$\frac{1}{6}$	$\frac{1}{6}$	$\frac{1}{6}$	$\frac{1}{6}$

例2 设一组有4个学生,其中有2个男生为甲和乙,2个女生为丙和丁,现从中随抽取3人,设 X 为抽得男生数,求 X 的概率分布.

解 可能出现的情况有"甲乙丙""甲乙丁""甲丙丁""乙丙丁"四种.

所以 X 可能的取值是1,2.

$$P(X=1)=\frac{2}{4}=0.5,\quad P(X=2)=\frac{2}{4}=0.5$$

所以 X 的概率分布见表9.3.

表9.3

X	1	2
P	0.5	0.5

9.1.3 连续型随机变量

定义 设 X 为随机变量,如果存在非负可积函数 $f(x)$, $x\in\boldsymbol{R}$,使得对任意实数 $a\leqslant b$ 都有 $P(a\leqslant x\leqslant b)=\int_a^b f(x)\mathrm{d}x$,则称 X 为连续型随机变量,称 $f(x)$ 为随机变量 X 的概率密度函数(简称概率密度或分布密度).

由定义知道,概率密度 $f(x)$ 具有以下性质:

性质1 $f(x)\geqslant 0$(因为概率不能小于0).

性质2 $\int_{-\infty}^{+\infty} f(x)\mathrm{d}x=1$.

在定义中,如果 $a=b=c$,则 $P(a\leqslant X\leqslant b)=P(X=c)=\int_a^b f(x)\mathrm{d}x=0$,即若 X 是连续型随机变量,那么对任意实数 c,都有

$$P(X=c)=0$$

例3 设随机变量的分布密度函数为 $f(x)=\begin{cases}\mathrm{e}^{-x}, x>0\\ 0, x\leqslant 0\end{cases}$,求:$P(1\leqslant X\leqslant 2)$, $P(X>3)$.

解 $P(1\leqslant X\leqslant 2)=\int_1^2 f(x)\mathrm{d}x=\int_1^2 \mathrm{e}^{-x}\mathrm{d}x=-\mathrm{e}^{-x}\Big|_1^2=\mathrm{e}^{-1}-\mathrm{e}^{-2}$.

$P(X>3)=\int_3^{+\infty} f(x)\mathrm{d}x=\int_3^{+\infty}\mathrm{e}^{-x}\mathrm{d}x=-\mathrm{e}^{-3}$.

习题9.1

1. 盒中装有大小相同的球10个,编号为0,1,2,…,9,从中任取1个,观察号码"小于5""等于5""大于5"的情况,试定义一个随机变量来表达上述随机试验结果,并写出该随机变量取每一个值的概率.

2. 判断下列各题给出的是否为某随机变量的分布列.

(1)

X	1	2	3
P	0.1	0.5	0.7

(2)

X	-1	1
P	0.3	0.7

(3) $P(X=k)=\frac{1}{2^k}, k=0,1,2,\cdots$.

3. 设随机变量 X 的分布列为 $P(X=k)=\frac{k}{15}, k=1,2,3,4,5$，试求：

(1) $P(\frac{1}{2}<X<\frac{5}{2})$；(2) $P(1\leqslant X\leqslant 3)$；(3) $P(X>3)$.

4. 随机变量 X 的密度函数为 $f(x)=\begin{cases}\frac{C}{\sqrt{1-x^2}}, & -1<x<1\\ 0, & \text{其他}\end{cases}$.

(1) 求常数 C；(2) 求 $P\left(-\frac{1}{2}<X<\frac{1}{2}\right)$.

9.2　随机变量的分布函数及随机变量的函数的分布

9.2.1 随机变量的分布函数

定义　设 X 是一个随机变量，称函数 $F(x)=P(X\leqslant x)(-\infty<x<+\infty)$ 为随机变量 X 的分布函数. 记作 $X\sim F(x)$ 或 $F_X(x)$.

分布函数 $F(x)$ 具有以下性质：

性质 1　$0\leqslant F(x)\leqslant 1$（因为 $F(x)$ 是某个随机事件的概率）.

性质 2　$F(x)$ 是单调不减函数，且

$$\lim_{x\to+\infty}F(x)=1$$

$$\lim_{x\to-\infty}F(x)=0$$

性质 3　$P(a<x\leqslant b)=F(b)-F(a)$.

9.2.2　随机变量的分布函数的计算

1. 离散型随机变量的分布列与其分布函数的关系

对于离散型随机变量 X，若它的概率分布是 $P_i=P(X=x_i)(i=1,2,\cdots)$，则 X 的分布函数为

$$F(x)=P(X\leqslant x)=\sum_{x_i\leqslant x}p_i$$

例 1　设随机变量 X 的分布列见表 9.4.

表 9.4

X	-1	0	1
P	0.3	0.5	0.2

求 X 的分布函数.

解 当 $x<-1$ 时,因为事件 $\{X\leqslant x\}=\Phi$,所以 $F(x)=0$.

当 $-1\leqslant x<0$ 时,$F(x)=P(X\leqslant x)=P(X=-1)=0.3$.

当 $0\leqslant x<1$ 时,$F(x)=P(X\leqslant x)=P(X=-1)+P(X=0)=0.3+0.5=0.8$.

当 $x\geqslant 1$ 时,$F(x)=P(X\leqslant x)=P(X=-1)+P(X=0)+P(X=1)=0.3+0.5+0.2=1$.

故 X 的分布函数为 $F(x)=P(X\leqslant x)=\begin{cases}0, & x<-1\\ 0.3, & -1\leqslant x<0\\ 0.8, & 0\leqslant x<1\\ 1, & x\geqslant 1\end{cases}$.

2. 连续型随机变量的概率密度与其分布函数的关系

对于连续型随机变量 X,若其概率密度为 $f(x)$,则它的分布函数为

$$F(x)=P(X\leqslant x)=\int_{-\infty}^{x}f(t)\,\mathrm{d}t\quad(-\infty<x<+\infty)$$

即分布函数是概率密度的变上限的定积分. 由微分知识可知,在 $f(x)$ 的连续点 x 处,有 $\dfrac{\mathrm{d}F(x)}{\mathrm{d}x}=f(x)$,也就是说,概率密度是分布函数的导数.

例2 设随机变量 X 的概率密度是 $f(x)=\begin{cases}\dfrac{1}{b-a}, & a\leqslant x\leqslant b\,(a<b)\\ 0, & \text{其他}\end{cases}$. 求 X 的分布函数 $F(x)$.

解 由分布函数定义 $F(x)=P(X\leqslant x)=\int_{-\infty}^{x}f(t)\,\mathrm{d}t$,可得

当 $x<a$ 时,$F(x)=\int_{-\infty}^{x}f(t)\,\mathrm{d}t=\int_{-\infty}^{x}0\,\mathrm{d}t=0$;

当 $a\leqslant x<b$ 时,$F(x)=\int_{-\infty}^{x}f(t)\,\mathrm{d}t=\int_{-\infty}^{a}0\,\mathrm{d}t+\int_{a}^{x}\dfrac{1}{b-a}\mathrm{d}t=\int_{a}^{x}\dfrac{1}{b-a}\mathrm{d}t=\dfrac{x-a}{b-a}$;

当 $x\geqslant b$ 时,$F(x)=\int_{-\infty}^{x}f(t)\,\mathrm{d}t=\int_{-\infty}^{a}0\,\mathrm{d}t+\int_{a}^{b}\dfrac{1}{b-a}\mathrm{d}t+\int_{b}^{x}0\,\mathrm{d}t=1$.

故 X 的分布函数 $F(x)$ 为 $F(x)=P(X\leqslant x)=\begin{cases}0, & x<a\\ \dfrac{x-a}{b-a}, & a\leqslant x<b\\ 1, & x\geqslant b\end{cases}$.

9.2.3 随机变量的函数的分布

下面通过具体的例子来讨论计算随机变量的函数的分布的基本方法.

设 $f(x)$ 是一个函数,若随机变量 X 的取值为 x 时,随机变量 Y 的取值为 $y=f(x)$,则称随机变量 Y 是随机变量 X 的函数,记作 $Y=f(X)$.

例如,设随机变量 X 是圆直径的测量值,而圆面积 Y 就是 X 的函数:$Y=\dfrac{\pi}{4}X^2$. 现在的问题是如何根据随机变量 X 的分布去求随机变量 Y 的分布.

例3 已知随机变量 X 的分布列见表9.5.

表 9.5

X	-1	0	1	2
P	0.2	0.3	0.4	k

(1)求参数 k;(2)求 $Y_1=X^2$ 和 $Y_2=2X-1$ 的概率分布.

解　(1)根据分布列的性质可知:$0.2+0.3+0.4+k=1$,故 $k=0.1$.

(2)因为 X 的取值分别为 $-1,0,1,2$,故 $Y_1=X^2$ 的取值分别为 $0,1,4$.

$$P(Y_1=0)=P(X=0)=0.3$$
$$P(Y_1=1)=P(X=-1)+P(X=1)=0.6$$
$$P(Y_1=4)=P(X=2)=0.1$$

因此 $Y_1=X^2$ 的概率分布见表 9.6.

表 9.6

Y_1	0	1	4
P	0.3	0.6	0.1

$Y_2=2X-1$ 的取值分别为 $-3,-1,1,3$,并且

$$P(Y_2=-3)=P(X=-1)=0.2$$
$$P(Y_2=-1)=P(X=0)=0.3$$
$$P(Y_2=1)=P(X=1)=0.4$$
$$P(Y_2=3)=P(X=2)=0.1$$

因此 $Y_2=2X-1$ 的概率分布列见表 9.7.

表 9.7

Y_2	-3	-1	1	3
P	0.2	0.3	0.4	0.1

例 4　若随机变量 X 的概率密度为 $\varphi(x)=\dfrac{1}{\sqrt{2\pi}}e^{-\frac{x^2}{2}}$,求 X 的线性函数 $Y=\sigma X+\mu$ 的概率密度(其中 μ,σ 均为常数,且 $\sigma>0$).

解　随机变量 Y 的分布函数为

$$F_Y(y)=P(Y<y)=P(\sigma X+\mu<y)=$$
$$P\left(X<\frac{y-\mu}{\sigma}\right)=\int_{-\infty}^{\frac{y-\mu}{\sigma}}\frac{1}{\sqrt{2\pi}}e^{-\frac{x^2}{2}}dx$$

两边对 y 求导,就得到 Y 的概率密度函数 $f(y)=\dfrac{1}{\sqrt{2\pi}\sigma}e^{-\frac{(y-\mu)^2}{2\sigma^2}}$.

习题 9.2

1. 设 $F(x)=\begin{cases}0,x<0,\\ \dfrac{x}{2},0\leqslant x<1,\\ 1,x\geqslant 1.\end{cases}$ 问 $F(x)$ 是否为某随机变量的分布函数.

2. 已知离散型随机变量 X 的概率分布见表 9.8.

表 9.8

X	0	1	2
P	0.1	0.6	0.3

(1)试写出 X 的分布函数 $F(x)$;(2)求 $P(-1<X\leqslant 1.5)$.

3. 设离散型随机变量 X 的分布函数为 $F(x)=\begin{cases}0, & x<-1\\ 0.4, & -1\leqslant x<1\\ 0.8, & 1\leqslant x<3\\ 1, & x\geqslant 3\end{cases}$. 试求 X 的分布列.

4. 已知随机变量 X 的概率密度函数为 $f(x)=\begin{cases}2x, & 0<x<1\\ 0, & \text{其他}\end{cases}$. 求:(1)$P(X\leqslant 0.5)$;(2)$P(X=0.5)$;(3)$F(x)$.

5. 设连续型随机变量 X 的分布函数为 $F(x)=\begin{cases}A+Be^{-2x}, & x>0\\ 0, & x\leqslant 0\end{cases}$.

试求:(1)A,B 的值;(2)$P(-1<X<1)$;(3)概率密度函数 $f(x)$.

9.3 几种常见随机变量的分布

9.3.1 几种常见离散型随机变量的分布

1. 0-1 分布

定义 设随机变量 X 只可能取 0,1 两个值,它的概率分布是

$$P(X=1)=p,\quad P(X=0)=1-p\quad (0<p<1)$$

则称 X 服从 0-1 分布,或称 X 具有 0-1 分布. 其概率分布见表 9.9.

表 9.9

X	1	0
P	p	$1-p$

若某试验只有两个可能的结果(例如掷一枚硬币)或我们只关心相互对立的两类结果(例如对某产品只关心它是正品还是次品),那么只要将其中的一个(或一类)结果对应于数字 1,另外的结果对应于数字 0,于是就可以用 0-1 分布的随机变量来描述有关的随机事件.

例如在射击试验中,设随机变量 X 只取 1,0 两个值,子弹中靶对应数 1,子弹脱靶对应数 0,若子弹中靶的概率为 0.85,则随机变量 X 服从 0-1 分布,其分布列见表 9.10.

表 9.10

X	1	0
P	0.85	0.15

在200件产品中,有190件合格品,10件不合格品,现从中随机抽取一件,若规定 $X=\begin{cases}1,\text{取得不合格产品}\\0,\text{取得合格产品}\end{cases}$,则 X 服从 $0-1$ 分布,其分布列见表9.11.

表9.11

X	1	0
P	$\frac{10}{200}$	$\frac{190}{200}$

2. 二项分布

设试验 E 只有两个可能的结果 A 与 $\overline{A}$($\overline{A}$表示事件 A 的对立事件)且 $P(A)=p$,将试验 E 独立重复进行 n 次,这样的试验称为 n 重伯努利试验,我们关心的是在这 n 次独立重复试验中事件 A 发生的次数. 抛一枚硬币 n 次,观察得到正面向上的次数,就是 n 重伯努利试验.

以随机变量 X 表示 n 次试验中 A 发生的次数,则 X 的可能取值是 $0,1,2,\cdots,n$. 可以证明事件 A 发生 $k(k=0,1,2,\cdots,n)$ 次的概率为

$$P(X=k)=\mathrm{C}_n^k p^k(1-p)^{n-k}$$

定义　设随机变量 X 的概率分布为

$$p_k=P(X=k)=\mathrm{C}_n^k p^k(1-p)^{n-k}\quad(k=0,1,2,\cdots,n)$$

其中 $0<p<1$,则称随机变量 X 服从参数为 n,p 的二项分布,记为 $X\sim B(n,p)$.

例1　某射手每次射击中靶的概率是0.8,该射手射击了5次. 求

(1)恰好中靶3次的概率;

(2)中靶不少于4次的概率.

解　(1)恰好中靶3次的概率为

$$P(X=3)=\mathrm{C}_5^3 0.8^3(1-0.8)^{5-3}\approx 0.204\ 8$$

(2)中靶不少于4次的概率为

$$P(X\geqslant 4)=P(X=4)+P(X=5)=\mathrm{C}_5^4 0.8^4(1-0.8)^{5-4}+\mathrm{C}_5^5 0.8^5(1-0.8)^{5-5}\approx 0.737\ 28$$

3. 泊松(Poisson)分布

定义　设随机变量 X 取值为 $0,1,2,\cdots$,其相应的概率分布为

$$P(X=k)=\frac{\lambda^k}{k!}\mathrm{e}^{-\lambda}\quad(k=0,1,2,\cdots)$$

其中 $\lambda>0$ 是常数,则称随机变量 X 服从参数为 λ 的泊松分布,记作 $X\sim P(\lambda)$.

例2　电话交换台每分钟接到的呼叫次数 X 为随机变量,设 $X\sim P(4)$,求一分钟内呼叫次数:(1)恰为8次的概率;(2)不超过1次的概率.

解　在这里 $\lambda=4$,故 $P(X=k)=\frac{4^k}{k!}\mathrm{e}^{-4},k=0,1,2,\cdots$.

(1)$P(X=8)=\frac{4^8}{8!}\mathrm{e}^{-4}\approx 0.029\ 8$.

(2)$P(X\leqslant 1)=P(X=0)+P(X=1)=\frac{4^0}{0!}\mathrm{e}^{-4}+\frac{4^1}{1!}\mathrm{e}^{-4}\approx 0.092$.

若随机变量 $X \sim B(n,p)$，当 n 很大，p 很小时，X 近似服从泊松分布，即

$$P(X=k)=C_n^k p^k(1-p)^{n-k} \approx \frac{\lambda^k}{k!}e^{-\lambda} \quad (k=0,1,2,\cdots)$$

其中 $\lambda=np$. 在实际计算中，当 $n>10$，$p<0.1$ 时，就可以用上述近似公式.

例3 某仪器内装有80个同样的电子元件，每个电子元件损坏的概率等于0.002 5，如果任一电子元件损坏时，仪器便停止工作，求仪器停止工作的概率.

解 设随机变量 X 表示损坏的电子元件数，则 X 服从二项分布 $X \sim B(80,0.0025)$.

因为 $n=80$ 充分大，而 $p=0.0025$ 很小，所以 X 近似的服从泊松分布 $P(\lambda)$，其中

$$\lambda=np=80 \times 0.0025=0.2$$

按题意，当且仅当没有一个电子元件损坏时仪器才能正常工作，所以仪器正常工作的概率是 $P(X=0)$. 因此仪器停止工作的概率为

$$P(X \geqslant 1)=1-P(X=0)=1-\frac{0.2^0}{0!}e^{-0.2} \approx 1-0.819=0.181$$

9.3.2 几种常见的连续型随机变量的分布

1. 均匀分布

定义 如果随机变量 X 的概率密度是 $f(x)=\begin{cases}\dfrac{1}{b-a}, & a \leqslant x \leqslant b \\ 0, & \text{其他}\end{cases}$，则称 X 服从 $[a,b]$ 上的均匀分布，记作 $X \sim U(a,b)$.

如果 X 在 $[a,b]$ 上服从均匀分布，则对任意满足 $a \leqslant c<d \leqslant b$ 的 c,d，有

$$P(c \leqslant X \leqslant d)=\int_c^d f(x)\,dx=\int_c^d \frac{1}{b-a}dx=\frac{d-c}{b-a}$$

这表明，X 取值于 $[a,b]$ 中任一小区间的概率与该小区间的长度成正比，而与该小区间的具体位置无关，这就是均匀分布的概率意义.

在实际中，乘客在公共汽车站候车的时间；在数值计算中，由于四舍五入，小数点后第一位小数所引起的误差；在区间 (a,b) 上随机地掷质点，质点的坐标等，一般都可以看作服从均匀分布.

例4 一位乘客到某公共汽车站等候汽车，他完全不知道汽车通过该站的时间. 假设该汽车站每隔6 min有一辆汽车通过，求(1)乘客等候汽车时间不超过3 min的概率；(2)乘客等候汽车时间超过4 min的概率.

解 设 X 表示乘客等候汽车时间，乘客在0到6 min内任一时刻乘上汽车的可能性是相同的. 因此随机变量 X 服从 $[0,6]$ 上的均匀分布，其概率密度函数为

$$f(x)=\begin{cases}\dfrac{1}{6}, & 0 \leqslant x \leqslant 6 \\ 0, & \text{其他}\end{cases}$$

(1)乘客等候汽车时间不超过3 min的概率是

$$P(0 \leqslant X \leqslant 3)=\int_0^3 \frac{1}{6}dx=0.5$$

(2)乘客等候汽车时间超过4 min的概率是

$$P(X>4)=\int_4^{+\infty} f(x)\,dx=\int_4^6 \frac{1}{6}dx \approx 0.333$$

2. 指数分布

定义　如果随机变量 X 的概率密度是 $f(x)=\begin{cases}\lambda e^{-\lambda x}, & x\geqslant 0\\ 0, & x<0\end{cases}$，其中 λ 为常数，且 $\lambda>0$，则称 X 服从参数为 λ 的指数分布，记作 $X\sim E(\lambda)$.

指数分布在实际问题中有许多重要应用，如某种电子元件的寿命，随机服务系统中的服务时间等都常服从或近似服从指数分布.

例 5　设某电话交换台等候第一个呼叫来到的时间 X(以分计)服从指数分布，X 的概率密度为

$$f(x)=\begin{cases}0.14e^{-0.14x}, & x\geqslant 0\\ 0, & x<0\end{cases}$$

求：(1)第一个呼叫在 5 min 到 10 min 之间来到的概率；(2)第一个呼叫在 20 min 以后来到的概率.

解　(1)第一个呼叫在 5 min 到 10 min 之间来到的概率为

$$P(5\leqslant X\leqslant 10)=\int_5^{10}0.14e^{-0.14x}dx=e^{-0.14x}\Big|_{10}^{5}=e^{-0.7}-e^{-1.4}\approx$$
$$0.4965-0.2465=0.25$$

(2)第一个呼叫在 20 min 以后来到的概率为

$$P(X\geqslant 20)=\int_{20}^{+\infty}0.14e^{-0.14x}dx=e^{-0.14x}\Big|_{+\infty}^{20}\approx 0.061-0=0.061$$

3. 正态分布

定义　如果随机变量 X 的概率密度函数

$$f(x)=\frac{1}{\sqrt{2\pi}\sigma}e^{-\frac{(x-\mu)^2}{2\sigma^2}}\quad(x\in(-\infty,+\infty))$$

则称 X 服从正态分布，记作 $X\sim N(\mu,\sigma^2)$，其中 μ,σ 是参数，$\mu\in\boldsymbol{R}$，$\sigma>0$.

$f(x)$的图形如图 9.1 所示，它具有如下性质：

(1)$f(x)$图形关于直线 $x=\mu$ 对称；$f(x)$在 $x=\mu$ 处达到最大值$\dfrac{1}{\sqrt{2\pi}\sigma}$.

(2)当 $x\to\pm\infty$ 时，$f(x)\to 0$，即曲线 $y=f(x)$以轴为渐近线.

(3)用求导的方法可以证明：$x=\mu\pm\sigma$ 为 $f(x)$的两个拐点的横坐标，且 σ 为拐点到对称轴的距离.

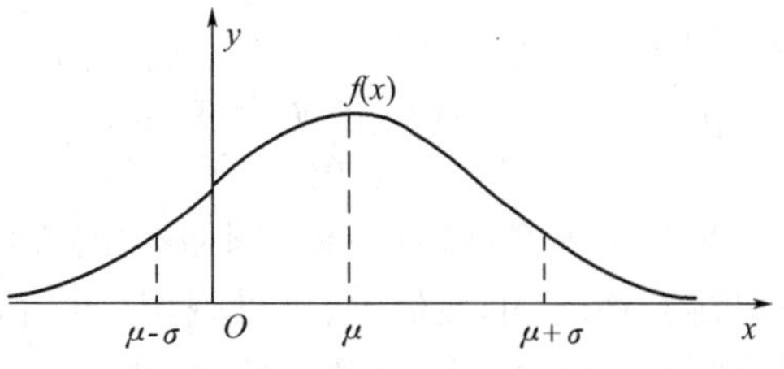

图 9.1

从 $f(x)$的表达式不难看出：

若固定 σ 而改变 μ 的值，则正态分布曲线沿着 x 轴平行移动，而曲线的形状不改变(图 9.2).

若固定 μ 改变 σ 的值，则当 σ 越小时，图形变得越陡峭；反之，当 σ 越大时，图形变得越平缓，因此 σ 的值刻画了随机变量取值的分散程度：

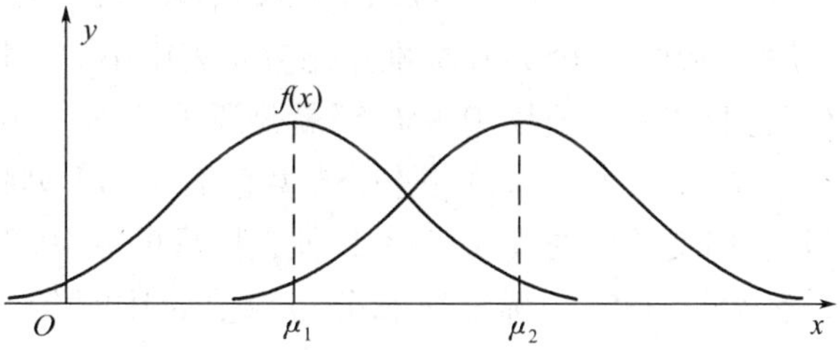

图 9.2

即 σ 越小,取值分散程度越小;σ 越大,取值分散程度越大(图 9.3).

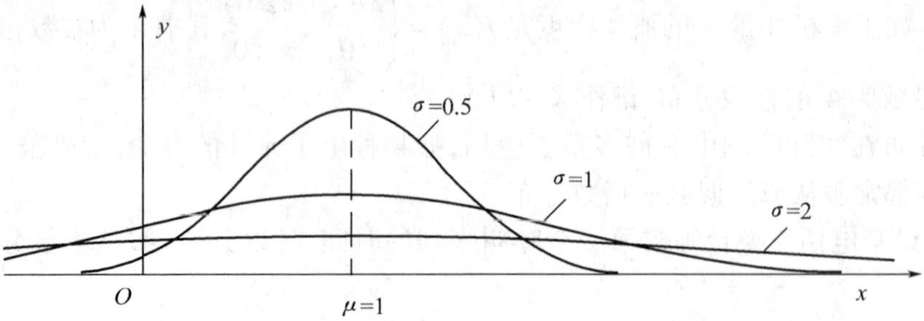

图 9.3

正态分布在数理统计中占有重要的地位,其原因是在自然现象和社会现象中,大量的随机变量,如测量误差,灯泡寿命,农作物的收获量,人的身高、体重,射击时弹着点与靶心的距离等都可以认为服从正态分布.

设 $X \sim N(\mu,\sigma^2)$ 其分布函数为

$$F(x)=\int_{-\infty}^{x}\frac{1}{\sqrt{2\pi}\sigma}e^{-\frac{(t-\mu)^2}{2\sigma^2}}dt$$

特别地,当 $\mu=0,\sigma=1$ 时,我们称 X 为标准正态分布. 记为 $X \sim N(0,1)$,其概率密度用 $\varphi(x)$ 表示,分布函数用 $\Phi(x)$ 表示,即有

$$\varphi(x)=\frac{1}{\sqrt{2\pi}}e^{-\frac{x^2}{2}}\qquad(x\in(-\infty,+\infty))$$

$$\Phi(x)=P(X\leqslant x)=\int_{-\infty}^{x}\frac{1}{\sqrt{2\pi}}e^{-\frac{t^2}{2}}dt\qquad(x\in(-\infty,+\infty))$$

$\varphi(x)$ 的图形如图 9.4 所示.

由于 $\varphi(x)$ 是偶函数,其图形关于 y 轴对称,因此,对于任意实数 x,都有

$$\varphi(x)=\varphi(-x)$$

$$\Phi(x)+\Phi(-x)=1 \tag{9.2}$$

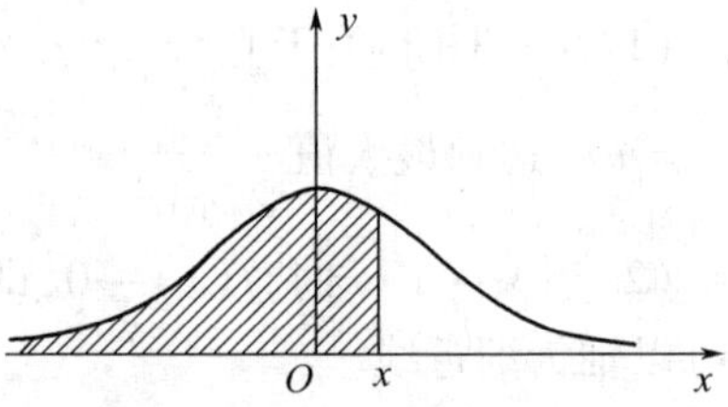

图 9.4

关系式(9.2)将对计算带来很大的方便. 人们已经编制了 $\Phi(x)$ 的数值表,可供查用(见附表 1)表中仅给出了 $x\geqslant 0$ 时 $\Phi(x)$ 的数值,而当 $x<0$ 时,$\Phi(x)$ 的数值可利用关系式(9.2)计算.

例 6 查表求 $\Phi(1.65)$,$\Phi(0.21)$,$\Phi(-1.96)$.

解 求 $\Phi(1.65)$:在标准正态分布表中第 1 列找到"1.6"的行,再从表顶行找到"0.05"的列,它们交叉处的数"0.950 5"就是所求的 $\Phi(1.65)$,即 $\Phi(1.65)=0.950\ 5$.

求 $\Phi(0.21)$:在标准正态分布数值表中第 1 列找到"0.2"的行,再从表顶行找到"0.01"的列,它们交叉处的数"0.583 2"就是所求的 $\Phi(0.21)$,即 $\Phi(0.21)=0.583\ 2$.

求 $\Phi(-1.96)$:标准正态分布数值表中只给出了当 $x\geqslant 0$ 时 $\Phi(x)$ 的值,当 $x<0$ 时,因为 $\Phi(-x)=1-\Phi(x)$,于是 $\Phi(-1.96)=1-\Phi(1.96)=1-0.975\ 0=0.025\ 0$.

例 7 设随机变量 $X\sim N(0,1)$,求:$P(X<1.65)$;$P(1.65\leqslant X<2.09)$;

$P(X\geqslant 2.09)$；$P(X<-1.65)$.

解
$$P(X<1.65)=P(X\leqslant 1.65)=\Phi(1.65)=0.9505$$
$$P(1.65\leqslant X<2.09)=P(X<2.09)-P(X<1.65)=P(X\leqslant 2.09)-P(X\leqslant 1.65)=\Phi(2.09)-\Phi(1.65)=0.9817-0.9505=0.0312$$
$$P(X\geqslant 2.09)=1-P(X<2.09)=1-\Phi(2.09)=1-0.9817=0.0183$$
$$P(X<-1.65)=\Phi(-1.65)=1-\Phi(1.65)=1-0.9505=0.0495$$

下面讨论非标准正态分布 $N(\mu,\sigma^2)$ 的概率 $P(X\leqslant x)$ 计算问题.

设 $X\sim N(\mu,\sigma^2)$，对任意的 x，由概率密度的定义，有
$$P(X\leqslant x)=\int_{-\infty}^{x}\frac{1}{\sqrt{2\pi}\sigma}\mathrm{e}^{-\frac{(t-\mu)^2}{2\sigma^2}}\mathrm{d}t$$
做积分换元，设 $y=\frac{t-\mu}{\sigma}$，则 $\int_{-\infty}^{x}\frac{1}{\sigma\sqrt{2\pi}}\mathrm{e}^{-\frac{(t-\mu)^2}{2\sigma^2}}\mathrm{d}t=\int_{-\infty}^{\frac{x-\mu}{\sigma}}\frac{1}{\sqrt{2\pi}}\mathrm{e}^{-\frac{y^2}{2}}\mathrm{d}y=\Phi\left(\frac{x-\mu}{\sigma}\right)$. 即
$$P(X\leqslant x)=\Phi\left(\frac{x-\mu}{\sigma}\right)$$
于是正态分布的概率计算化成了查标准正态分布数值表的计算问题.

定理　若随机变量 $X\sim N(\mu,\sigma^2)$，则随机变量 $Y=\frac{X-\mu}{\sigma}\sim N(0,1)$.

例 8　设 $X\sim N(1,0.2^2)$，求 $P(X<1.2)$ 及 $P(0.7\leqslant X<1.1)$.

解　设 $Y=\frac{X-\mu}{\sigma}=\frac{X-1}{0.2}$，则 $Y\sim N(0,1)$，于是
$$P(X<1.2)=P\left(Y<\frac{1.2-1}{0.2}\right)=P(Y<1)=\Phi(1)=0.8413$$
$$P(0.7\leqslant X<1.1)=P\left(\frac{0.7-1}{0.2}\leqslant\frac{X-1}{0.2}<\frac{1.1-1}{0.2}\right)=P(-1.5\leqslant Y<0.5)=\Phi(0.5)-\Phi(-1.5)=\Phi(0.5)+\Phi(1.5)-1=0.6915+0.9332-1=0.6247$$

例 9　设 $X\sim N(3,2^2)$，试求：(1) $P(|X|>2)$；(2) $P(X>3)$.

解　(1)
$$P(|X|>2)=1-P(|X|\leqslant 2)=1-P(-2\leqslant X\leqslant 2)=1-\left[\Phi\left(\frac{2-3}{2}\right)-\Phi\left(\frac{-2-3}{2}\right)\right]=1-[\Phi(-0.5)-\Phi(-2.5)]=\Phi(0.5)+1-\Phi(2.5)=0.6915+1-0.9938=0.6977$$
(2)
$$P(X>3)=1-P(X\leqslant 3)=1-\Phi\left(\frac{3-3}{2}\right)=1-\Phi(0)=1-0.5=0.5.$$

为便于今后应用，下面给出标准正态分布的 p 分位点的定义.

定义　设 $X\sim N(0,1)$，对于任给的 $p(0<p<1)$，若实数 μ_p 满足 $P(X<\mu_p)=p$，则称点 μ_p 为标准正态分布的 p 分位点. μ_p 的值可以通过查标准正态分布表得到.

例10 求标准正态分布的 p 分位点 μ_p:(1)$p=0.95$;(2)$p=0.025$.

解 (1)由 $P(X<\mu_p)=0.95$ 得 $\Phi(u_p)=0.95$,查标准正态分布表可知 $\mu_p=1.65$,即 $\mu_{0.95}=1.65$.

(2)由 $P(X<\mu_p)=0.025$ 得 $\Phi(u_p)=0.025$. 而 $\Phi(-u_p)=1-\Phi(u_p)=1-0.025=0.975$. 查标准正态分布表可知 $-u_p=1.96$,所以 $u_p=-1.96$,即 $u_{0.025}=-1.96$.

习题 9.3

1. 已知100个产品中有5个次品,现从中任取一个,有放回地取3次,求在所取3次中会有两个次品的概率.

2. 某篮球运动员一次投篮投中篮筐的概率为0.8,该运动员投篮4次. 求:(1)投中篮筐不少于3次的概率;(2)至少投中篮筐1次的概率.

3. 设随机变量 X 服从$[1,5]$上的均匀分布,如果(1)$x_1<1<x_2<5$;(2)$1<x_1<5<x_2$. 试求 $P(x_1<X<x_2)$.

4. 设 $X\sim N(3,2^2)$. (1)确定 c,使得 $P(X>c)=P(X\leqslant c)$;(2)设 d 满足 $P(X>d)\geqslant 0.9$,问 d 至多为多少?

5. 设某城市男子身高 $X\sim N(170,36)$,问应如何选择公共汽车车门的高度使男子与车门碰头的机会小于0.01.

6. 查表求标准正态分布的分位点 $\mu_{1-\frac{p}{2}}$:(1)$p=0.025$;(2)$p=0.05$;(3)$p=0.1$.

9.4 随机变量的数字特征

9.4.1 数学期望

某人射击所得环数 X 的分布列见表9.12.

表9.12

X	4	5	6	7	8	9	10
P	0.02	0.04	0.06	0.09	0.28	0.29	0.22

在 n 次射击之前,虽然不能确定各次射击所得的环数,但可以根据已知的分布列估计 n 次射击的平均环数.

根据这个射手射击所得环数 X 的分布列,在 n 次射击中,预计有大约

$$P(X=4)\times n=0.02n \quad \text{次得 4 环}$$

$$P(X=5)\times n=0.04n \quad \text{次得 5 环}$$

$$\vdots$$

$$P(X=10)\times n=0.22n \quad \text{次得 10 环}$$

n 次射击的总环数约等于

$$4\times 0.02\times n+5\times 0.04\times n+\cdots+10\times 0.22\times n=$$
$$(4\times 0.02+5\times 0.04+\cdots+10\times 0.22)\times n$$

从而，n 次射击的平均环数约等于 $4\times0.02+5\times0.04+\cdots+10\times0.22=0.832$.

类似地，对任一射手，若已知其射击所得环数 X 的分布列，$P(X=i)\ (i=0,1,\cdots,10)$，则可以预计他任意射击 n 次的平均环数是

$$E(X)=0\times P(X=0)+1\times P(X=1)+\cdots+10\times P(X=10)$$

我们称 $E(X)$ 为此射手射击所得环数 X 的期望，它刻画了随机变量 X 所取的平均值，从一方面反映了射手的射击水平.

1. 离散型随机变量的数学期望

定义　设离散型随机变量 X 概率分布见表 9.13.

表 9.13

X	x_1	x_2	$\cdots$	x_i	$\cdots$
P	p_1	p_2	$\cdots$	p_i	$\cdots$

则称 $\sum\limits_{i=1} x_i p_i$ 为随机变量 X 的数学期望，简称期望或均值，记作 $E(X)$.

对于离散型随机变量 X 的函数 $Y=f(X)$，如果随机变量 $Y=f(X)$ 的数学期望存在，则

$$E(Y)=E(f(X))=\sum_{i=1} f(x_i)p_i \qquad (i=1,2,\cdots)$$

其中，$p_i=P(X=x_i)$，$i=1,2,\cdots$.

例 1　设随机变量 X 的概率分布见表 9.14.

表 9.14

X	-1	0	2	3
P	0.1	0.2	0.3	0.4

求：$E(X)$；$E(X^2)$；$E(X+1)$.

解　$E(X)=(-1)\times0.1+0\times0.2+2\times0.3+3\times0.4=1.7$；

$E(X^2)=(-1)^2\times0.1+0^2\times0.2+2^2\times0.3+3^2\times0.4=4.9$；

$E(X+1)=0\times0.1+1\times0.2+3\times0.3+4\times0.4=2.7$.

2. 连续型随机变量的数学期望

定义　设连续型随机变量 X 的概率密度是 $f(x)$，若积分 $\int_{-\infty}^{+\infty}|x|f(x)\,\mathrm{d}x$ 收敛，则称积分 $\int_{-\infty}^{+\infty}xf(x)\,\mathrm{d}x$ 为随机变量 X 的数学期望，记作 $E(X)$，即 $E(X)=\int_{-\infty}^{+\infty}xf(x)\,\mathrm{d}x$.

同样，对于连续型随机变量 X 的函数 $Y=g(X)$ 的数学期望有如下公式：

如果 $g(X)$ 的数学期望存在，则

$$E(Y)=E(g(X))=\int_{-\infty}^{+\infty}g(x)f(x)\,\mathrm{d}x$$

其中，$f(x)$ 是 X 的分布密度函数.

例 2　设随机变量 X 服从均匀分布 $f(x)=\begin{cases}\dfrac{1}{a},0<x<a\\ 0,\text{其他}\end{cases}$. 求 X 和 $Y=5X^2$ 的数学期望

($a>0$,a为常数).

解 $E(X)=\int_{-\infty}^{+\infty}xf(x)\mathrm{d}x=\int_0^a x\cdot\frac{1}{a}\mathrm{d}x=\frac{1}{2}a$;

$$E(Y)=\int_{-\infty}^{+\infty}5x^2f(x)\mathrm{d}x=\int_0^a 5x^2\cdot\frac{1}{a}\mathrm{d}x=\frac{5}{3}a^2.$$

3. 数学期望的性质

性质1 $E(c)=c$,c为任意实数.

性质2 设k为常数,则$E(kX)=kE(X)$.

性质3 对于任意两个随机变量X,Y,有

$$E(X\pm Y)=E(X)\pm E(Y)$$

这个性质可以推广到多个随机变量的情形:对于n个随机变量$X_1,X_2,\cdots,X_n$,则有

$$E(X_1+X_2+\cdots+X_n)=E(X_1)+E(X_2)+\cdots+E(X_n)$$

性质4 $E(aX+b)=aE(X)+b$.

9.4.2 方差

在许多实际问题中,我们不仅关心某指标的平均取值,而且还关心其取值与平均值的偏离程度.例如,对一批灯泡的寿命,我们不仅希望平均寿命要长,也希望这批灯泡相互间寿命的差异要小,即平常所说的质量较稳定,而衡量质量稳定性的数量指标就是我们下面要讨论的数字特征—方差.

定义 设X是随机变量,若$E\{[X-E(X)]^2\}$存在,则称$E\{[X-E(X)]^2\}$为随机变量X的方差,记为$D(X)$,即

$$D(X)=E\{[X-E(X)]^2\}$$

在实际使用中,为了使单位统一,称$D(X)$为随机变量X的标准差,我们也常用标准差来描述X的偏离程度.

由方差的定义可知:

若X为离散型随机变量,分布列为

$$P(X=x_i)=p_i\quad(i=1,2,3,\cdots)$$

则
$$D(X)=\sum_{i=1}[x_i-E(X)]^2p_i$$

若X是连续型随机变量,概率密度为$f(x)$,则

$$D(X)=\int_{-\infty}^{+\infty}[x-E(X)]^2f(x)\mathrm{d}x$$

注意到,分布密度$f(x)$有性质$\int_{-\infty}^{+\infty}f(x)\mathrm{d}x=1$,于是

$$\int_{-\infty}^{+\infty}[x-E(X)]^2f(x)\mathrm{d}x=\int_{-\infty}^{+\infty}x^2f(x)\mathrm{d}x-[E(X)]^2$$

上式右端第一项为$E(X^2)$,从而得到计算方差的一个常用的公式

$$D(X)=E(X^2)-[E(X)]^2$$

此公式对离散型随机变量也成立.

例3 设随机变量X服从两点分布,其分布列是

$$P(X=1)=p\ P(X=0)=1-p=q\quad(p+q=1)$$

求$D(X)$.

解　$E(X)=1\cdot p+0\cdot q=p$;

$E(X^2)=1^2\cdot p+0^2\cdot q=p$;

$D(X)=E(X^2)-[E(X)]^2=p-p^2=pq.$

例 4　计算本节例 1 中随机变量 X 的方差.

解　由例 1 知 $E(X)=1.7$;$E(X^2)=4.9$. 所以

$$D(X)=E(X^2)-[E(X)]^2=4.9-1.7^2=2.01$$

例 5　设 $X\sim N(0,1)$,求 X 的期望与方差.

解　因为 $X\sim N(0,1)$,于是

$$E(X)=\int_{-\infty}^{+\infty}x\cdot\frac{1}{\sqrt{2\pi}}e^{-\frac{x^2}{2}}dx=-\int_{-\infty}^{+\infty}\frac{1}{\sqrt{2\pi}}e^{-\frac{x^2}{2}}d\left(-\frac{x^2}{2}\right)=-\frac{1}{\sqrt{2\pi}}e^{-\frac{x^2}{2}}\Big|_{-\infty}^{+\infty}=0$$

又因为

$$E(X^2)=\int_{-\infty}^{+\infty}x^2\cdot\frac{1}{\sqrt{2\pi}}\cdot e^{-\frac{x^2}{2}}dx=\int_{-\infty}^{+\infty}x\,d\left(-\frac{1}{\sqrt{2\pi}}e^{-\frac{x^2}{2}}\right)=$$

$$-x\frac{1}{\sqrt{2\pi}}e^{-\frac{x^2}{2}}\Big|_{-\infty}^{+\infty}+\int_{-\infty}^{+\infty}\frac{1}{\sqrt{2\pi}}e^{-\frac{x^2}{2}}dx=0+1=1$$

于是

$$D(X)=E(X^2)-[E(X)]^2=1-0=1$$

方差具有下列重要性质:

性质 1　$D(c)=0$(c 为任意实数).

性质 2　设 k 为常数,则 $D(kX)=k^2D(X)$.

性质 3　对于相互独立的两个随机变量 X,Y①设

$$D(X\pm Y)=D(X)+D(Y)$$

这个性质可以推广到多个随机变量的情形,如果随机变量 $X_1,X_2,\cdots,X_n$ 相互独立②,则有

$$D(X_1+X_2+\cdots+X_n)=D(X_1)+D(X_2)+\cdots+D(X_n)$$

性质 4　$D(aX+b)=a^2D(X)$.

例 6　已知 $Y\sim N(2,0.3^2)$,求 $E(Y)$和 $D(Y)$.

解　令 $X=\dfrac{Y-2}{0.3}$,则 $X\sim N(0,1)$,$Y=0.3X+2$.

由例 5 知 $E(X)=0$,$D(X)=1$,再由性质 4 知

$$E(Y)=E(0.3X+2)=0.3E(X)+2=2$$

$$D(Y)=D(0.3X+2)=0.3^2D(X)=0.3^2$$

一般地,若 $X\sim N(\mu,\sigma^2)$,则 $E(X)=\mu$;$D(X)=\sigma^2$.

例 7　设 $X\sim N(\mu_1,\sigma_1^2)$,$Y\sim N(\mu_2,\sigma_2^2)$,且 X,Y 相互独立,$Z=aX+bY$(其中 a,b 为常数),求:$E(Z)$,$D(Z)$.

解　$E(Z)=E(aX+bY)=E(aX)+E(bY)=aE(X)+bE(Y)=a\mu_1+b\mu_2$.

因为 X,Y 相互独立,所以

---

① 两个随机变量 X,Y 相互独立是指:对于任意的实数 x,y,事件$\{X<x\}$,$\{Y<y\}$是相互独立的,即满足 $P(X<x,Y<y)=P(X<x)\cdot P(Y<y)$.

② 多个随机变量的独立性也可做类似定义. 但在实际问题中,多个随机变量的独立一般是根据它们的实际意义来判断的(正如多个事件独立性的判断一样):如果 n 个随机变量 $X_1,X_2,\cdots,X_n$ 取值时互不影响,则称它们是独立的.

$$D(Z)=D(aX+bY)=D(aX)+D(bY)=$$
$$a^2D(X)+b^2D(Y)=a^2\sigma_1^2+b^2\sigma_2^2$$

对于 n 个相互独立的服从正态分布的随机变量,我们有下面的重要性质.

定理 设 $X_i\sim N(\mu_i,\sigma_i^2)(i=1,2,3,\cdots,n)$,且 $X_1,X_2,\cdots X_n$ 相互独立,设

$$Y=k_1X_1+k_2X_2+\cdots+k_nX_n$$

其中 $k_1,k_2,\cdots,k_n$ 是常数,那么

$$Y\sim N(k_1\mu_1+k_2\mu_2+\cdots+k_n\mu_n,k_1^2\sigma_1^2+k_2^2\sigma_2^2+\cdots+k_n^2\sigma_n^2)$$

特别地,当 $X_i\sim N(\mu,\sigma^2)(i=1,2,3,\cdots,n)$,而当 $k_i=\dfrac{1}{n}(i=1,2,\cdots,n)$ 时,有

$$Y=\frac{1}{n}\sum_{i=1}^{n}X_i\sim N(\mu,\frac{\sigma^2}{n})$$

为了便于应用,我们把常见分布的数学期望和方差列表,见表9.15.

表9.15

分布名称及记号	分布列或概率密度	数学期望	方　差
0-1分布	$P(X=1)=p,P(X=0)=1-p=q$	$E(X)=p$	$D(X)=pq$
二项分布 $B(n,p)$	$p_k=P(X=k)=C_n^kp^k(1-p)^{n-k}$ $k=0,1,2,\cdots,n$	$E(X)=np$	$D(X)=np(1-p)$
泊松分布 $P(\lambda)$	$P(X=k)=\dfrac{\lambda^k}{k!}e^{-\lambda},k=0,1,2,\cdots$	$E(X)=\lambda$	$D(X)=\lambda$
均匀分布 $U(a,b)$	$f(x)=\begin{cases}\dfrac{1}{b-a},a\leqslant x\leqslant b\\0,\quad 其他\end{cases}$	$E(X)=\dfrac{a+b}{2}$	$D(X)=\dfrac{(b-a)^2}{12}$
指数分布 $E(\lambda)$	$f(x)=\begin{cases}\lambda e^{-\lambda x},x\geqslant 0\\0,\quad x<0\end{cases}$	$\dfrac{1}{\lambda}$	$\dfrac{1}{\lambda^2}$
正态分布 $N(\mu,\sigma^2)$	$f(x)=\dfrac{1}{\sigma\sqrt{2\pi}}e^{-\frac{(x-\mu)^2}{2\sigma^2}},x\in(-\infty,+\infty)$	$E(X)=\mu$	$D(X)=\sigma^2$
标准正态分布 $N(0,1)$	$f(x)=\dfrac{1}{\sqrt{2\pi}}e^{-\frac{x^2}{2}},x\in(-\infty,+\infty)$	$E(X)=0$	$D(X)=1$

9.4.3 矩

随机变量的数字特征除了数学期望和方差外,为了更好地描述随机变量分布的特征,有时还要用到随机变量的各阶矩(原点矩与中心矩),它们在数理统计中有重要的应用.

定义 设 X 是随机变量,若 $E(X^k)(k=1,2,\cdots)$ 存在,则称它为随机变量 X 的 k 阶原点矩,记作 $v_k(X)$,即

$$v_k(X)=E(X^k)\quad(k=1,2,\cdots)$$

若 $E\{[X-E(X)]^k\}$ 存在,则称 $E\{[X-E(X)]^k\}$ 为随机变量 X 的 k 阶中心矩,记作 $\mu_k(X)$,即

$$\mu_k(X)=E\{[X-E(X)]^k\}\quad(k=1,2,\cdots)$$

显然,数学期望即一阶原点矩;方差即为二阶中心矩.

对应于离散型随机变量和连续型随机变量,k 阶原点矩和 k 阶中心矩的计算公式

见表9.16.

表9.16

随机变量类型 \ 矩	k 阶原点矩 $E(X^k)$	k 阶中心矩 $E[X-E(X)]^k$
离散型随机变量 X 的概率分布列为 $p_i=P(X=x_i)$	$\sum\limits_{i=1} x_i^k p_i$	$\sum\limits_{i=1} [x_i-E(X)]^k p_i$
连续型随机变量 X 的概率分布密度是 $f(x)$	$\int_{-\infty}^{+\infty} x^k f(x)\mathrm{d}x$	$\int_{-\infty}^{+\infty} [x-E(X)]^k f(x)\mathrm{d}x$

例1　随机变量 X 在(1,3)上服从均匀分布.试求随机变量 X 的三阶原点矩和三阶中心矩.

解　随机变量 X 的概率密度为 $f(x)=\begin{cases}0.5, 1\leqslant x\leqslant 3\\0, \quad 其他\end{cases}$,所以

$$v_3(X)=\int_{-\infty}^{+\infty} x^3 f(x)\mathrm{d}x=\int_1^3 x^3\times 0.5\mathrm{d}x=\frac{1}{8}x^4\Big|_1^3=10$$

而 $E(X)=2$,因此

$$\mu_3(X)=E[(X-2)^3]=\int_1^3 (x-2)^3\times 0.5\mathrm{d}x=\frac{1}{8}(x-2)^4\Big|_1^3=0$$

习题9.4

1. 袋中有 n 张卡片,记有号码 $1,2,\cdots,n$.现从中有放回地抽出 k 张卡片来,求号码之和 X 的数学期望.

2. 设随机变量 X 的分布律见表9.17.

表9.17

X	-2	0	2
p_i	0.4	0.3	0.3

求 $E(X)$,$E(X^2)$,$E(3X^2+5)$.

3. 设连续型随机变量 X 的概率密度为

$$f(x)=\begin{cases}kx^{\alpha}, 0<x<1\\0, \ 其他\end{cases}$$

其中 $k>0$,$\alpha>0$,又已知 $E(X)=0.75$,求 k,α 的值.

4. 设随机变量 X 的概率密度为 $f(x)=\begin{cases}1-|1-x|, 0<x<2\\0, \quad 其他\end{cases}$,求 $E(X)$.

5. 设随机变量 X 的概率密度为

$$f(x)=\begin{cases}\mathrm{e}^{-x}, x>0\\0, x\leqslant 0\end{cases}$$

(1)求 $Y=2X$ 的数学期望;(2)求 $Y=\mathrm{e}^{-2X}$ 的数学期望.

6. 设随机变量 X 服从泊松分布,且 $3P(X=1)+2P(X=2)=4P(X=0)$,求 X 的期望与方差.

7. 设甲、乙两家灯泡厂生产的灯泡的寿命(单位:小时)X 和 Y 的分布律分别见表9.18和表9.19.

表9.18

X	900	1 000	1 100
P_i	0.1	0.8	0.1

表9.19

Y	950	1 000	1 050
P_i	0.3	0.4	0.3

试问哪家工厂生产的灯泡质量比较稳定?

8. 已知 $X \sim B(n,p)$,且 $E(X)=3$,$D(X)=2$,试求 X 的全部可能取值,并计算 $P(X\leqslant 8)$.

9. 设随机变量 X_1,X_2 相互独立,且有 $E(X_i)=i(i=1,2)$,$D(X_i)=5-i(i=1,2)$. 设 $Y=2X_1-X_2$,求 $E(Y)$,$D(Y)$.

10. 设随机变量 X 的分布密度为 $f(x)=\begin{cases}0.5x, & 0<x<2 \\ 0, & 其他\end{cases}$. 求随机变量 X 的1至4阶原点矩和中心矩.

本章小结

一、随机变量的概念

1. 随机变量的定义.

2. 离散型随机变量的分布列、连续型随机变量的概率密度.

二、随机变量的分布函数及随机变量的函数的分布

1. 随机变量的分布函数.

$$F(x)=P(X\leqslant x) \quad (-\infty<x<+\infty)$$

2. 计算随机变量的函数的分布的基本方法.

三、几种常见随机变量的分布

1. 0-1分布:

$$P(X=1)=p, \quad P(X=0)=1-p \quad (0<p<1)$$

2. 二项分布:

$$P(X=k)=\mathrm{C}_n^k p^k(1-p)^{n-k} \quad (k=0,1,2,\cdots,n)$$

3. 泊松(Poisson)分布:

$$P(X=k)=\frac{\lambda^k}{k!}\mathrm{e}^{-\lambda} \quad (k=0,1,2,\cdots)$$

4. 均匀分布:$X\sim U(a,b)$:

$$f(x)=\begin{cases}\dfrac{1}{b-a}, & a\leqslant x\leqslant b \\ 0, & 其他\end{cases}$$

5. 指数分布:$X\sim E(\lambda)$:

$$f(x)=\begin{cases}\lambda \mathrm{e}^{-\lambda x}, & x\geqslant 0 \\ 0, & x<0\end{cases}$$

6. 正态分布:$X\sim N(\mu,\sigma^2)$:

$$f(x)=\frac{1}{\sqrt{2\pi}\sigma}e^{-\frac{(x-\mu)^2}{2\sigma^2}}\quad(x\in(-\infty,+\infty))$$

7. 标准正态分布:$X\sim N(0,1)$:

$$\varphi(x)=\frac{1}{\sqrt{2\pi}}e^{-\frac{x^2}{2}}\quad(x\in(-\infty,+\infty))$$

$$\Phi(x)=P(X\leqslant x)=\int_{-\infty}^{x}\frac{1}{\sqrt{2\pi}}e^{-\frac{t^2}{2}}dt$$

若 $X\sim N(\mu,\sigma^2)$,则 $P(X\leqslant x)=\Phi\left(\frac{x-\mu}{\sigma}\right)$.

四、随机变量的数字特征

1. 数学期望.

(1)离散型随机变量数学期望:$E(X)=\sum\limits_{i=1}x_kp_k$.

(2) 连续型随机变量数学期望:$E(X)=\int_{-\infty}^{+\infty}xf(x)dx$.

2. 方差.

(1)离散型随机变量方差.

(2)连续型随机变量方差.

自测与评估(9)

一、选择题

1. 在下列函数中,能作为随机变量密度函数的是(　　).

A. $f(x)=\begin{cases}\sin x,0\leqslant x\leqslant\pi\\0,\ 其他\end{cases}$　　B. $f(x)=\begin{cases}\sin x,0\leqslant x\leqslant\frac{\pi}{2}\\0,\ 其他\end{cases}$

C. $f(x)=\begin{cases}\sin x,-\frac{\pi}{2}\leqslant x\leqslant\frac{\pi}{2}\\0,\ 其他\end{cases}$　　D. $f(x)=\begin{cases}\sin x,0\leqslant x\leqslant\frac{3\pi}{2}\\0,\ 其他\end{cases}$

2. 设 $f(x)$ 为连续型随机变量 X 的分布密度函数,则 $P(a<X\leqslant b)=$(　　)$(a<b)$.

A. $\int_{-\infty}^{+\infty}xf(x)dx$　　B. $\int_a^b xf(x)dx$

C. $\int_a^b f(x)dx$　　D. $\int_{-\infty}^{+\infty}f(x)dx$

3. 设 X 为随机变量,则 $D(2X-3)=$(　　).

A. $2D(X)+3$　　B. $2D(X)$

C. $2D(X)-3$　　D. $4D(X)$

4. 设 X 是随机变量,$E(X)=\mu,D(X)=\sigma^2$,当(　　)时,有 $E(Y)=0,D(Y)=1$.

A. $Y=\sigma X+\mu$　　B. $Y=\sigma X-\mu$

C. $Y=\frac{X-\mu}{\sigma}$　　D. $Y=\frac{X-\mu}{\sigma^2}$

二、填空题

1. 连续型随机变量 X 的密度函数是 $f(x)$，则 $P(a<X<b)=$________________.

2. 某射手连续向一目标射击，直到命中为止，已知他每发命中的概率是 p，则所需射击发数的概率分布为________________.

3. 设随机变量 X 的概率分布见表 9.20.

表 9.20

X	0	1	2	3	4	5	6
P	0.1	0.15	0.2	0.3	0.12	0.1	0.03

则 $P(X\neq 3)=$________________.

4. 设 X 为随机变量，已知 $D(x)=2$，那么 $D(3X-5)=$________________.

5. 若 $X\sim B(20,0.3)$，则 $E(X)=$________________.

6. 已知随机变量 X 的概率分布为 $P(X=k)=\dfrac{1}{10}, k=2,4,6,\cdots,18,20$，则 $D(X)=$________________.

三、计算题

1. 某篮球运动员一次投篮投中篮圈的概率为 0.8，该运动员投篮 4 次. (1)求投中篮圈不少于 3 次的概率；(2)求至少投中篮圈 1 次的概率.

2. 设随机变量 X 具有概率密度

$$f(x)=\begin{cases}Ax^3, 0\leqslant x\leqslant 1\\ 0, \text{其他}\end{cases}$$

求 $A, E(X), D(X)$.

3. 设 $X\sim N(1,0.6^2)$，计算(1) $P(0.2<X\leqslant 1.8)$；(2) $P(X>0)$.

4. 设随机变量 X 的密度函数

$$f(x)=\begin{cases}Ae^{-2x}, x>0\\ 0, x\leqslant 0\end{cases}$$

(1)求 A；(2)求 $P(X>3)$.

第 10 章　参数估计与假设检验

通过前面的学习,我们掌握了用随机变量来描述随机事件. 在概率论中,我们总是假定随机变量的分布或某些数字特征为已知,而在实际问题中,这些随机变量的分布或某些数字特征往往是未知的或知之甚少. 这时就需要我们根据样本对随机变量的分布或数字特征做出估计和推断. 本章将讨论参数估计与假设检验问题.

10.1　总体、个体和样本

10.1.1　总体和个体

在统计学中,将我们研究的问题所涉及的对象的全体称为总体,而把总体中的每个成员称为个体. 但在实际问题中,我们关心的是个体的某一数量指标 X(如某学校学生的身高)及其取值的分布情况,这时我们把这项指标(该校所有学生身高)所有可能取值的全体看成一个总体,而每个成员该项指标的取值(每个学生的身高)称为个体.

10.2.2　随机样本

我们在研究总体的特征时,对所研究对象(总体)的全部元素逐一进行观测,往往不是很现实。一种情形是研究的总体元素非常多,搜集数据费时,费用也高;另一种情形是检查是否具有破坏性,如研究炮弹的射程、灯管的使用寿命,根本就不能逐个检验,并且检验的个数还要适当地减少. 因此必须进行抽样.

把总体看成随机变量 X,对其进行 n 次观测,就得到一个容量为 n 的样本

$$(x_1, x_2, \cdots, x_n)$$

如另作 n 次观测,就会得到不同的观测结果.

尽管我们在实际中只抽取一个样本,但是在观测之前,样本的出现具有随机性。因此,样本的每一个观测值,例如第一个观测值,在观测之前就是一个随机变量,记作 X_1,观测得到它的取值记作 x_1,第二个元素、第三个元素依此类推。所以,一个容量为 n 的样本在观测之前,就是一个 n 维随机变量,可记为

$$(X_1, X_2, \cdots, X_n)$$

抽取样本的目的是为了对总体的分布或它的数字特征进行分析和推断,因而要求抽样能很好地反映总体的特征,就必然对抽样的方法提出一定的要求,抽样通常要满足以下两点要求:

(1)这 n 个随机变量 $X_i(i=1,2,\cdots,n)$ 与总体 X 具有相同的概率分布;

(2)$X_1, X_2, \cdots, X_n$ 相互独立.

满足这两点要求的样本称为简单随机样本,以后我们所提到的所有样本都是指简单随机样本.

对总体的 n 次观察一经完成,我们就得到完全确定的一组数值$(x_1, x_2, \cdots, x_n)$,称为样

本的一个观察值,或简称样本值.

10.1.3 统计量

为了对总体的分布或它的数字特征进行分析和推断,还需要对样本进行一定的"加工",需要针对不同的问题构造出不同的关于样本的函数.

设$(X_1,X_2,\cdots,X_n)$是总体X的一个样本,$g(x_1,x_2,\cdots,x_n)$是一个具有n个自变量的连续函数,如果这个函数不包含任何未知的参数,则称随机变量$g(X_1,X_2,\cdots,X_n)$是一个统计量. 如果$(x_1,x_2,\cdots,x_n)$是一个样本值,则称$g(x_1,x_2,\cdots,x_n)$是统计量$g(X_1,X_2,\cdots,X_n)$的一个观察值.

最常用的统计量是所谓的样本矩:设$(X_1,X_2,\cdots,X_n)$是来自总体X的一个样本,称统计量

$$\overline{X} = \frac{1}{n}\sum_{i=1}^{n} X_i$$

为样本均值.

称统计量
$$S^2 = \frac{1}{n-1}\sum_{i=1}^{n}(X_i - \overline{X})^2$$
为样本方差.

称统计量
$$A_k = \frac{1}{n}\sum_{i=1}^{n}X_i^k \quad (k=1,2,\cdots)$$
称为样本k阶原点矩.

称统计量
$$M_k = \frac{1}{n}\sum_{i=1}^{n}(X_i - \overline{X})^k \quad (k=1,2,\cdots)$$
称为样本k阶中心矩.

样本均值$\overline{X} = \frac{1}{n}\sum_{i=1}^{n} X_i$是常用的统计量,在总体期望为$\mu$,方差为$\sigma^2$时有

$$E(\overline{X}) = \mu$$
$$D(\overline{X}) = \sigma^2/n$$

10.1.4 几个常用的分布

1. χ^2 分布

定义 设n个相互独立的随机变量$X_1,X_2,\cdots,X_n$都服从正态$N(0,1)$分布,则称随机变量

$$\chi^2 = \sum_{i=1}^{n} X_i^2$$

服从自由度为n的χ^2分布,记为$\chi^2 \sim \chi^2(n)$.

不同自由度的χ^2分布的密度函数$f_n(x)$图像的图形如图10.1所示.

设随机变量$\chi^2 = \sum_{i=1}^{n} X_i^2$的分布函数是$f_n(x)$,对于给定的概率$p$,$0<p<1$,称满足条件

$$\int_{-\infty}^{x_p^2(n)} f_n(x)\,\mathrm{d}x = p$$

的点$x_p^2(n)$为$\chi^2(n)$分布的与下侧概率p对应的分位数如图10.2所示.

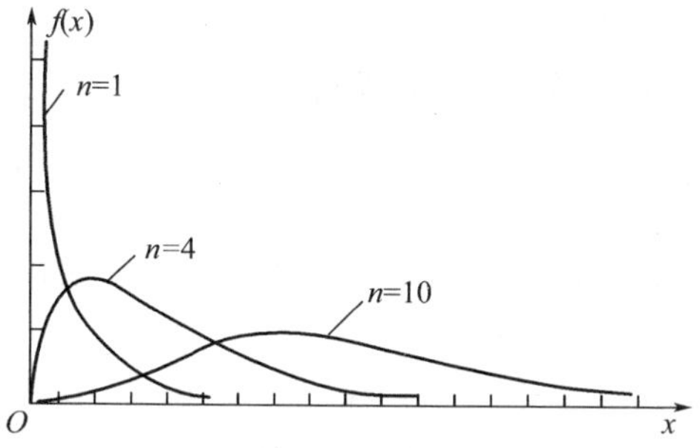

图 10.1

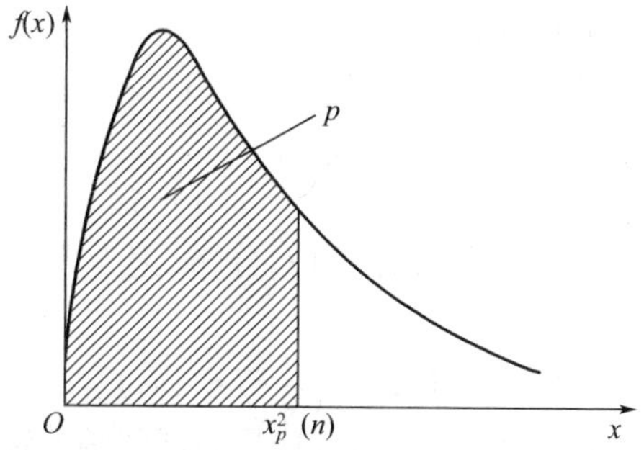

图 10.2

对于不同的 p,n,分位数 $x_p^2(n)$ 的值可以查"χ^2 分布表"(见附表 2)。例如,对于 $p=0.9$,$n=30$,查得 $x_{0.9}^2(30)=40.256$。

2. t 分布

定义　设 $X\sim N(0,1)$,$Y\sim\chi^2(n)$,并且 X,Y 相互独立,则称随机变量

$$T=\frac{X}{\sqrt{Y/n}}$$

服从自由度为 n 的 t 分布,记为 $T\sim t(n)$.

不同自由度的 t 分布的密度函数 $f_n(x)$ 图像的图形如图 10.3 所示.

由图 10.3 可知,t 分布的密度函数 $f_n(x)$ 的图像关于 y 轴对称,即密度函数 $f_n(x)$ 是偶函数.

设随机变量 $T=\dfrac{X}{\sqrt{Y/n}}$ 的分布函数是 $f_n(x)$,对于给定的概率 p,$0<p<1$,称满足条件

$$\int_{-\infty}^{t_p(n)} f_n(x)\,\mathrm{d}x = p$$

的点 $t_p(n)$ 为 $t(n)$ 分布的与下侧概率 p 对应的分位数如图 10.4 所示.

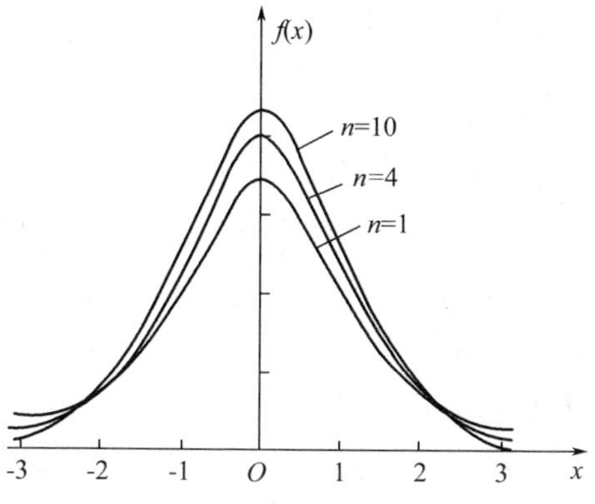

图 10.3

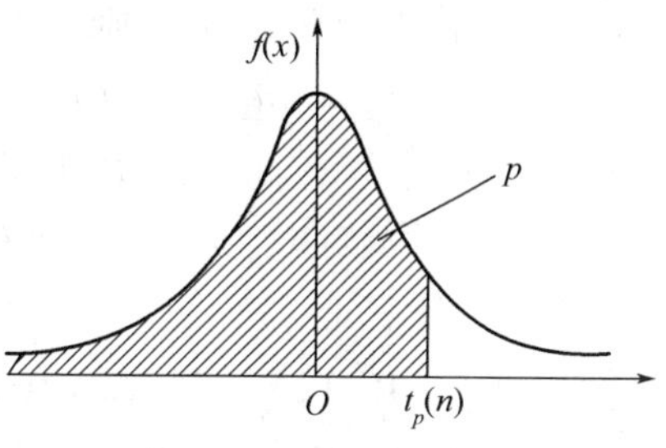

图 10.4

对于不同的 p,n,分位数 $t_p(n)$ 的值可以查"t 分布表"(见附表 3).例如,对于 $p=0.9$,$n=25$,查得 $t_{0.9}(25)=1.3163$.因为 t 分布的密度函数是偶函数,图像关于 y 轴对称,当 $p\leqslant 0.5$ 时,$t_p(n)=-t_{1-p}(n)$.例如

$$t_{0.05}(25) = -t_{0.95}(25) = -1.7081$$

3. F 分布

定义 设 $X\sim\chi^2(n_1)$,$Y\sim\chi^2(n_2)$,并且 X,Y 相互独立,则称随机变量

$$F=\frac{X/n_2}{Y/n_2}$$

服从自由度(n_1,n_2)的 F 分布,记为 $F\sim F(n_1,n_2)$,其中 n_1 称为第一自由度,n_2 称为第二自由度.

由定义易知,若 $F\sim F(n_1,n_2)$,则 $1/F\sim F(n_2,n_1)$.

如果 $F\sim F(n_1,n_2)$,F 的密度函数常记为 $f(x,n_1,n_2)$,其图像如图 10.5 所示.

对于给定的概率 p,$0<p<1$,称满足条件

$$\int_{-\infty}^{F_p(n_1,n_2)} f(x,n_1,n_2)\mathrm{d}x=p$$

的点 $F_p(n_1,n_2)$为 $F(n_1,n_2)$分布的与下侧概率 p 对应的分位数如图 10.6 所示.

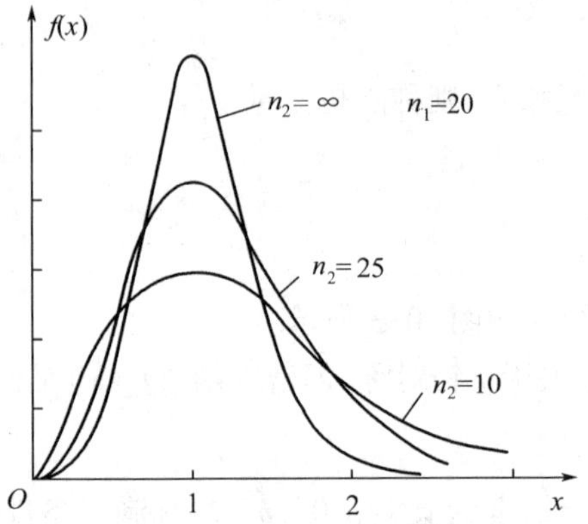

图 10.5

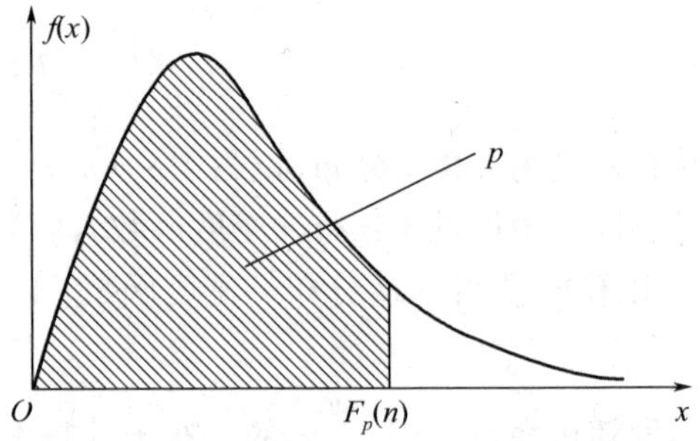

图 10.6

分位数 $F_p(n_1,n_2)$的值可查 F 分布表(见附表 4).

F 分布的下侧分位数有如下的性质:

$$F_{1-p}(n_1,n_2)=\frac{1}{F_p(n_2,n_1)}$$

事实上,若 $F\sim F(n_1,n_2)$,则 $1/F\sim F(n_2,n_1)$. 由分位数定义知

$$p=P(F\leqslant F_p(n_1,n_2))=P(1/F\geqslant 1/F_p(n_1,n_2))=1-P(1/F\leqslant 1/F_p(n_1,n_2))$$

即 $$P(1/F\leqslant 1/F_p(n_1,n_2))=1-p$$

因此 $$1/F_p(n_1,n_2)=F_{1-p}(n_2,n_1)$$

即 $$F_{1-p}(n_2,n_1)=1/F_p(n_1,n_2)$$

例如,$F_{0.05}(10,12)=F_{1-0.95}(10,12)=1/F_{0.95}(12,10)$,查附表 4 得 $F_{0.95}(12,10)=2.91$,故 $F_{0.05}(10,12)=1/2.91=0.344$.

10.1.5 抽样分布定理

定理 1 设$(X_1,X_2,\cdots,X_n)$是总体 $N(\mu,\sigma^2)$的样本,$\overline{X}$,S^2 分别是样本的均值和样本方差,则(1)$\overline{X}\sim N(\mu,\frac{\sigma^2}{n})$;(2)$\frac{(n-1)S^2}{\sigma^2}\sim\chi^2(n-1)$;(3)$\overline{X}$与 S^2 相互独立.

定理 2　设$(X_1,X_2,\cdots,X_n)$是总体$N(\mu,\sigma^2)$的样本,$\overline{X}$,S^2分别是样本的均值和样本方差,则有$\frac{\overline{X}-\mu}{S/\sqrt{n}}\sim t(n-1)$. 证明:因为$\overline{X}\sim N(\mu,\frac{\sigma^2}{n})$,所以$\frac{\overline{X}-\mu}{\sigma/\sqrt{n}}\sim N(0,1)$.

由定理 1 可知$\frac{(n-1)S^2}{\sigma^2}\sim\chi^2(n-1)$,并且$\overline{X}$与$S^2$相互独立. 所以$\frac{\overline{X}-\mu}{\sigma/\sqrt{n}}$与$\frac{(n-1)S^2}{\sigma^2}$相互独立. 根据 t 分布的定义得

$$\frac{\overline{X}-\mu}{\sigma/\sqrt{n}}\Big/\sqrt{\frac{(n-1)S^2}{\sigma^2}/(n-1)}\sim t(n-1)$$

整理得
$$\frac{\overline{X}-\mu}{S/\sqrt{n}}\sim t(n-1)$$

定理 3　设$(X_1,X_2,\cdots,X_{n_1})$和$(Y_1,Y_2,\cdots,Y_{n_2})$是分别来自总体$N(\mu_1,\sigma^2)$和$N(\mu_2,\sigma^2)$的样本,且它们相互独立. 而$\overline{X}$,$\overline{Y}$与S_1^2,S_2^2分别是$(X_1,X_2,\cdots,X_{n_1})$与$(Y_1,Y_2,\cdots,Y_{n_2})$的均值和方差,则

$$t=\frac{(\overline{X}-\overline{Y})-(\mu_1-\mu_2)}{s_\omega\sqrt{\frac{1}{n_1}+\frac{1}{n_2}}}\sim t(n_1+n_2-2)$$

其中
$$s_\omega=\sqrt{\frac{(n_1-1)s_1^2+(n_2-1)s_2^2}{n_1+n_2-2}}$$

定理 4　设$(X_1,X_2,\cdots,X_{n_1})$和$(Y_1,Y_2,\cdots,Y_{n_2})$是分别来自总体$N(\mu_1,\sigma^2)$和$N(\mu_2,\sigma^2)$的样本,且它们相互独立. 而S_1^2,S_2^2分别是这两个样本的方差,则
$$\sigma_2^2S_1^2/\sigma_1^2S_2^2\sim F(n_1-1,n_2-1)$$

习题 10.1

1. 设在总体$N(\mu,\sigma^2)$中抽取样本(X_1,X_2,X_3,X_4),其中μ已知而σ^2未知. 指出$X_1+X_2+X_3+X_4$,$(X_1+X_2+X_3+X_4)/4$,$X_1+X_2+2\mu$,$X_2^2+X_2^2+X_3^2+X_4^2$,$(X_2^2+X_2^2+X_3^2+X_4^2)/\sigma^2$,$|X_1-X_2|$中,哪些是统计量,哪些不是统计量?为什么?

2. 已知(3.1,2.7,3.2,2.8,2.9,3.0)是取自总体的一组样本值. (1)求样本的一阶、二阶原点矩;(2)求样本的一阶、二阶中心矩.

3. 查表写出下列标准正态分布的分位数的值:$\mu_{0.95}$,$\mu_{0.975}$,$\mu_{0.99}$,$\mu_{0.05}$,$\mu_{0.01}$.

4. 查表写出下列分位数的值:$\chi^2_{0.25}(16)$,$\chi^2_{0.95}(12)$,$t_{0.975}(20)$,$t_{0.025}(20)$,$F_{0.95}(12,14)$,$F_{0.05}(14,12)$.

5. 在总体$N(52,6.3^2)$中随机抽取一容量为 36 的样本. (1)求样本均值$\overline{X}$落在 50.8 到 53.8 之间的概率;(2)求样本方差S^2落在5.9^2到6.7^2之间的概率.

6. 求总体$N(15,2)$的容量分别为 10 和 12 的两个独立样本均值差的绝对值大于 0.4 的概率.

7. 在总体$N(10,4)$中随机抽取一容量为 5 的样本. 求样本平均值与总体平均值之差小于 1 的概率.

8. 设在总体$N(\mu,\sigma^2)$中抽取一容量为 25 的样本,其中μ,σ^2未知,S^2是样本方差. 求

$P\{S^2/\sigma^2 \leqslant 1.18\}$.

10.2 参数的点估计

参数估计是统计学中的基本问题之一。实际中我们经常遇到这样的问题:某个总体的分布类型是已知的(如服从正态分布 $N(\mu,\sigma^2)$),但是不知道其中的某些参数 μ,σ^2. 借助总体的一个样本来估计总体未知参数的值的问题属于参数估计问题. 参数估计分为参数的点估计和参数的区间估计.

设总体 X 的分布函数 $F(x;\theta_1,\theta_2,\cdots,\theta_k)$(或概率密度函数 $f(x;\theta_1,\theta_2,\cdots,\theta_k)$)是已知的,其中 $\theta_1,\theta_2,\cdots,\theta_k$ 是待估计的参数,点估计就是根据样本$(X_1,X_2,\cdots,X_n)$,对每一个未知参数 $\theta_i(i=1,2,\cdots,k)$,构造出一个统计量 $\hat{\theta}_i=\hat{\theta}_i(X_1,X_2,\cdots,X_n)$,作为参数 θ_i 的估计. 我们称 $\hat{\theta}_i(X_1,X_2,\cdots,X_n)$ 为 θ_i 的估计量. 将样本值$(x_1,x_2,\cdots,x_n)$代入估计量 $\hat{\theta}_i$,就得到它的一个具体数值 $\hat{\theta}_i(x_1,x_2,\cdots,x_n)$,这个数值称为 θ_i 的估计值. 一般的,估计量和估计值统称为估计,简记为 $\hat{\theta}_i$.

构造估计量的常用方法有矩估计法和极大似然法,这里我们只介绍矩估计法.

1. 矩估计法的基本思想

对于随机变量来说,矩是其最广泛、最常用的数字特征,总体 X 的各阶矩一般与 X 分布中所含的未知参数有关. 矩估计法的基本思想就是用子样矩作为母体的相应矩的估计,进而找出未知参数的估计,基于这种思想求估计量的方法称为矩法. 用矩法求得的估计称为矩法估计,简称矩估计.

2. 矩估计的步骤

(1)计算总体的 $i(i=1,2,\cdots,k)$ 阶原点矩

$$\mu_i = E(X^i) \quad (i = 1,2,\cdots,k)$$

和样本的 $i(i=1,2,\cdots,k)$ 阶原点矩

$$A_i = \frac{1}{n}\sum_{j=1}^{n} X_j^i \quad (i = 1,2,\cdots,k)$$

(2)令 $\mu_i=A_i(i=1,2,\cdots,k)$ 得到方程组,解此方程组求得 $\theta_i(i=1,2,\cdots,k)$,得到 θ_i $(i=1,2,\cdots,k)$ 的估计值$\hat{\theta}_i=\theta_i(i=1,2,\cdots,k)$.

例1 设总体 X 的均值 μ 及方差 σ^2 都存在,且 $\sigma^2>0$,但 μ,σ^2 的值均未知,又设$(X_1,X_2,\cdots,X_n)$是一个样本,试求 μ,σ^2 的矩估计.

解
$$\mu_1=E(X)=\mu$$
$$\mu_2=E(X^2)=D(X)+[E(X)]^2=\sigma^2+\mu^2$$
$$A_1=\frac{1}{n}\sum_{j=1}^{n}X_j \quad A_2=\frac{1}{n}\sum_{j=1}^{n}X_j^2$$

令 $\mu_i = A_i(i = 1,2)$ 得
$$\begin{cases}\mu=A_1\\ \sigma^2+\mu^2=A_2\end{cases}$$

解得
$$\begin{cases}\mu=A_1=\overline{X}\\ \sigma^2=A_2-A_1^2=\dfrac{1}{n}\sum\limits_{j=1}^{n}X^2-\overline{X}^2=\dfrac{1}{n}\sum\limits_{j=1}^{n}(X_j-\overline{X})^2\end{cases}$$

所以未知参数 μ,σ^2 的矩估计 $\hat{\mu},\hat{\sigma}^2$ 为

$$\begin{cases}\hat{\mu}=\overline{X}\\ \hat{\sigma}^2=\dfrac{1}{n}\sum\limits_{j=1}^{n}X^2-\overline{X}^2=\dfrac{1}{n}\sum\limits_{j=1}^{n}(X_j-\overline{X})^2\end{cases}$$

例 2　设总体 X 服从 $[a,b]$ 上的均匀分布，即 $X\sim U(a,b)$，且 $(X_1,X_2,\cdots,X_n)$ 是一个样本，求 a,b 的矩估计.

解

$$\mu_1=E(X)=\frac{a+b}{2}$$

$$\mu_2=E(X^2)=D(X)+[E(X)]^2=\frac{(b-a)^2}{12}+\left(\frac{a+b}{2}\right)^2$$

$$A_1=\frac{1}{n}\sum_{j=1}^{n}X_j\quad A_2=\frac{1}{n}\sum_{j=1}^{n}X_j^2$$

令 $\mu_i=A_i(i=1,2)$ 得

$$\begin{cases}\dfrac{a+b}{2}=A_1\\ \dfrac{(b-a)^2}{12}+\left(\dfrac{a+b}{2}\right)^2=A_2\end{cases}$$

$$\begin{cases}\dfrac{a+b}{2}=A_1=\overline{X}\\ \dfrac{(b-a)^2}{12}=A_2-A_1^2=\dfrac{1}{n}\sum\limits_{j=1}^{n}X^2-\overline{X}^2=\dfrac{1}{n}\sum\limits_{j=1}^{n}(X_j-\overline{X})^2\end{cases}$$

解得

$$\begin{cases}a=\overline{X}-\sqrt{\dfrac{3}{n}\sum\limits_{j=1}^{n}(X_j-\overline{X})^2}\\ b=\overline{X}+\sqrt{\dfrac{3}{n}\sum\limits_{j=1}^{n}(X_j-\overline{X})^2}\end{cases}$$

所以未知参数 a,b 的矩估计 $\hat{a},\hat{b}$ 为

$$\begin{cases}\hat{a}=\overline{X}-\sqrt{\dfrac{3}{n}\sum\limits_{j=1}^{n}(X_j-\overline{X})^2}\\ \hat{b}=\overline{X}+\sqrt{\dfrac{3}{n}\sum\limits_{j=1}^{n}(X_j-\overline{X})^2}\end{cases}$$

习题 10.2

1. 随机的抽取 9 只螺母，测得它们的直径（单位：mm）为：74.002，74.001，74.000，73.998，74.001，74.003，74.005，74.006，74.003，试用矩估计法估计总体的均值 μ 和方差 σ^2.

2. 设总体 X 的分布见表 10.1.

表 10.1

X	1	2	3
P	θ^2	$2\theta(1-\theta)$	$(1-\theta)^2$

其中 $0<\theta<1$ 是未知参数,$(X_1,X_2,\cdots,X_n)$ 是从中抽取的一个样本,求参数 θ 的矩估计量 $\hat{\theta}$.

3. 设 $(X_1,X_2,\cdots,X_n)$ 是总体 X 的一个样本,总体 X 的密度函数为:

$$f(x)=\begin{cases}\sqrt{\theta}x^{\sqrt{\theta}-1}, & 0\leqslant x\leqslant 1\\ 0, & \text{其他}\end{cases}$$

求参数 θ 的矩估计量 $\hat{\theta}$.

4. 设 $f(x)=\begin{cases}\theta e^{-\theta x}, & x>0\\ 0, & x\leqslant 0\end{cases}$,求 θ 的矩估计。

10.3 参数的区间估计

我们用点估计 $\hat{\theta}$ 去估计未知参数 θ,由于 $\hat{\theta}$ 是一个随机变量,每次根据具体的样本值计算的 $\hat{\theta}$ 都是 θ 的一个近似值,在点估计中没有给出 $\hat{\theta}$ 与 θ 的误差范围,而区间估计恰好弥补了这个缺陷.

参数的区间估计就是确定两个统计量 $\hat{\theta}_1(X_1,X_2,\cdots,X_n)$ 和 $\hat{\theta}_2(X_1,X_2,\cdots,X_n)$,而且恒有 $\hat{\theta}_1\leqslant\hat{\theta}_2$,由它们组成一个区间 $[\hat{\theta}_1,\hat{\theta}_2]$ 对于一个具体问题,一旦得到了样本值 $(x_1,x_2,\cdots,x_n)$ 便给出一个具体的区间 $[\hat{\theta}_1,\hat{\theta}_2]$,并且认为未知参数 θ 是在这个区间内,由于区间 $[\hat{\theta}_1,\hat{\theta}_2]$ 的端点 $\hat{\theta}_1$ 与 $\hat{\theta}_2$,及其长度 $\hat{\theta}_2-\hat{\theta}_1$ 都是样本的函数,所以它们都是随机变量,$[\hat{\theta}_1,\hat{\theta}_2]$ 是一个随机区间. θ 是否在这个区间内是个随机事件,这个事件的概率的大小反映了这个区间估计的可靠程度;而区间长度的均值的大小反映了这个区间估计的精确程度,我们当然希望反映可靠程度的概率越大越好,而反映精确程度的平均区间长度越小越好,但实际问题中这两者总是不能兼顾. 求区间估计的原则应该是在保证足够可靠度的前提下,尽量使区间长度短一些.

定义 设 $(X_1,X_2,\cdots,X_n)$ 是来自总体 X(密度函数为 $f(x,\theta)$)的样本,对给定的 α,$0<\alpha<1$,如果能找到两个统计量 $\hat{\theta}_1(X_1,X_2,\cdots,X_n)$ 和 $\hat{\theta}_2(X_1,X_2,\cdots,X_n)$,使得

$$P\{\hat{\theta}_1(X_1,X_2,\cdots,X_n)\leqslant\theta\leqslant\hat{\theta}_2(X_1,X_2,\cdots,X_n)\}=1-\alpha$$

则称 $1-\alpha$ 是置信度,区间 $[\hat{\theta}_1,\hat{\theta}_2]$ 是 θ 的置信度为 $1-\alpha$ 的置信区间,α 称为显著性水平.

对于给定一个 α(例如 $\alpha=0.05$),并求出了相应的区间 $[\hat{\theta}_1,\hat{\theta}_2]$,我们不能保证 $[\hat{\theta}_1,\hat{\theta}_2]$ 一定包含 θ,但可以确定 $[\hat{\theta}_1,\hat{\theta}_2]$ 包含 θ 的概率为 $1-\alpha(0.95)$.

下面通过实例来探讨在给定 $1-\alpha$ 下如何寻找置信区间 $[\hat{\theta}_1,\hat{\theta}_2]$.

例 1 已知某零件的直径服从正态分布 $N(\mu,\sigma^2)$,方差 $\sigma^2=0.04$,均值 μ 未知,从生产的零件中随机抽取 6 个数据,测得直径(单位:mm)为 15.2,15.1,14.9,14.7,14.8,15.1. 在置信度为 0.95 下,问该零件的平均直径 μ 在什么范围内?

解 设 $(X_1,X_2,\cdots,X_n)$ 是总体 $X\sim N(\mu,\sigma^2)$ 的样本,由样本分布定理可知,在 σ^2 已知

时，统计量 $\overline{X}=\frac{1}{n}\sum_{i=1}^{n}X_i\sim N\left(\mu,\frac{\sigma^2}{n}\right)$. 将 $\overline{X}$ 标准化，有

$$Z=(\overline{X}-\mu)/\frac{\sigma}{\sqrt{n}}\sim N(0,1)$$

由标准正态分布的 p 分位数 u_p 的定义可知

$$P\{|Z|\leqslant u_{1-\alpha/2}\}=1-\alpha$$

即
$$P\{\overline{X}-u_{1-\alpha/2}\cdot\sigma/\sqrt{n}\leqslant\mu\leqslant\overline{X}-u_{1-\alpha/2}\cdot\sigma/\sqrt{n}\}=1-\alpha$$

这样我们就得到了 μ 的置信度为 $1-a$ 的一个置信区间为

$$[\overline{X}-u_{1-\alpha/2}\cdot\sigma/\sqrt{n},\overline{X}+u_{1-\alpha/2}\cdot\sigma/\sqrt{n}]$$

由 $1-\alpha=0.95$，可知 $1-\alpha/2=0.975$，查表可得 $u_{0.975}=1.96$，而 $\overline{X}=14.97$，代入所求的置信区间表达式得到该批零件的直径为 μ 的置信区间为[14.81，15.13]. 即在置信度 0.95 下，可以认为零件的直径在 14.81 mm 到 15.13 mm 之间.

由上面的例子可以看出，要想得到参数 θ 的一个给定置信度 $1-\alpha$ 的区间估计可以按下列步骤来完成：

（1）寻找样本 $(X_1,X_2,\cdots,X_n)$ 的函数 $Z(X_1,X_2,\cdots,X_n,\theta)$，其中除 θ 外不含任何其他未知数，且 $Z(X_1,X_2,\cdots,X_n,\theta)$ 的分布是已知的.

（2）利用 $Z(X_1,X_2,\cdots,X_n,\theta)$ 的分布确定两个数 a,b 使

$$P\{a\leqslant Z(X_1,X_2,\cdots,X_n,\theta)\leqslant b\}=1-\alpha$$

（3）将不等式 $a\leqslant Z(X_1,X_2,\cdots,X_n,\theta)\leqslant b$ 变形解得

$$\hat{\theta}_1(X_1,X_2,\cdots,X_n)\leqslant\theta\leqslant\hat{\theta}_2(X_1,X_2,\cdots,X_n)$$

的形式，那么区间 $[\hat{\theta}_1,\hat{\theta}_2]$ 就是 θ 的一个置信度为 $1-\alpha$ 的置信区间.

在求置信区间的过程中，构造样本函数 $Z(X_1,X_2,\cdots,X_n,\theta)$ 是非常困难的. 为了方便，我们把一个正态总体下参数的置信区间（置信度为 $1-\alpha$）列表，见表 10.2.

表 10.2

待估参数	其他参数	置信区间
μ	σ^2 已知	$[\overline{X}-u_{1-\alpha/2}\cdot\sigma/\sqrt{n},\overline{X}+u_{1-\alpha/2}\cdot\sigma/\sqrt{n}]$
	σ^2 未知	$[\overline{X}-t_{1-\alpha/2}(n-1)\cdot s/\sqrt{n},\overline{X}+t_{1-\alpha/2}(n-1)\cdot s/\sqrt{n}]$
σ^2	μ 已知	$\left[\frac{\sum_{i=1}^{n}(X_i-\mu)^2}{\chi^2_{1-\alpha/2}(n)},\frac{\sum_{i=1}^{n}(X_i-\mu)^2}{\chi^2_{\alpha/2}(n)}\right]$
	μ 未知	$\left[\frac{(n-1)s^2}{\chi^2_{1-\alpha/2}(n-1)},\frac{(n-1)s^2}{\chi^2_{\alpha/2}(n-1)}\right]$

例 2　某中学三年级数学测验成绩呈正态分布，从中随机抽取 19 名学生的成绩如下：

80，69，82，75，92，99，67，78，83，100，82，75，69，83，78，88，96，82，74

（1）已知全校三年级学生数学测验成绩的方差为 90.25. 试估计三年级数学测验平均成绩（置信度为 0.95）；

(2)若全校三年级学生数学测验成绩的方差未知,试估计三年级数学测验平均成绩(置信度为0.95);

(3)若已知全校三年级学生数学测验成绩的平均分是82分,试估计三年级数学测验成绩的方差(置信度为0.95).

解 (1)总体为正态分布,$\sigma^2=90.25$,$1-\alpha=0.95$,$n=19$,$\overline{X}=81.63$ 查表得 $u_{0.975}=1.96$. 计算

$$\overline{X}-u_{1-\alpha/2}\cdot\sigma/\sqrt{n}=77.36,\quad \overline{X}+u_{1-\alpha/2}\cdot\sigma/\sqrt{n}=85.90$$

所以当已知全校三年级学生数学测验成绩的方差为90.25时,该校三年级数学测验平均成绩的置信度为0.95的置信区间为[77.36,85.90].

(2)方差 σ^2 未知,计算样本标准差 $s=9.65$,查表得

$$t_{1-\alpha/2}(n-1)=t_{1-0.05/2}(18)=t_{0.975}(18)=2.1009$$

计算

$$\overline{X}-t_{1-\alpha/2}(n-1)\cdot s/\sqrt{n}=76.97,\quad \overline{X}+t_{1-\alpha/2}(n-1)\cdot s/\sqrt{n}=86.29$$

所以当全校三年级学生数学测验成绩的方差未知时,该校三年级数学测验平均成绩的置信度为0.95的置信区间为[76.97,86.29].

(3)已知 $\mu=82.12$, $\sum\limits_{i=1}^{n}(X_i-\mu)^2=1\ 681$, 查表知

$$\chi^2_{1-\alpha/2}(n)=\chi^2_{1-0.05/2}(19)=\chi^2_{0.975}(19)=32.852$$

$$\chi^2_{\alpha/2}(n)=\chi^2_{0.05/2}(19)=\chi^2_{0.025}(19)=8.907$$

$$\frac{\sum\limits_{i=1}^{n}(X_i-\mu)^2}{\chi^2_{1-\alpha/2}(n)}=51.17,\quad \frac{\sum\limits_{i=1}^{n}(X_i-\mu)^2}{\chi^2_{\alpha/2}(n)}=188.73$$

所以全校三年级学生数学测验成绩的平均分是82分时,三年级数学测验成绩的方差置信度为0.95的置信区间为[51.17,188.73].

习题10.3

1. 设某种清漆的9个样品,其干燥时间(单位: h)分别为:

6.0,5.7,5.8,6.5,7.0,6.3,5.6,6.1,5.0

设干燥时间总体服从正态分布 $N(\mu,\sigma^2)$,求 μ 的置信度为0.95的置信区间. (1)若由以往的经验知 $\sigma=0.6$;(2)若 σ 为未知.

2. 某小学三年级进行语文测试,从中随机抽取15份试卷,求得平均分为74分,标准差为11分. 假设学生测验成绩服从正态分布,试估计该学校三年级此次语文测试平均成绩的置信区间(置信度为0.95).

3. 岩石密度的测量误差服从正态分布,随机抽测12个样品,得 $s=0.2$,求 σ^2 的置信区间(置信度为0.95).

10.4　假设检验

前面学过的参数估计问题是一种重要的统计推断,但在生产和科学研究中还有另一类重要的统计推断问题,它们都不是仅用参数估计的方法就能够得到解决的.

例 1　已知某奶粉厂用一台包装机包装奶粉,每袋奶粉的净重服从正态分布,根据长期的经验知道其标准差 $\sigma=15$(g). 奶粉包装标准是每袋净重 500(g). 设在某日生产过程中随机抽取 9 袋奶粉,称得净重分别为(单位:g):

512,497,520,518,506,515,498,524,510

问由这 9 个数据能否判断包装机工作是否正常?

例 2　用甲、乙两种教材分别在两个平行组进行试验,甲组有 12 人,乙组有 14 人,实验结束后两组检测成绩如下:

甲组:33,38,25,31,28,30,25,30,32,31,36,30;

乙组:26,25,23,20,30,25,28,33,20,22,27,24,22,34.

问两种教材的效果是否有显著差异? 假设测验成绩总体服从正态分布,且方差相等.

在例 1 中,奶粉每袋的净重服从正态分布 $N(\mu,\sigma^2)$,且 $\sigma=15$ 已知,问包装机工作是否正常就是要判断 $\mu=500$ 还是 $\mu\neq 500$,为此我们提出假设

$$H_0:\mu=\mu_0=500, H_1:\mu\neq\mu_0 \tag{10.1}$$

这是两个对立的假设. 统计假设 H_0 称为原假设,而统计假设 H_1 称为备择假设. 现在我们要做的就是根据样本做出是接受 H_0(即拒绝 H_1)还是拒绝 H_0(即接受 H_1). 如果我们做出判断接受 H_0,则认为包装机工作正常,否则认为是不正常.

在例 2 中,问两种教材的效果是否有显著差异,事实上就是问两个总体的平均值是否相等,即要判断 $\mu_1=\mu_2$ 还是 $\mu_1\neq\mu_2$,我们可以做出两个假设

$$H_0:\mu_1=\mu_2, H_1:\mu_1\neq\mu_2 \tag{10.2}$$

给出假设然后根据样本做出判断的问题我们称之为假设检验.

对于一个假设检验问题,根据实际问题提出原假设 H_0 和备择假设 H_1,这仅是第一步,我们还要进一步做出判断.

我们依据什么做出是接受 H_0,还是拒绝 H_0 呢? 通常我们认为:当 H_0 为真时,一个概率很小的事件(小概率事件)发生了,那么就有理由怀疑原来假设 H_0 的正确性而拒绝 H_0;反之,我们就没有理由拒绝 H_0,因而只能接受 H_0.

例如在例 1 中,如果原假设为 $H_0:\mu=\mu_0=500$ 为真,那么样本均值 $\overline{X}$ 与 μ_0 的偏差 $|\overline{X}-\mu_0|$ 较大,就应该是一个小概率事件. 一般的,如果给定一个较小的数 α(如 $\alpha=0.05$)能够找到一个常数 k,使得 $P(|\overline{X}-\mu_0|\geqslant k)\leqslant\alpha$,那么事件 $|\overline{X}-\mu_0|\geqslant k$ 就可称之为小概率事件. 而其中的 α 称之为显著性水平. 当总体方差 σ^2 已知时,$Z=(\overline{X}-\mu_0)/\frac{\sigma}{\sqrt{n}}\sim N(0,1)$.

$P(|\overline{X}-\mu_0|\geqslant k)\leqslant\alpha$ 可转化为 $P\left\{\left|(\overline{X}-\mu_0)/\frac{\sigma}{\sqrt{n}}\right|\geqslant k_0\right\}\leqslant\alpha$. 由 $P\left\{\left|(\overline{X}-\mu_0)/\frac{\sigma}{\sqrt{n}}\right|\geqslant u_{1-\alpha/2}\right\}\leqslant\alpha$,我们可取常数 $k_0=u_{1-\alpha/2}$. 在显著性水平 α 下,事件

$$\left\{\left|(\overline{X}-\mu_0)/\frac{\sigma}{\sqrt{n}}\right|\geqslant u_{1-\alpha/2}\right\} \tag{10.3}$$

就是一个小概率事件.

如果根据一次抽样得到的样本值计算出的样本均值$\bar{x}$满足

$$(\bar{x}-\mu_0)/\frac{\sigma}{\sqrt{n}} \geqslant u_{1-\alpha/2} \tag{10.4}$$

那么我们就可以认为在一次随机抽样中小概率事件发生了,有理由拒绝原假设 $H_0: \mu=\mu_0$. 如果式(10.2)不成立,则接受 $H_0: \mu=\mu_0$.

式(10.3)中的$(\bar{X}-\mu_0)/\frac{\sigma}{\sqrt{n}}$称为检验统计量;由式(10.4)确定的$\bar{x}$的取值范围称为检验的拒绝域.

从上面的讨论可知,假设检验大致有以下几个步骤:

(1)根据实际问题的要求,提出原假设 H_0 和备择假设 H_1;

(2)根据 H_0 的内容,选取适当的检验统计量,并确定其分布;

(3)给定显著性水平 α;

(4)由 H_1 的内容确定拒绝域的形式,通常在水平 α 下,查相应的检验统计量分布的分位数来确定拒绝域;

(5)根据样本值计算检验统计量的具体值;

(6)做出拒绝还是接受 H_0.

按上述步骤我们来解决例2所提出的检验问题(显著性水平 $\alpha=0.05$).

(1)提出原假设 H_0 和备择假设 H_1:

$$H_0: \mu_1 = \mu_2$$
$$H_1: \mu_1 \neq \mu_2$$

(2)选取检验统计量 $t=\dfrac{\bar{X}-\bar{Y}}{s_\omega\sqrt{\dfrac{1}{n_1}+\dfrac{1}{n_2}}}$. 其中 $s_\omega=\sqrt{\dfrac{(n_1-1)s_1^2+(n_2-1)s_2^2}{n_1+n_2-2}}$;$\bar{X}, \bar{Y}$为甲组、乙组成绩的均值;$s_1^2, s_2^2$ 为甲组、乙组成绩的方差;n_1, n_2 为甲组、乙组成绩的个数. $t=\dfrac{\bar{X}-\bar{Y}}{s_\omega\sqrt{\dfrac{1}{n_1}+\dfrac{1}{n_2}}}$满足自由度 n_1+n_2-2 的 t 分布,即

$$t=\frac{\bar{X}-\bar{Y}}{s_\omega\sqrt{\dfrac{1}{n_1}+\dfrac{1}{n_2}}} \sim t(n_1+n_2-2)$$

(3)给定显著性水平 α;

(4)由 $H_1: \mu_1 \neq \mu_2$,确定拒绝域的形式为:$|\bar{X}-\bar{Y}| \geqslant k$,即在原假设 $H_0: \mu_1=\mu_2$ 为真时,事件$\{|\bar{X}-\bar{Y}| \geqslant k\}$是小概率事件,因此 $P(|\bar{X}-\bar{Y}| \geqslant k) \leqslant \alpha$,此式可转化为

$$P(|t| \geqslant k_0) = P\left(\left|\frac{\bar{X}-\bar{Y}}{s_\omega\sqrt{\dfrac{1}{n_1}+\dfrac{1}{n_2}}}\right| \geqslant k_0\right) \leqslant \alpha$$

这时我们也可以认为拒绝域的形式为

$$|t| \geqslant k_0 \tag{10.5}$$

根据 $t(n)$ 分布的密度函数与 $t(n)$ 分布的与下侧概率 p 对应的分位数的定义可知

$$P(|t| \geqslant t_{1-\alpha/2}(n_1+n_2-2)) = \alpha$$

取(10.5)式中的 $k_0 = t_{1-\alpha/2}(n_1+n_2-2)$，则拒绝域可确定为

$$|t| \geqslant t_{1-\alpha/2}(n_1+n_2-2)$$

(5)由样本数据得

$$n_1 = 12,\quad n_2 = 14,\quad \overline{X} = 30.75,\quad \overline{Y} = 25.64,\quad s_1^2 = 14.75,\quad s_2^2 = 19.32$$

$$s_\omega = \sqrt{\frac{(n_1-1)s_1^2+(n_2-1)s_2^2}{n_1+n_2-2}} = 4.15,\quad t = \frac{\overline{X}-\overline{Y}}{s_\omega\sqrt{\dfrac{1}{n_1}+\dfrac{1}{n_2}}} = 3.16$$

查表得：$t_{1-\alpha/2}(n_1+n_2-2) = t_{1-0.05/2}(12+14-2) = t_{0.975}(24) = 2.0639$.

(6)因为 $|t| = 3.16 > t_{1-\alpha/2}(n_1+n_2-2) = 2.0639$，所以拒绝原假设 $H_0:\mu_1=\mu_2$，即可以认为两种教材的效果有显著的差异.

例 3　设总体 $X\sim N(\mu,\sigma^2)$，μ,σ^2 均未知，$(X_1,X_2,\cdots,X_n)$ 为样本，求假设检验

$$H_0:\sigma^2=\sigma_0^2,H_1:\sigma^2\neq\sigma_0^2 \tag{10.6}$$

的拒绝域(显著性水平 α)，其中 σ_0^2 是一个常数.

解　由于 σ^2 是未知的，我们只能用 σ^2 的一个估计值与 σ_0^2 相比较来判断总体 σ^2 与 σ_0^2 是否相等. 而样本方差 s^2 是 σ^2 的一个较好的估计值，因此可以用 s^2 与 σ_0^2 的比较来做出判断. 我们知道，当 $H_0:\sigma^2=\sigma_0^2$ 为真时，有

$$\frac{(n-1)s^2}{\sigma_0^2}\sim\chi^2(n-1)$$

因此我们选用 s^2 与 σ_0^2 两者之比而不是选用两者之差作比较. 取

$$\chi^2=\frac{(n-1)s^2}{\sigma_0^2}$$

作为检验统计量. 由备择假设 $H_1:\sigma^2\neq\sigma_0^2$ 可知拒绝域的形式应为

$$\chi^2=\frac{(n-1)s^2}{\sigma_0^2}\leqslant k_1\quad 或\quad \chi^2=\frac{(n-1)s^2}{\sigma_0^2}\geqslant k_2$$

而

$$P(\chi^2\leqslant k_1)+P(\chi^2\geqslant k_2)\leqslant\alpha \tag{10.7}$$

为了便于确定常数 k_1,k_2，常用

$$P(\chi^2\leqslant k_1)+P(\chi^2\geqslant k_2)=\alpha \tag{10.8}$$

来代替式(10.7)，要使式(10.8)成立，取

$$P(\chi^2\leqslant k_1)=\frac{\alpha}{2},\quad P(\chi^2\geqslant k_2)=\frac{\alpha}{2}$$

故得 $k_1=\chi^2_{\alpha/2}(n-1)$，$k_2=\chi^2_{1-\alpha/2}(n-1)$ 于是得到拒绝域为

$$\chi^2\leqslant\chi^2_{\alpha/2}(n-1)\quad 或\quad \chi^2\geqslant\chi^2_{1-\alpha/2}(n-1)$$

其中 $\chi^2=\dfrac{(n-1)s^2}{\sigma_0^2}$.

例 1 和例 3 中的样本都是取自单一的满足正态分布的整体，根据样本对总体参数进行判断，这样的假设检验问题称为单一正态下参数检验. 而例 2 中的样本分别取自两个满足正态分布的总体，我们要根据样本对两个总体参数间的关系做出判断，这样的假设检验问题

称为两个正态总体下参数检验.

形如(10.1)的检验问题,备择假设

$$H_1:\mu \neq \mu_0$$

表示μ可能大于μ_0,也可能小于μ_0,这样的备择假设称为双边备择假设,而形如(10.1)的假设检验问题:

$$H_0:\mu = \mu_0, \quad H_1:\mu \neq \mu_0$$

称为双边假设检验.

若备择假设形如:

$$H_1:\mu > \mu_0 \quad 或 \quad \mu < \mu_0$$

则假设检验

$$H_0:\mu=\mu_0, \quad H_1:\mu>\mu_0 \tag{10.9}$$

或

$$H_0:\mu=\mu_0, \quad H_1:\mu<\mu_0 \tag{10.10}$$

称为单边检验.

在实际中,我们还会遇到下列形式的假设检验

$$H_0:\mu \leqslant \mu_0, H_1:\mu > \mu_0 \tag{10.11}$$

可以证明形如(10.9)的假设检验问题的拒绝域也是形如(10.11)假设检验问题的拒绝域.

我们把常用的正态总体下的参数检验问题的检验统计量、检验统计量的分布、拒绝域列表,见表10.3.

表 10.3

	原假设	备择假设	其他参数	检验统计量	H_0 成立时检验统计量的分布	拒绝域
单个正态总体	$\mu=\mu_0$	$\mu\neq\mu_0$ $\mu>\mu_0$ $\mu<\mu_0$	σ^2 已知	$U=(\overline{X}-\mu_0)/\dfrac{\sigma}{\sqrt{n}}$	$N(0,1)$	$\lvert U\rvert\geqslant u_{1-\alpha/2}$ $U\geqslant u_{1-\alpha}$ $U\leqslant -u_{1-\alpha}$
	$\mu=\mu_0$	$\mu\neq\mu_0$ $\mu>\mu_0$ $\mu<\mu_0$	σ^2 未知	$t=(\overline{X}-\mu_0)/\dfrac{s}{\sqrt{n}}$	$t(n-1)$	$\lvert t\rvert\geqslant t_{1-\alpha/2}(n-1)$ $t\geqslant t_{1-\alpha}(n-1)$ $t\leqslant -t_{1-\alpha}(n-1)$
	$\sigma^2=\sigma_0^2$	$\sigma^2\neq\sigma_0^2$ $\sigma^2>\sigma_0^2$ $\sigma^2<\sigma_0^2$	μ 未知	$\chi^2=\dfrac{(n-1)s^2}{\sigma_0^2}$	$\chi^2(n-1)$	$\chi^2\geqslant\chi^2_{1-\alpha/2}(n-1)$或 $\chi^2\leqslant\chi^2_{\alpha/2}(n-1)$ $\chi^2\geqslant\chi^2_{1-\alpha}(n-1)$ $\chi^2\leqslant\chi^2_{\alpha}(n-1)$
两个正态总体	$\mu_1=\mu_2$	$\mu_1\neq\mu_2$ $\mu_1>\mu_2$ $\mu_1<\mu_2$	$\sigma_1^2=\sigma_2^2=\sigma^2$ 未知	$t=\dfrac{\overline{X}-\overline{Y}}{s_\omega\sqrt{\dfrac{1}{n_1}+\dfrac{1}{n_2}}}$ 其中 $s_\omega=\sqrt{\dfrac{(n_1-1)s_1^2+(n_2-1)s_2^2}{n_1+n_2-2}}$	$t(n_1+n_2-2)$	$\lvert t\rvert\geqslant t_{1-\alpha/2}(n_1+n_2-2)$ $t\geqslant t_{1-\alpha}(n_1+n_2-2)$ $t\leqslant -t_{1-\alpha}(n_1+n_2-2)$
	$\sigma_1^2=\sigma_2^2$	$\sigma_1^2\neq\sigma_2^2$ $\sigma_1^2>\sigma_2^2$ $\sigma_1^2<\sigma_2^2$	μ_1,μ_2 未知	$F=s_1^2/s_2^2$	$F(n_1-1,n_2-1)$	$F\geqslant F_{1-\alpha/2}(n_1-1,n_2-1)$ 或 $F\leqslant F_{\alpha/2}(n_1-1,n_2-1)$ $F\geqslant F_{1-\alpha}(n_1-1,n_2-1)$ $F\leqslant F_{\alpha}(n_1-1,n_2-1)$

例 4　要求一种元件使用寿命不得低于 1 000 h，今从一批这种元件中随机抽取 25 件，测得其寿命的平均值为 950 h，已知这种元件寿命服从标准差为 $\sigma = 100$ h 的正态分布. 试在显著水平 $\alpha = 0.05$ 下确定这批元件是否合格？设总体均值为 μ. 即需检验假设 $H_0: \mu \geqslant 1\ 000, H_1: \mu < 1\ 000$.

解　步骤：(1) $H_0: \mu \geqslant 1\ 000$；$H_1: \mu < 1\ 000$（$\sigma = 100$ 已知）；

(2) H_0 的拒绝域为 $\dfrac{\bar{x} - 1\ 000}{\dfrac{\sigma}{\sqrt{n}}} \leqslant -u_{0.95} = -1.645$；

(3) $n = 25, \alpha = 0.05, \bar{x} = 950$，由计算知 $\dfrac{950 - 1\ 000}{\dfrac{100}{\sqrt{25}}} = -2.5 < -u_{0.95} = 1.645$.

(4) 故在 $\alpha = 0.05$ 下，拒绝 H_0，即认为这批元件不合格.

以上我们讨论的都是已知总体服从正态分布，只是对分布的参数进行假设检验. 但在实际中，总体的分布形式往往是未知的，我们要对总体的分布函数进行检验，这类假设检验问题称为非参数假设检验. 关于非参数假设检验我们不做讨论.

习题 10.4

1. 已知某炼铁厂的铁水含碳量服从正态分布 $N(4.55, 0.108^2)$，现在测定 9 炉铁水，其平均含碳量为 4.484. 如果估计方差没有变化，可否认为现在生产的铁水平均含碳量为 4.55.（$\alpha = 0.05$）

2. 某地区小麦的一般生产水平为亩产 250 kg. 现用一种化肥进行试验，从 25 个地区抽样结果，平均产量为 270 kg，标准差为 30 kg. 问这种化肥是否使小麦明显增产.（$\alpha = 0.05$）

3. 某种导线，要求其电阻的标准差不得超过 0.005 Ω. 今在生产的一批导线中取样品 9 根，测得 $s = 0.007$ Ω，设总体为正态分布. 问在水平 $\alpha = 0.05$ 能否认为这批导线的标准差显著地偏大？

4. 一工厂的两个化验室每天同时从工厂的冷却水中取样，测量水中含氮量（10^{-6}）一次，下面是 7 天的记录：

甲化验室：1.15，1.86，0.75，1.82，1.14，1.65，1.90.

乙化验室：1.00，1.90，0.90，1.80，1.20，1.70，1.95.

设冷却水中的含氮量服从正态分布，问两化验室测定的结果之间有无显著差异（显著性水平为 0.05）.

5. 从总体 $X \sim N(\mu_1, \sigma_1^2)$ 和 $Y \sim N(\mu_2, \sigma_2^2)$ 中分别随机抽取一个容量为 10 和 9 的样本，计算其标准差分别为 $S_1 = 6.06, S_1 = 9.37$.

试推断两个总体的方差是否相等.（显著性水平为 0.1）

本 章 小 结

一、常用的统计量

1. 样本矩

$$A_k = \frac{1}{n}\sum_{i=1}^{n} X_i^k \quad (k = 1, 2, \cdots)$$

$$M_k = \frac{1}{n}\sum_{i=1}^{n}(X_i - \overline{X})^k \quad (k = 1,2,\cdots)$$

二、几个常用的分布

1. x^2 分布.

2. t 分布.

3. F 分布.

4. 分布的与下侧概率 p 对应的分位数 k: $P\{X<k\}=p(0<p<1)$.

三、抽样分布定理

1. 设 $X_i \sim N(\mu,\sigma^2)$, $i=1,2,\cdots,n$, 则

(1) $\overline{X} \sim N(\mu,\frac{\sigma^2}{n})$; (2) $\frac{(n-1)S^2}{\sigma^2} \sim \chi^2(n-1)$;

(3) $\frac{\overline{X}-\mu}{S/\sqrt{n}} \sim t(n-1)$.

2. 设 $X_i \sim N(\mu_1,\sigma^2)$, $i=1,2,\cdots,n_1$, $Y_j \sim N(\mu_2,\sigma^2)$, $j=1,2,\cdots,n_2$, 且 X_i, Y_j $(i=1,2,\cdots,n_1;j=1,2,\cdots,n_2)$ 相互独立, 则

(1)
$$t = \frac{(\overline{X}-\overline{Y})-(\mu_1-\mu_2)}{s_\omega\sqrt{\frac{1}{n_1}+\frac{1}{n_2}}} \sim t(n_1+n_2-2)$$

其中, $s_\omega = \sqrt{\frac{(n_1-1)S_1^2+(n_2-1)S_2^2}{n_1+n_2-2}}$.

(2)
$$\sigma_2^2 S_1^2/\sigma_1^2 S_2^2 \sim F(n_1-1,n_2-1)$$

四、参数估计

1. 点估计——矩估计法: $\mu_i = E(X^i) = A_i = \frac{1}{n}\sum_{j=1}^{n}X_j^i$, $i = 1,2,\cdots,k$.

2. 区间估计: 一个正态总体下参数的置信区间(置信度为 $1-\alpha$).

五、假设检验

1. 假设检验的类型.

双边检验: 例如

$$H_0:\mu = \mu_0,\quad H_1:\mu \neq \mu_0;\quad H_0:\mu_1 = \mu_2,\quad H_1:\mu_1 \neq \mu_2$$

单边检验: 例如

$$H_0:\mu = \mu_0,\quad H_1:\mu > (<)\mu_0;\quad H_0:\mu_1 = \mu_2,\quad H_1:\mu_1 > (<)\mu_2$$

2. 假设检验的一般步骤.

3. 正态总体参数的假设检验(显著性水平 α)的拒绝域.

自测与评估(10)

一、选择题

1. 设在总体 $N(\mu,\sigma^2)$ 中抽取样本 (X_1,X_2,X_3), 其中 μ 已知而 σ^2 未知. 下面各量不是统计量的是(　　).

A. $X_1+X_2+X_3$　　B. $2X_1+X_2$

C. $(X_1+X_2+X_3)/3-\mu$　　D. $(X_1+X_2+X_3)/\sigma$

2. 设在总体 $N(1,2^2)$ 中抽取样本 (X_1,X_2,X_3)，样本均值为 $\overline{X}$，则(　　).

A. $\overline{X}\sim N(1,2^2)$　　B. $\overline{X}\sim N(1,2^2/3)$

C. $\overline{X}\sim N(3,2^2)$　　D. $\overline{X}\sim N(3,2^2/3)$

3. 已知某次高考的数学成绩服从正态分布，从这个总体中随机抽取容量为 36 的样本，并计算得其平均分为 79，标准差为 9，那么下列成绩不在这次考试中全体考生成绩均值 μ 的 0.95 的置信区间之内的是(　　).

A. 77　　B. 79　　C. 81　　D. 83

二、填空题

1. 设 $X\sim N(0,1)$，$Y\sim\chi^2(6)$，且 X,Y 相互独立，则 $X/\sqrt{Y/6}$ 服从自由度为________的________分布.

2. 设随机变量 X 的分布列见表 10.4.

表 10.4

X	-1	0	1
P	θ	2θ	3θ

$(X_1,X_2,\cdots,X_n)$ 是一个样本，则参数 θ 的矩估计是________.

3. 设总体 $X\sim N(\mu,0.9^2)$，从中抽取一个容量为 16 的样本，计算其均值为 $\overline{X}=5$，则总体均值 μ 的置信水平为 0.95 的置信区间是________.

三、解答题

1. 测得 16 个零件的长度(单位:mm)如下：

12.15，12.12，12.01，12.08，12.09，12.16，12.06，12.01

12.13，12.06，12.03，12.07，12.11，12.08，12.01，12.03

设零件长度服从正态分布 $N(\mu,\sigma^2)$，求零件长度标准差 σ 的置信水平为 0.99 的置信区间，如果：(1)已知零件长度的均值 $\mu=12.08$ mm；(2) μ 未知.

2. 设某次考试的考生成绩服从正态分布，从中随机地抽取 36 位考生的成绩，算得平均成绩 66.5 分，标准差 15 分，问在显著性水平 0.05 下，是否可以认为全体考生的平均成绩为 70 分？

3. 为了提高振动板的硬度，热处理车间选择两种淬火温度 T_1 及 T_2 进行试验，测得振动板的硬度数据如下：

T_1：85.6，85.9，85.7，85.8，85.7，86.0，85.5，85.4

T_2：86.2，85.786.5，85.7，85.8，86.3，86.0，85.8

设两种淬火温度下振动板的硬度都服从正态分布，检验：

(1)两种淬火温度下振动板的硬度的方差是否有显著性差异.(显著性水平为 0.05)

(2)两种淬火温度对振动板的硬度是否有显著影响.(显著性水平为 0.05)

附 表

附表1 正态分布表

$$¢(x)=\int_{-\infty}^{x}\frac{1}{\sqrt{2\pi}}e^{-t^2/2}dt$$

	0	1	2	3	4	5	6	7	8	9
0.0	0.500 0	0.504 0	0.508 0	0.512 0	0.516 0	0.519 9	0.523 9	0.527 9	0.531 9	0.535 9
0.1	0.539 8	0.543 8	0.547 8	0.551 7	0.555 7	0.559 6	0.563 6	0.567 5	0.571 4	0.575 3
0.2	0.579 3	0.583 2	0.587 1	0.591 0	0.594 8	0.598 7	0.602 6	0.606 4	0.610 3	0.614 1
0.3	0.617 9	0.621 7	0.625 5	0.629 3	0.633 1	0.636 8	0.640 6	0.644 3	0.648 0	0.651 7
0.4	0.655 4	0.659 1	0.662 8	0.666 4	0.670 0	0.673 6	0.677 2	0.680 8	0.684 4	0.687 9
0.5	0.691 5	0.695 0	0.698 5	0.701 9	0.705 4	0.708 8	0.712 3	0.715 7	0.719 0	0.722 4
0.6	0.725 7	0.729 1	0.732 4	0.735 7	0.738 9	0.742 2	0.745 4	0.748 6	0.751 7	0.754 9
0.7	0.758 0	0.761 1	0.764 2	0.767 3	0.770 3	0.773 4	0.776 4	0.779 4	0.782 3	0.785 2
0.8	0.788 1	0.791 0	0.793 9	0.796 7	0.799 5	0.802 3	0.805 1	0.807 8	0.810 6	0.813 3
0.9	0.815 9	0.818 6	0.821 2	0.823 8	0.826 4	0.828 9	0.831 5	0.834 0	0.836 5	0.838 9
1.0	0.841 3	0.843 8	0.846 1	0.848 5	0.850 8	0.853 1	0.855 4	0.857 7	0.859 9	0.862 1
1.1	0.864 3	0.866 5	0.868 6	0.870 8	0.872 9	0.874 9	0.877 0	0.879 0	0.881 0	0.883 0
1.2	0.884 9	0.886 9	0.888 8	0.890 7	0.892 5	0.894 4	0.896 2	0.898 0	0.899 7	0.901 5
1.3	0.903 2	0.904 9	0.906 6	0.908 2	0.909 9	0.911 5	0.913 1	0.914 7	0.916 2	0.917 7
1.4	0.919 2	0.920 7	0.922 2	0.923 6	0.925 1	0.926 5	0.927 8	0.929 2	0.930 6	0.931 9
1.5	0.933 2	0.934 5	0.935 7	0.937 0	0.938 2	0.939 4	0.940 6	0.941 8	0.943 0	0.944 1
1.6	0.945 2	0.946 3	0.947 4	0.948 4	0.949 5	0.950 5	0.951 5	0.952 5	0.953 5	0.954 5
1.7	0.955 4	0.956 4	0.957 3	0.958 2	0.959 1	0.959 9	0.960 8	0.961 6	0.962 5	0.963 3
1.8	0.964 1	0.964 8	0.965 6	0.966 4	0.967 1	0.967 8	0.968 6	0.969 3	0.970 0	0.970 6
1.9	0.971 3	0.971 9	0.972 6	0.973 2	0.973 8	0.974 4	0.975 0	0.975 6	0.976 2	0.976 7
2.0	0.977 2	0.977 8	0.978 3	0.978 8	0.979 3	0.979 8	0.980 3	0.980 8	0.981 2	0.981 7
2.1	0.982 1	0.982 6	0.983 0	0.983 4	0.983 8	0.984 2	0.984 6	0.985 0	0.985 4	0.985 7
2.2	0.986 1	0.986 4	0.986 8	0.987 1	0.987 4	0.987 8	0.988 1	0.988 4	0.988 7	0.989 0
2.3	0.989 3	0.989 6	0.989 8	0.990 1	0.990 4	0.990 6	0.990 9	0.991 1	0.991 3	0.991 6
2.4	0.991 8	0.992 0	0.992 2	0.992 5	0.992 7	0.992 9	0.993 1	0.993 2	0.993 4	0.993 6
2.5	0.993 8	0.994 0	0.994 1	0.994 3	0.994 5	0.994 6	0.994 8	0.994 9	0.995 1	0.995 2
2.6	0.995 3	0.995 5	0.995 6	0.995 7	0.995 9	0.996 0	0.996 1	0.996 2	0.996 3	0.996 4
2.7	0.996 5	0.996 6	0.996 7	0.996 8	0.996 9	0.997 0	0.997 1	0.997 2	0.997 3	0.997 4
2.8	0.997 4	0.997 5	0.997 6	0.997 7	0.997 7	0.997 8	0.997 9	0.997 9	0.998 0	0.998 1
2.9	0.998 1	0.998 2	0.998 2	0.998 3	0.998 4	0.998 4	0.998 5	0.998 5	0.998 6	0.998 6
3.0	0.998 7	0.999 0	0.999 3	0.999 5	0.999 7	0.999 8	0.999 8	0.999 9	0.999 9	1

附表2　χ^2 分布表

$P(\chi^2(n) < \chi_p^2(n)) = p$

n	$p=0.005$	$p=0.01$	$p=0.025$	$p=0.05$	$p=0.10$	$p=0.25$
1			0.001	0.004	0.016	0.102
2	0.010	0.020	0.051	0.103	0.211	0.575
3	0.072	0.115	0.216	0.352	0.534	1.213
4	0.207	0.297	0.484	0.711	1.064	1.923
5	0.412	0.554	0.831	1.145	1.610	2.675
6	0.676	0.872	1.237	1.635	2.204	3.455
7	0.989	1.239	1.690	2.167	2.833	4.255
8	1.344	1.646	2.180	2.733	3.400	5.071
9	1.735	2.088	2.700	3.325	4.268	5.899
10	2.156	2.558	3.247	3.940	4.865	6.737
11	2.603	3.053	3.816	4.575	5.578	7.584
12	3.074	3.571	4.404	5.226	6.304	8.438
13	3.565	4.107	5.009	5.892	7.042	9.299
14	4.075	4.660	5.629	6.571	7.790	10.165
15	4.601	5.229	6.262	7.261	8.547	11.037
16	5.142	5.812	6.908	7.962	9.312	11.912
17	5.697	6.408	7.564	8.672	10.085	12.792
18	6.265	7.015	8.231	9.390	10.865	13.675
19	6.844	7.633	8.907	10.117	11.651	14.562
20	7.434	8.260	9.591	10.351	12.443	15.452
21	8.034	8.897	10.283	11.591	13.240	16.344
22	8.643	6.542	10.982	12.338	14.042	17.240
23	9.260	10.196	11.689	13.091	14.848	18.137
24	9.886	10.856	12.401	13.848	15.659	19.037
25	10.520	11.524	13.120	14.611	16.473	19.939
26	11.160	12.198	13.844	15.379	17.292	20.843
27	11.808	12.879	14.573	16.151	18.114	21.749
28	12.461	13.565	15.308	16.928	18.930	22.657
29	13.121	14.257	16.047	17.708	19.768	23.567
30	13.787	14.954	16.791	18.493	20.599	24.478
31	14.458	15.655	17.539	19.281	21.434	25.390
32	15.134	16.362	18.291	20.072	22.271	26.304
33	15.815	17.074	19.047	20.867	23.110	27.219
34	16.501	17.789	19.806	21.664	23.952	28.136
35	17.192	18.509	20.569	22.465	24.797	29.054
36	17.887	19.233	21.386	23.269	25.643	29.973

附表2(续)

n	$p=0.75$	$p=0.90$	$p=0.95$	$p=0.975$	$p=0.99$	$p=0.995$
1	1.323	2.706	3.841	5.024	6.365	7.879
2	2.773	40 605	5.991	7.378	9.210	10.597
3	4.108	6.251	7.815	9.348	11.345	12.838
4	5.385	70 779	9.488	11.143	13.277	14.860
5	6.626	9.236	11.071	12.833	15.086	16.750
6	7.841	10.645	12.592	14.449	16.812	18.548
7	9.037	12.017	14.067	16.013	18.475	20.278
8	10.219	13.362	15.507	17.535	20.090	21.955
9	11.389	14.684	16.919	19.023	21.666	23.589
10	12.549	15.987	18.307	20.483	23.209	25.188
11	13.701	17.275	19.675	21.920	24.725	26.757
12	14.845	18.549	21.026	23.337	26.217	28.299
13	15.984	18.812	22.362	24.736	27.688	29.819
14	17.117	21.064	23.685	26.119	29.141	31.319
15	18.245	22.307	24.996	27.488	30.578	32.801
16	19.369	23.542	26.296	28.845	32.000	34.267
17	20.489	24.769	27.587	30.191	33.409	35.718
18	21.605	25.989	28.869	31.526	34.805	37.156
19	22.718	27.204	30.144	32.852	36.191	38.582
20	23.828	28.412	31.410	34.170	37.566	39.997
21	24.935	29.615	32.671	35.479	38.932	41.401
22	26.039	30.813	33.924	36.781	40.289	42.796
23	27.141	32.007	35.172	38.076	41.638	44.181
24	28.241	33.196	36.415	39.364	42.980	45.559
25	29.339	34.382	37.652	40.646	44.314	46.928
26	30.435	35.563	38.885	41.923	45.642	48.290
27	31.528	36.741	40.113	43.194	46.963	49.645
28	32.620	37.916	41.337	44.461	48.278	50.993
29	33.711	39.087	42.557	45.722	49.588	52.336
30	34.800	40.256	43.773	46.979	50.892	53.672
31	35.887	41.422	44.985	48.232	52.191	55.003
32	36.973	42.585	46.194	49.480	53.486	56.328
33	38.058	43.745	47.400	50.725	54.776	57.648
34	39.141	44.903	48.602	51.966	56.061	58.964
35	40.223	46.059	49.802	53.203	57.342	60.275
36	41.304	47.212	50.998	54.437	58.619	61.581

附表3 t分布表

$P(t(n)<t_p(n))=p$

n	$p=0.75$	$p=0.90$	$p=0.95$	$p=0.975$	$p=0.99$	$p=0.995$
1	1.000 0	3.000 7	6.313 8	12.706 2	31.820 7	63.657 4
2	0.816 5	1.885 6	2.920 0	4.302 7	6.964 6	9.924 8
3	0.764 9	1.633 7	2.353 4	3.182 4	4.540 7	5.840 9
4	0.740 7	1.533 2	2.131 8	2.776 4	3.746 9	4.604 1
5	0.726 7	1.475 9	2.015 0	2.570 6	3.364 9	4.032 2
6	0.717 6	1.439 8	1.943 2	2.446 9	3.142 7	3.707 4
7	0.711 1	1.414 9	1.894 6	2.364 6	2.998 0	3.499 5
8	0.706 4	1.396 8	1.859 5	2.306 0	2.896 5	3.355 4
9	0.702 7	1.383 0	1.833 1	2.262 2	2.821 4	3.249 8
10	0.699 8	1.372 2	1.812 5	2.228 1	2.763 8	3.169 3
11	0.697 4	1.363 4	1.795 9	2.201 0	2.718 1	3.105 8
12	0.695 5	1.356 2	1.782 3	2.178 8	2.681 0	3.054 5
13	0.693 8	1.350 2	1.770 9	2.160 4	2.650 3	3.012 3
14	0.692 4	1.345 0	1.761 3	2.144 8	2.624 5	2.976 8
15	0.691 2	1.340 6	1.753 1	2.131 5	2.602 5	2.946 7
16	0.690 1	1.336 8	1.745 9	2.119 9	2.853 5	2.920 8
17	0.689 2	1.333 4	1.739 6	2.109 8	2.566 9	2.898 2
18	0.688 4	1.330 4	1.834 1	2.100 9	2.552 4	2.878 4
19	0.687 6	1.327 7	1.729 1	2.093 0	2.539 5	2.860 9
20	0.687 0	1.325 3	1.724 7	2.086 0	2.528 0	2.845 3
21	0.686 4	1.323 2	1.720 7	2.079 6	2.517 7	2.831 4
22	0.685 8	1.321 2	1.717 1	2.0739	2.508 3	2.818 8
23	0.685 3	1.319 5	1.713 9	2.068 7	2.499 9	2.807 3
24	0.684 8	1.317 8	1.710 9	2.063 9	2.492 2	2.796 9
25	0.684 4	1.3163	1.708 1	2.059 5	2.485 1	2.787 4
26	0.684 0	1.315 0	1.705 6	2.055 5	2.478 6	2.778 7
27	0.683 7	1.313 7	1.703 3	2.051 8	2.472 7	2.770 7
28	0.683 4	1.312 5	1.701 1	2.048 4	2.467 1	2.763 3
29	0.6830	1.311 4	1.699 1	2.045 2	2.462 0	2.756 4
30	0.682 8	1.310 4	1.697 3	2.042 3	2.457 3	2.750 0
31	0.682 5	1.309 5	1.695 5	2.039 5	2.452 8	2.744 0
32	0.682 2	1.308 6	1.693 9	2.036 9	2.448 7	2.738 5
33	0.682 0	1.307 7	1.969 24	2.034 5	2.444 8	2.733 3
34	0.681 8	1.307 0	1.690 9	2.032 2	2.441 1	2.728 4
35	0.681 6	1.306 2	1.689 6	2.030 1	2.437 7	2.723 8
36	0.681 4	1.305 5	1.688 3	2.028 1	2.434 5	2.719 5

附表4　F 分布表

$P(F(n_1,n_2)<F_p(n_1,n_2))=p, p=0.95$

$n_2 \backslash n_1$	1	2	3	4	5	6	7	8	9	10	12	15	20	24
1	161.4	199.5	215.7	224.6	230.2	234.0	236.8	238.9	240.5	241.9	243.9	245.9	248.0	249.1
2	18.51	19.00	19.16	19.25	19.30	19.33	19.35	19.37	19.38	19.40	19.41	19.43	19.45	19.45
3	10.13	9.55	9.28	9.12	9.01	8.94	8.89	8.85	8.81	8.79	8.74	8.70	8.66	8.64
4	7.71	6.94	6.59	6.39	6.26	6.16	6.09	6.04	6.00	5.96	5.91	5.86	5.80	5.77
5	6.61	5.79	5.41	5.19	5.05	4.95	4.88	4.82	4.77	4.74	4.68	4.62	4.56	4.53
6	5.99	5.14	4.76	4.53	4.39	4.28	4.21	4.15	4.10	4.06	4.00	3.94	3.87	3.84
7	5.59	4.74	4.35	4.12	3.97	3.87	3.79	3.37	3.68	3.64	3.57	3.51	3.44	3.41
8	5.32	4.46	4.07	3.84	3.69	3.58	3.50	3.44	3.39	3.35	3.28	3.22	3.15	3.12
9	5.12	4.26	3.86	3.63	3.48	3.37	3.29	3.23	3.18	3.14	3.07	3.01	2.94	2.90
10	4.96	4.10	3.71	3.48	3.33	3.22	3.14	3.07	3.02	2.98	2.91	2.85	2.77	2.74
11	4.84	3.98	3.59	3.36	3.20	3.09	3.01	2.95	2.90	2.85	2.79	2.72	2.65	2.61
12	4.75	3.89	3.49	3.26	3.11	3.00	2.91	2.85	2.80	2.75	2.69	2.62	2.54	2.51
13	4.67	3.81	3.41	3.18	3.03	2.92	2.83	2.77	2.71	2.67	2.60	2.53	2.46	2.42
14	4.60	3.74	3.34	3.11	2.96	2.85	2.76	2.70	2.65	2.60	2.53	2.46	2.39	2.35
15	4.54	3.68	3.29	3.06	2.90	2.79	2.71	2.64	2.59	2.54	2.48	2.40	2.33	2.29

附表4(续)

$p=0.95$

$n_2 \backslash n_1$	1	2	3	4	5	6	7	8	9	10	12	15	20	24
16	4.49	3.63	3.24	3.01	2.85	2.74	2.66	2.59	2.54	2.49	2.42	2.35	2.28	2.24
17	4.45	3.59	3.20	2.96	2.81	2.70	2.61	2.55	2.49	2.45	2.38	2.31	2.23	2.19
18	4.41	3.55	3.16	2.93	2.77	2.66	2.58	2.51	2.46	2.41	2.34	2.27	2.19	2.15
19	4.38	3.52	3.13	2.90	2.74	2.63	2.54	2.48	2.42	2.38	2.31	2.23	2.16	2.11
20	4.35	3.49	3.10	2.87	2.71	2.60	2.51	2.45	2.39	2.35	2.25	2.20	2.12	2.08
21	.32	3.47	3.07	2.84	2.68	2.57	2.49	2.42	2.37	2.32	2.25	2.18	2.10	2.05
22	4.30	3.44	3.05	2.82	2.66	2.55	2.46	2.40	2.34	2.30	2.23	2.15	2.07	2.03
23	4.28	3.42	3.03	2.80	2.64	2.53	2.44	2.37	2.32	2.27	2.20	2.13	2.05	2.01
24	4.26	3.40	3.01	2.78	2.62	2.51	2.42	2.36	2.30	2.25	2.18	2.11	2.03	1.98
25	4.24	3.39	2.99	2.76	2.60	2.49	2.40	2.34	2.28	2.24	2.16	2.09	2.01	1.96
26	4.23	3.37	2.98	2.74	2.59	2.47	2.39	2.32	2.27	2.22	2.15	2.07	1.99	1.95
27	4.21	3.35	2.26	2.73	2.57	2.46	2.37	2.31	2.25	2.20	2.13	2.06	1.97	1.93
28	4.20	3.34	2.95	2.71	2.56	2.45	2.36	2.29	2.24	2.19	2.12	2.04	1.96	1.91
29	4.18	3.33	2.93	2.70	2.55	2.43	2.35	2.28	2.22	2.18	2.10	2.03	1.94	1.90
30	4.17	3.32	2.92	2.69	2.53	2.42	2.33	2.27	2.21	2.16	2.09	2.01	1.93	1.89

附表4(续)

$p = 0.975$

$n_2 \backslash n_1$	1	2	3	4	5	6	7	8	9	10	12	15	20	24
1	647.8	799.5	864.2	899.6	921.8	937.1	948.2	956.7	963.3	968.6	976.7	984.9	993.1	997.2
2	38.51	39.00	39.17	39.25	39.30	39.33	39.36	39.37	39.39	39.40	39.41	39.43	39.45	39.46
3	17.44	16.04	15.44	15.10	14.88	14.73	14.62	14.54	14.47	14.42	14.34	14.25	14.17	14.12
4	12.22	10.65	9.98	9.60	9.36	9.20	9.07	8.98	8.90	8.84	8.75	8.66	8.56	8.51
5	10.01	8.43	7.76	7.39	7.15	6.98	6.85	6.76	6.68	6.62	6.52	6.43	6.33	6.28
6	8.81	7.26	6.60	6.23	5.99	5.82	5.70	5.60	5.52	5.46	5.37	5.27	5.17	5.12
7	8.07	6.54	5.89	5.52	5.29	5.12	4.99	4.90	4.82	4.76	4.67	4.57	4.47	4.42
8	7.57	6.06	5.42	5.05	4.82	4.65	4.53	4.43	4.36	4.30	4.20	4.10	4.00	3.95
9	7.21	5.71	5.08	4.72	4.48	4.32	4.20	4.10	4.03	3.96	3.87	3.77	3.67	3.61
10	6.94	5.46	4.83	4.47	4.24	4.07	3.95	3.85	3.78	3.72	3.62	3.52	3.42	3.37
11	6.72	5.26	4.63	4.28	4.04	3.88	3.76	3.66	3.59	3.53	3.43	3.33	3.23	3.17
12	6.55	5.10	4.47	4.12	3.89	3.73	3.61	3.51	3.44	3.37	3.28	3.18	3.07	3.02
13	6.41	4.97	4.35	4.00	3.77	3.60	3.48	3.39	3.31	3.25	3.15	3.05	2.95	2.89
14	6.30	4.86	4.24	3.89	3.66	3.50	3.38	3.29	3.21	3.15	3.05	2.95	2.84	2.79
15	6.20	4.77	4.15	3.80	3.58	3.41	3.29	3.20	3.12	3.06	2.96	2.86	2.76	2.70

附表4(续)

$p = 0.975$

$n_2 \backslash n_1$	1	2	3	4	5	6	7	8	9	10	12	15	20	24
16	6.12	4.69	4.08	3.73	3.50	3.34	3.22	3.12	3.05	2.99	2.89	2.79	2.68	2.63
17	6.04	4.62	4.01	3.66	3.44	3.28	3.16	3.06	2.98	2.92	2.82	2.72	2.62	2.56
18	5.98	4.56	3.95	3.61	3.38	3.22	3.10	3.01	2.93	2.87	2.77	2.67	2.56	2.50
19	5.92	4.51	3.90	3.56	3.33	3.17	3.05	2.96	2.88	2.82	2.72	2.62	2.51	2.45
20	5.87	4.46	3.86	3.51	3.29	3.13	3.01	2.91	2.84	2.77	2.68	2.57	2.46	2.41
21	5.83	4.42	3.82	3.48	3.25	3.09	2.97	2.87	2.80	2.73	2.64	2.53	2.42	2.37
22	5.79	4.38	3.78	3.44	3.22	3.05	2.93	2.84	2.76	2.70	2.60	2.50	2.39	2.33
23	5.75	4.35	3.75	3.41	3.18	3.02	2.90	2.81	2.73	2.67	2.57	2.47	2.36	2.30
24	5.72	4.32	3.72	3.38	3.15	2.99	2.87	2.78	2.70	2.64	2.54	2.44	2.33	2.27
25	5.69	4.29	3.69	3.35	3.13	2.97	2.85	2.75	2.68	2.61	2.51	2.41	2.30	2.24
26	5.66	4.27	3.67	3.33	3.10	2.94	2.82	2.73	2.65	2.59	2.49	2.39	2.28	2.22
27	5.63	4.24	3.65	3.31	3.08	2.92	2.80	2.71	2.63	2.57	2.47	2.36	2.25	2.19
28	5.61	4.22	3.63	3.29	3.06	2.90	2.78	2.69	2.61	2.55	2.45	2.34	2.23	2.17
29	5.59	4.20	3.61	3.27	3.04	2.88	2.76	2.67	2.59	2.53	2.43	2.32	2.21	2.15
30	5.57	4.18	3.59	3.25	3.03	2.87	2.75	2.65	2.57	2.51	2.41	2.31	2.20	2.14

参考答案

第1章 极限与连续

习题1.1

1.（1）不是（2）不是（3）是（4）不是 2. $1-\frac{1}{x}$ 3.（1）$[-1,0)\cup(0,1]$

（2）$(-\infty,-1)\cup(-1,1)\cup(1,3)$ 4. $f(x)=\begin{cases}\sqrt{x+1},-1\leqslant x\leqslant 0\\ -\sqrt{x},0<x<1\end{cases}$ 5.（1）奇函数

（2）偶函数 （3）非奇非偶函数 （4）奇函数 6.（1）$y=u^2,u=\cos v,v=e^x$

（2）$y=\ln u,u=\sin v,v=x^2$

习题1.2

1.（1）-9 （2）1 （3）$1-\frac{\sqrt{2}}{2}$ （4）0 2.（1）2 （2）$\frac{1}{2}$ （3）0 3.（1）4 （2）$\frac{2}{3}$ （3）e^2

（4）e^{-2}

习题1.3

1.（1）D （2）A （3）D 2. x^2-x^3 是比 $2x-x^2$ 的高阶无穷小

3. $1-x$ 与 $1-x^3$，$\frac{1}{2}(1-x^2)$ 同阶，与 $\frac{1}{2}(1-x^2)$ 等价 4.（1）$\frac{2}{3}$ （2）4 （3）0

习题1.4

1.（1）B （2）C （3）A 2. $x=1$ 为可去间断点 3.（1）$-\frac{2}{5}$ （2）$\frac{\sqrt{2}}{4}$ 4. 略

自测与评估(1)

一、选择题

1. A 2. B 3. A 4. A 5. B

二、填空题

1. $\frac{1}{2}$ 2. 0 3. 1 4. 1 5. 1

三、计算题

1. $k=2$ 2. $x=1$ 为可去间断点 3. $e^{-\frac{1}{2}}$ 4. $\frac{3}{4}$

第2章 导数与微分

习题2.1

1.（1）$y'=a$ （2）$y'=\frac{1}{2\sqrt{x}}$ （3）$y'=-\frac{1}{x^2}$ （4）$y'=-\sin x$

2. $f'(x)=2ax+b$；$f'(0)=b$；$f'(-1)=-2a+b$；$f'\left(-\frac{b}{2a}\right)=0$

3. (1)28;(2)12. 4. 切线 $y=x-1$;法线 $y=-x+1$ 5. (2,4) 6. 连续但不可导

7. (1)$f'(x_0)$ (2)$-f'(x_0)$ (3)$f'(x_0)$ (4)$(a+b)f'(x_0)$

习题 2.2

1. (1)$y'=6x-5$ (2)$y'=x^{-\frac{1}{2}}+x^{-2}$ (3)$y'=10^x\ln 10-10x^9$ (4)$y'=3x^2+2x-1$

(5)$y'=\ln x+1$ (6)$y'=\sin x\ln x+x\cos x\ln x+\sin x$ (7)$y'=\dfrac{1-x^2}{(1+x^2)^2}$ (8)$f'(t)=\dfrac{-t^2+10t-3}{t^4}$ (9)$y'=\dfrac{e^x\cos x+e^x\sin x}{\cos^2 x}$ (10)$y'=\dfrac{3^x\ln 3}{x}-\dfrac{3^x}{x^2}$

2. (1)$y'=8(2x+5)^3$ (2)$y'=-2x\sin x^2$ (3)$y'=-3\cos 6x$ (4)$y'=\dfrac{1}{x\ln x}$

(5)$y'=1+\dfrac{\cos x}{2\sqrt{1+\sin x}}$ (6)$y'=\dfrac{1}{2}e^{\frac{x}{2}}\cos 3x-3e^{\frac{x}{2}}\sin 3x$ 3. $f'(1)=16$,$f'(a)=15a^2+\dfrac{2}{a^3}-1$

习题 2.3

1. (1)$y''=-2\sin x-x\cos x$ (2)$y''=(6x+4x^3)e^{x^2}$ (3)$y''=2\left(\arctan x+\dfrac{x}{1+x^2}\right)$

(4)$y''=6x\ln x+5x$

2. $y^{(n)}=(-1)^{n-1}\dfrac{(n-1)!}{(1+x)^n}$

习题 2.4

1. $\Delta y=0.030\,2$,$dy=0.03$ 2. (1)$dy=\left(-\dfrac{1}{x^2}+\dfrac{1}{\sqrt{x}}\right)dx$ (2)$dy=-3\sin(3x+2)\,dx$ (3)$dy=(\ln x+1-2x)dx$ (4)$dy=\dfrac{2}{x-1}\ln(-x)dx$ (5)$dy=\left[\arctan\sqrt{x}+\dfrac{\sqrt{x}}{2(1+x)}\right]dx$ (6)$dy=e^{-ax}(b\cos bx-a\sin bx)dx$

3. (1)0.874 77 (2)−0.1 (3)2.001 7 (4)0.8 4. 精确值:30.301 m^3;近似值:30 m^3.

自测与评估(2)

一、选择题

1. C 2. D 3. C 4. A 5. A 6. D 7. B 8. A 9. B

二、填空题

1. 9 2. $2f'(x_0)f(x_0)$ 3. $-\dfrac{1}{2}\ln 3$ 4. $-\dfrac{1}{1+x^2}$,$\dfrac{2x}{(1+x^2)^2}$ 5. 0.04 6. 0.08π

三、计算题

1. (1)$y'=\dfrac{\ln x+x+1}{(1+x)^2}$ (2)$y'=\dfrac{\ln 2}{2}2^{\tan\frac{x}{2}}\sec^2\dfrac{x}{2}$ (3)$y'=3x^2\cos x^3+3\sin 3x$

(4)$y'=\dfrac{1}{x^2-a^2}$ (5)$y'=\arctan x$ (6)$y'=x(1+x^2)^{\frac{1}{2}}-\tan x$

2. $a=\dfrac{1}{2}$,$b=c=1$ 3. $y''=-6xf'(1-x^2)+4x^3f''(1-x^2)$

第3章　导数的应用

习题3.1

1. (1)$\xi=2$　(2)$\xi=\frac{\pi}{2}$　2. (1)$\xi=1$　(2)$\xi=e-1$　3. 略

4. (1)证明:令$f(x)=\ln(1+x)$,则$f(x)$在$[0,x]$上满足拉格朗日中值定理的条件,且$f'(x)=\frac{1}{1+x}$,所以至少存在一点,使得$\ln(1+x)-\ln 1=f'(\xi)(x-0)=\frac{1}{1+\xi}x$,由于$0<\xi<x$,$\therefore 1<1+\xi<1+x$,$\frac{x}{1+x}<\frac{1}{1+\xi}x<x$　即$\frac{x}{1+x}<\ln(1+x)<x$.　(2)令$f(x)=x^n$.

习题3.2

1. (1)单调增加　(2)单调减少　(3)单调增加
2. (1)$(-\infty,-3]$,$[3,+\infty)$单调增加;$[-3,3]$单调减少
   (2)$(-\infty,-1]$,$[0,1]$单调减少;$[-1,0]$,$[1,+\infty)$单调增加
   (3)$(-\infty,-1]$,$\left[-1,\frac{1}{2}\right]$单调减少;$\left[\frac{1}{2},+\infty\right)$单调增加
   (4)$(-\infty,0]$单调增加;$[0,+\infty)$单调减少
3. 略

习题3.3

1. (1)极大值$y(0)=0$;极小值$y(1)=-1$　(2)极大值$y(-1)=17$;极小值$y(3)=-47$
   (3)极大值$y(\frac{3}{4})=\frac{5}{4}$　(4)极大值$y(0)=-1$
2. $a=2$;$f\left(\frac{\pi}{3}\right)=\sqrt{3}$为极大值
3. (1)最大值$f(4)=142$,最小值$f(1)=7$　(2)最大值$y(\pm2)=13$,最小值$y(\pm1)=4$
4. $V=(8-2x)(5-2x)\cdot x$;$x\in(0,2.5)$;$x=1$

习题3.4

1. (1)$(0,+\infty)$凸　(2)$(-\infty,+\infty)$凸
2. (1)$\left(-\infty,\frac{5}{3}\right)$凸;$\left(\frac{5}{3},+\infty\right)$凹;拐点$\left(\frac{5}{3},\frac{20}{27}\right)$
   (2)$(-\infty,2)$凸;$(2,+\infty)$凹;拐点$\left(2,\frac{2}{e^2}\right)$
   (3)$(-\infty,2)$凸;$(2,+\infty)$凹;拐点$(2,0)$
3. $a=-3$,拐点$(1,-7)$;$(-\infty,1)$凸;$(1,+\infty)$凹　4. $a=-\frac{3}{2}$,$b=\frac{9}{2}$

自测与评估(3)

一、选择题

1. C　2. D　3. C　4. A　5. D　6. A　7. B　8. B　9. D　10. C　11B　12. B

二、填空题

1. $\frac{1}{2}$　2. $x=1$,$(2,2)$　3. 2　4. e^2,0　5. 3

6. 驻点,不可导点,区间端点　7. $f(a)+f'(\xi)(b-a)$　8. 3

三、计算题

1. $(-\infty,-1],[3,+\infty)$单调增加;$[-1,3]$单调减少;极大值$f(-1)=19$;极小值$f(3)=-13$

2. $(-\infty,-1)(1,+\infty)$凸;$(-1,1)$凹;拐点$(-1,\ln 2)$;$(1,\ln 2)$

3. $a=1,b=-3,c=4$

第4章 不定积分

习题 4.1

1. (1) $-\dfrac{1}{2x^2}+C$ (2) x^4+x^3+x+C (3) $\dfrac{2}{7}x^3\sqrt{x}+C$

(4) $2\sqrt{x}-\dfrac{4}{3}x\sqrt{x}+\dfrac{2}{5}x^2\sqrt{x}+C$ (5) $3\sin x-e^x+C$ (6) $\dfrac{6^x}{\ln 6}+C$

2. 略 3. $y=\dfrac{x^3}{3}+1$ 4. $y=x+\dfrac{x^3}{3}+1$ 5. $s=3\sin t+4$

习题 4.2

1. (1) $\dfrac{1}{2}\ln|2x+5|+C$ 2. $-\dfrac{1}{3}(1-x^2)^{\frac{3}{2}}+C$ 3. $-\cos x+\dfrac{1}{3}\cos^3 x+C$ 4. $\dfrac{2}{3}e^{\sqrt[3]{x}}+C$

5. $\dfrac{1}{5}e^{5t}+C$ 6. $-\dfrac{1}{8}(3-2x)^4+C$

7. $-\dfrac{1}{2}\ln|1-2x|+C$

8. $-\dfrac{1}{2}(2-3x)^{\frac{2}{3}}+C$

9. $-2\cos\sqrt{t}+C$

10. $\dfrac{1}{11}\tan^{11}x+C$

11. $-\dfrac{1}{2}e^{-x^2}+C$

12. $\arctan e^x+C$

13. $-\dfrac{1}{3}(2-3x^2)^{\frac{1}{2}}+C$

14. $-\dfrac{3}{4}\int\dfrac{1}{1-x^4}d(1-x^4)=-\dfrac{3}{4}\ln|1-x^4|+C$

15. $-\dfrac{1}{2}\cos 2x+C$ 或 $(\sin x)^2+C$ 或 $-(\cos x)^2+C$

16. $\dfrac{1}{3}\sin^3 x+C$

17. $\sqrt{2x}-\ln(1+\sqrt{2x})+C$

18. $\dfrac{a^2}{2}\left(\arcsin\dfrac{x}{a}-\dfrac{x}{a^2}\sqrt{a^2-x^2}\right)+C$

19. $2(\tan\dfrac{\sqrt{x^2-4}}{2}-\arccos\dfrac{2}{x})+C.$

20. $\ln|\csc t-\cot t|+C$

习题 4.3

1. $-x\cos x+\sin x+C$ 2. $-e^{-x}(x+1)+C$ 3. $\frac{1}{3}x^3\ln x-\frac{1}{9}x^3+C$

4. $\frac{1}{6}x^3+\frac{1}{2}x^2\sin x+x\cos x-\sin x+C$ 5. $\frac{1}{3}x^3\arctan x-\frac{1}{6}x^2+\frac{1}{6}\ln(1+x^2)+C$ 6. $x^2\sin x+2x\cos x-2\sin x+C$ 7. $x\ln^2x-2x\ln x+2x+C$ 8. $2e^{\sqrt{x}}(\sqrt{x}-1)+C$

自测与评估(4)

一、选择题

1. C 2. B 3. A 4. B

二、填空题

1. $2\cos 2x$ 2. $3x^2+C$ 3. $\frac{2^xe^x}{\ln 2e}+C$ 4. $e^{2x}\left(\frac{1}{2}x-\frac{1}{4}\right)+C$ 5. $x\sin 2x+\frac{1}{2}\cos 2x+C$

三、求下列不定积分

1. $\frac{2}{3}x\sqrt{x}+\frac{2}{5}x^2\sqrt{x}+C$ 2. $\frac{3^x}{\ln 3}-2\sin x+\ln|x|+C$ 3. $2\sqrt{\ln x}+C$

4. $\frac{1}{6}\ln\left|\frac{x-3}{x+3}\right|+C$ 5. $\frac{1}{2}x\sin 2x+\frac{1}{4}\cos 2x+C$

第5章 定积分

习题 5.1

1. $\frac{1}{3}$ 2. 略 3. (1)4 (2)2π

习题 5.2

1. (1) $\int_0^1 e^x dx>\int_0^1 e^{x^2}dx$; (2) $\int_0^1 x dx>\int_0^1\ln(1+x)dx$ (3) $\int_1^2 e^x dx>\int_1^2(1+x)dx$

2. (1) $24\leqslant\int_2^5(x^2+4)dx\leqslant 87$ (2) $e^2-e\leqslant\int_e^{e^2}\ln x dx\leqslant 2(e^2-e)$

习题 5.3

1. $\frac{\sqrt{2}}{2}$,0 2. (1) $\sqrt{1+2x^2}$ (2) $-\sin 2x$

3. (1)$\frac{62}{5}+\ln 4$ (2)$\frac{\pi}{4}-\frac{2}{3}$ (3)$\frac{\pi}{8}$ (4)$\frac{2e-1}{1+\ln 2}$ (5)$\sqrt{2}-1$

(6)4 (7)$\frac{1}{10}$ (8)$\ln 2$ (9)$\frac{5}{2}$ (10)$\cot\frac{\pi}{8}$

(11)$\arctan e-\frac{\pi}{4}$ (12)$\frac{\pi^2}{16}$ (13)$\frac{3\sqrt{3}-2}{5}$ (14)$\ln\frac{1+\sqrt{2}}{\sqrt{3}}$

(15)$-\frac{3}{4}e^{-2}+\frac{1}{4}$ (16)$\frac{1}{4}$ (17)$\frac{\pi}{4}-\frac{1}{2}$ (18)$2-\frac{6}{e^2}$

习题 5.4

1. (1)1 (2)2 2. 发散

习题 5.5

1. (1) $2\pi+\frac{4}{3}, 6\pi-\frac{4}{3}$ (2) $\frac{3}{2}-\ln 2$ 2. (1) $\frac{3}{10}\pi$ (2) $\frac{\pi^3}{4}-2\pi$

自测与评估(5)

一、选择题

1. C 2. B 3. C 4. D 5. D

二、填空题:

1. (1) π 2. 0 3. -1 4. 8 5. $\sqrt[3]{14}$

三、计算题

1. (1) $-\frac{14}{15}$ (2) $\frac{1}{3}$ (3) e^2+1 (4) $2(\sqrt{2}-1)$ 2. $\frac{1}{3}$

第6章 行列式

习题 6.1

1. (1) -7 (2) 0 (3) $3abc-a^3-b^3-c^3$ (4) -55 (5) -30 2. 228

3. (1) $M_{13}=\begin{vmatrix} 0 & 1 \\ -2 & -3 \end{vmatrix}$; $A_{13}=\begin{vmatrix} 0 & 1 \\ 2 & 3 \end{vmatrix}$; $M_{23}=\begin{vmatrix} 31 & 45 \\ -2 & -3 \end{vmatrix}$; $A_{23}=-\begin{vmatrix} 31 & 45 \\ -2 & -3 \end{vmatrix}$

(2) $M_{13}=\begin{vmatrix} -a & 3 & 6 \\ -a & 0 & a \\ 3 & a & 1 \end{vmatrix}$; $A_{13}=\begin{vmatrix} -a & 3 & 6 \\ -a & 0 & a \\ 3 & a & 1 \end{vmatrix}$; $M_{23}=\begin{vmatrix} a & a & 2 \\ -a & 0 & a \\ 3 & a & 1 \end{vmatrix}$; $A_{23}=-\begin{vmatrix} a & a & 2 \\ -a & 0 & a \\ 3 & a & 1 \end{vmatrix}$

4. 略 5. (1) $\begin{cases} x_1=\frac{7}{11} \\ x_2=-\frac{6}{11}. \end{cases}$ (2) $\begin{cases} x_1=1, \\ x_2=2, \\ x_3=1. \end{cases}$ 6. $x=0$ 或 $x=2$

习题 6.2

1. (1) 0 (2) -5 (3) -1 (4) -4 (5) -128 (6) 32

2. (1) $(a-b)^2(a+b)^2$ (2) $(x-1)^2(x^2+2x-5)$ (3) $(a+3b)(a-b)^3$ 3. 略

习题 6.3

1. (1) 25 (2) $abc+a+c$ (3) $-2(x^3+y^3)$ (4) -27 (5) 312
(6) $[a+(n-1)b](a-b)^{n-1}$

2. 略 3. (1) $(-1)^{n+1}n!$ (2) $x^n+(-1)^{n+1}y^n$

习题 6.4

1. (1) $\begin{cases} x_1=-18 \\ x_2=-20 \\ x_3=26 \end{cases}$ (2) $\begin{cases} x_1=-8 \\ x_2=0 \\ x_3=0 \\ x_4=-3 \end{cases}$ (3) $x_1=x_2=x_3=0$

2. $m=0, m=2$ 或 $m=3$ 3. $f(x)=\frac{7}{6}x^3-2x^2-\frac{13}{6}x+3$

自测与评估(6)

一. 选择题

1. D　2. B　3. D

二. 填空题

1. $(-1)^{i+j}$　2. $a_{11}a_{22}\cdots a_{nn}$　3. $|\boldsymbol{A}|\neq 0,|\boldsymbol{A}|=0$　4. $\begin{cases}D, & k=j\\ 0, & k\neq j\end{cases}$

三、计算题

1. (1)$2x(x^2-3xy+3y^2)$　(2)1　(3)0　(4)-7

(5)57　(6)$(x-a)(x-b)(x-c)$　2. $-2(n-2)!$

3. (1)1. $x_1=x_2=x_3=x_4=\dfrac{1}{5}$　(2)$\begin{cases}x_1=2\\ x_2=4\\ x_3=-2\\ x_4=-4\end{cases}$　4. $(a+1)^2-4b=0$　5. 略

第7章　矩阵

习题7.1

1. $-\boldsymbol{A}=\begin{bmatrix}-2 & 0 & 2 & -1\\ -2 & 3 & -4 & 1\\ 1 & 0 & -3 & 5\end{bmatrix}$　2. (1),(4)

习题7.2

1. $a=4,b=1,c=3,d=-1$

2. (1)$\begin{bmatrix}3 & 1\\ 4 & 2\end{bmatrix}$　(2)$\begin{bmatrix}-1 & 6 & 8\\ 1 & 3 & 2\end{bmatrix}$　(3)$\begin{bmatrix}2 & 4\\ -8 & 8\end{bmatrix}$

3. $\boldsymbol{A}^{\mathrm{T}}=\begin{bmatrix}1 & 0 & 1\\ -1 & 1 & 2\\ 2 & 3 & 1\end{bmatrix}$;$\boldsymbol{B}^{\mathrm{T}}=\begin{bmatrix}3 & 2 & 1\\ 1 & 2 & -1\end{bmatrix}$;$\boldsymbol{AB}=\begin{bmatrix}3 & -3\\ 5 & -1\\ 8 & 4\end{bmatrix}$;$\boldsymbol{B}^{\mathrm{T}}\boldsymbol{A}^{\mathrm{T}}=\begin{bmatrix}3 & 5 & 8\\ -3 & -1 & 4\end{bmatrix}$

4. (1)$\begin{bmatrix}5 & 2\\ 7 & 0\end{bmatrix}$　(2)$\begin{bmatrix}8 & 8\\ 8 & 26\end{bmatrix}$　(3)$\begin{bmatrix}4 & 4 & 3\\ -5 & -3 & 3\end{bmatrix}$　(4)[32]

5. (1)$\begin{bmatrix}1 & 6\\ 0 & 1\end{bmatrix}$　(2)$\begin{bmatrix}x^4 & 0 & 0\\ 0 & y^4 & 0\\ 0 & 0 & z^4\end{bmatrix}$　6. $\begin{bmatrix}4 & 0\\ 0 & -4\end{bmatrix}$

7. (1)$\begin{bmatrix}1 & 1 & 1\\ 0 & 1 & 2\\ 0 & 0 & 1\end{bmatrix}$　(2)$\begin{bmatrix}2 & -3 & 1 & -1 & 3\\ 0 & 11 & -1 & 5 & -9\\ 0 & 0 & -28 & 14 & 56\end{bmatrix}$　(3)$\begin{bmatrix}1 & 2 & 6 & 4\\ 0 & 3 & 11 & 11\\ 0 & 0 & 5 & 8\end{bmatrix}$

8. 略

习题7.3

1. (1)$\dfrac{1}{7}\begin{bmatrix}5 & -4\\ -2 & 3\end{bmatrix}$　(2)$\begin{bmatrix}1 & 0 & 0\\ -\dfrac{1}{2} & \dfrac{1}{2} & 0\\ 0 & \dfrac{1}{3} & \dfrac{1}{3}\end{bmatrix}$　(3)$\begin{bmatrix}1 & -4 & -3\\ 1 & -5 & -3\\ -1 & 6 & 4\end{bmatrix}$

2. (1) $\begin{bmatrix} \frac{1}{4} & \frac{1}{4} & \frac{1}{4} & \frac{1}{4} \\ \frac{1}{4} & \frac{1}{4} & -\frac{1}{4} & -\frac{1}{4} \\ \frac{1}{4} & -\frac{1}{4} & \frac{1}{4} & -\frac{1}{4} \\ \frac{1}{4} & -\frac{1}{4} & -\frac{1}{4} & \frac{1}{4} \end{bmatrix}$ (2) $\begin{bmatrix} -\frac{3}{7} & \frac{5}{7} & -\frac{11}{7} \\ \frac{2}{7} & -\frac{1}{7} & -\frac{2}{7} \\ \frac{2}{7} & -\frac{1}{7} & \frac{5}{7} \end{bmatrix}$

3. 略 4. (1) $\boldsymbol{X}=\begin{bmatrix} 0 & -1 \\ 1 & 1 \end{bmatrix}$ (2) $\boldsymbol{X}=\begin{bmatrix} 1 & -\frac{3}{2} & 4 \\ 2 & 6 & -6 \\ 2 & \frac{11}{2} & -5 \end{bmatrix}$ 5. $\begin{cases} x_1=1 \\ x_2=3 \\ x_3=2 \end{cases}$

习题 7. 4

1. 略. 2. (1) $r=2$ (2) $r=2$ 3. (1) $r=3$ (2) $r=4$ (3) $r=2$ (4) $r=3$

自测与评估(7)

一、选择题

1. B 2. C 3. C 4. D 5. A 6. C 7. D 8. B 9. C 10. C

二、填空题

1. $\boldsymbol{A}$ 2. $\begin{bmatrix} 1 & 0 & 1 \\ -1 & 1 & 2 \\ 2 & 3 & 1 \end{bmatrix}$ 3. $x=-3, y=2, z=-1$ 4. $\begin{bmatrix} 0 & -1 \\ 1 & 1 \end{bmatrix}$ 5. 2

三、计算题

1. (2) $\begin{bmatrix} -1 & 0 \\ 0 & -1 \end{bmatrix}$

四、$\begin{bmatrix} 1 & -4 & -3 \\ 1 & -5 & -3 \\ -1 & 6 & 4 \end{bmatrix}$ 五、$X=\frac{1}{5}\begin{bmatrix} 7 \\ 4 \\ 3 \end{bmatrix}$

六、略

七、略

八、略

第 8 章 线性方程组

习题 8. 1

1. (1) $\begin{bmatrix} 2 & -3 & -3 & 2 \\ -1 & 3 & 1 & 0 \\ 1 & -2 & 2 & -1 \end{bmatrix}\begin{bmatrix} x_1 \\ x_2 \\ x_3 \\ x_4 \end{bmatrix}=\begin{bmatrix} -1 \\ 3 \\ 2 \end{bmatrix}$; $\overline{\boldsymbol{A}}=\begin{bmatrix} 2 & -3 & -3 & 2 & -1 \\ -1 & 3 & 1 & 0 & 3 \\ 1 & -2 & 2 & -1 & 2 \end{bmatrix}$

(2) $\begin{bmatrix}2&1&-1&1\\3&-2&2&-3\\5&1&-1&2\\2&-1&1&-3\end{bmatrix}\begin{bmatrix}x_1\\x_2\\x_3\\x_4\end{bmatrix}=\begin{bmatrix}1\\2\\-1\\4\end{bmatrix}$; $\overline{A}=\begin{bmatrix}2&1&-1&1&1\\3&-2&2&-3&2\\5&1&-1&2&-1\\2&-1&1&-3&4\end{bmatrix}$

2. (1)方程组无解 (2) $X=k\begin{Bmatrix}-2\\1\\1\end{Bmatrix}+\begin{Bmatrix}-1\\2\\0\end{Bmatrix}(k\in R)$ (3) $\boldsymbol{X}=k_1\begin{bmatrix}-1\\-1\\1\\0\end{bmatrix}+k_2\begin{bmatrix}0\\-2\\0\\1\end{bmatrix},k_1,k_2\in\mathbf{R}$

(4) $\boldsymbol{X}=\begin{bmatrix}1\\-1\\0\\2\end{bmatrix}$

习题 8.2

1. (1)基础解系：$\boldsymbol{X}_1=\begin{bmatrix}55\\10\\-33\\41\end{bmatrix}$；通解：$\boldsymbol{X}=k\begin{bmatrix}55\\10\\-33\\41\end{bmatrix},k\in\mathbf{R}$

(2)基础解系：$\boldsymbol{X}=\begin{bmatrix}1\\-1\\-1\\1\end{bmatrix}$；通解：$\boldsymbol{X}=k\begin{bmatrix}1\\-1\\-1\\1\end{bmatrix},k\in\mathbf{R}$

(3)基础解系：$\boldsymbol{X}_1=\begin{bmatrix}-3\\7\\2\\0\end{bmatrix},\boldsymbol{X}_2=\begin{bmatrix}-1\\-2\\0\\1\end{bmatrix}$；通解：$\boldsymbol{X}=k_1\begin{bmatrix}-3\\7\\2\\0\end{bmatrix}+k_2\begin{bmatrix}-1\\-2\\0\\1\end{bmatrix},k_1,k_2\in\mathbf{R}$

(4)基础解系：$\boldsymbol{X}_1=\begin{bmatrix}-5\\3\\14\\0\end{bmatrix},\boldsymbol{X}_2=\begin{bmatrix}1\\-1\\0\\2\end{bmatrix}$；通解：$\boldsymbol{X}=k_1\begin{bmatrix}-5\\3\\14\\0\end{bmatrix}+k_2\begin{bmatrix}1\\-1\\0\\2\end{bmatrix},k_1,k_2\in\mathbf{R}$

2. $k=-\dfrac{3}{2}$ 3. $a\neq1$

习题 8.3

1. (1) $\boldsymbol{X}=\begin{bmatrix}4\\-\dfrac{3}{2}\\\dfrac{1}{2}\end{bmatrix}$ (2) $\boldsymbol{X}=k_1\begin{bmatrix}-1\\5\\9\\0\end{bmatrix}+k_2\begin{bmatrix}4\\7\\0\\9\end{bmatrix}+\begin{bmatrix}\dfrac{7}{9}\\\dfrac{1}{9}\\0\\0\end{bmatrix},k_1,k_2\in\mathbf{R}$

(3) $\begin{bmatrix} x_1 \\ x_2 \\ x_3 \end{bmatrix} = \begin{bmatrix} -\frac{1}{4} \\ \frac{23}{4} \\ -\frac{5}{4} \end{bmatrix}$ (4) $\boldsymbol{X} = k_1\begin{bmatrix} 1 \\ 1 \\ 1 \\ 0 \end{bmatrix} + k_2\begin{bmatrix} -1 \\ 1 \\ 0 \\ 1 \end{bmatrix} + \begin{bmatrix} -3 \\ -4 \\ 0 \\ 0 \end{bmatrix}, k_1, k_2 \in \mathbf{R}$

2. 当 $\lambda + 1 \neq 0$ 时,即 $\lambda \neq -1$,$r_{\bar{A}} = r_A = 3 = n$,方程组有唯一解
当 $\lambda + 1 = 0$ 且 $k + 6 = 0$ 时,即 $\lambda = -1$ 且 $k = -6$,$r_{\bar{A}} = r_A = 2 < 3 = n$,方程组有无穷多解
当 $\lambda + 1 = 0$ 且 $k + 6 \neq 0$ 时,即 $\lambda = -1$ 且 $k \neq -6$,$r_{\bar{A}} \neq r_A$,方程组无解

自测与评估(8)

一、选择题

1. D 2. B 3. C 4. C 5. C 6. B 7. D 8. D

二、填空题

1. $\pm\sqrt{3}$; 2. $n - r$; 3. $\boldsymbol{X} = k_1\begin{bmatrix} -1 \\ 1 \\ 1 \\ 0 \end{bmatrix} + k_2\begin{bmatrix} -4 \\ -3 \\ 0 \\ 1 \end{bmatrix} + \begin{bmatrix} 3 \\ 2 \\ 0 \\ 0 \end{bmatrix}, k_1, k_2 \in \mathbf{R}$

4. $|\boldsymbol{A}| \neq 0$ 5. 6 6. $R(\boldsymbol{A}) = R(\bar{\boldsymbol{A}})$

7. $k_1\boldsymbol{X}_1 + k_2\boldsymbol{X}_2 + \boldsymbol{X}_0, k_1, k_2 \in \mathbf{R}$ 8. $a = 1$ 或 $b = 0$

三、计算题

1. $\boldsymbol{X} = k\begin{bmatrix} 55 \\ 10 \\ -33 \\ 41 \end{bmatrix}, k \in \boldsymbol{R}$ 2. $\boldsymbol{X} = \begin{bmatrix} 4 \\ -\frac{3}{2} \\ \frac{1}{2} \end{bmatrix}$ 3. $k = \pm 4$ 4. 有解,通解 $\boldsymbol{X} = k\begin{bmatrix} 0 \\ 1 \\ 1 \\ 0 \end{bmatrix} + \begin{bmatrix} \frac{1}{5} \\ \frac{16}{5} \\ 0 \\ -\frac{13}{5} \end{bmatrix}, k \in \mathbf{R}$

第 9 章 随机变量及其数字特征

习题 9.1

1. $X = X(\omega) = \begin{cases} 0, \omega < 5 \\ 1, \omega = 5 \\ 2, \omega > 5 \end{cases}$; $P(X=0) = \frac{5}{10}$; $P(X=1) = \frac{1}{10}$; $P(X=2) = \frac{4}{10}$.

2. (1) 否 (2) 是 (3) 否 3. (1) $\frac{1}{5}$ (2) $\frac{2}{5}$ (3) $\frac{3}{5}$ 4. (1) $C = \frac{1}{\pi}$

(2) $P\left(-\frac{1}{2} < X < \frac{1}{2}\right) = \frac{1}{3}$

习题 9.2

1. $F(x)$ 是随机变量的分布函数.

2. (1) $F(x)=P(X\leqslant x)=\begin{cases}0, & x<0\\ 0.1, & 0\leqslant x<1\\ 0.7, & 1\leqslant x<2\\ 1, & x\geqslant 2\end{cases}$ (2) $P(-1<X\leqslant 1.5)=0.7$

3.

X	-1	1	3
P	0.4	0.4	0.2

4. (1) 0.25 (2) 0 (3) $F(x)=\begin{cases}0, & x\leqslant 0\\ x^2, & 0<x<1\\ 1, & x\geqslant 1\end{cases}$

5. (1) $A=1, B=-1$ (2) $P\{-1<X<1\}=1-e^{-2}$ (3) $f(x)=\begin{cases}2e^{-2x}, & x>0\\ 0, & x\leqslant 0\end{cases}$

习题 9.3

1. 0.071 25 2. (1) 0.819 2 (2) 0.998 4

3. (1) $P(x_1<X<x_2)=\frac{1}{4}(x_2-1)$ (2) $P(x_1<X<x_2)=\frac{1}{4}(5-x_1)$

4. (1) $c=3$; (2) $d\leqslant 0.436$

5. 车门的高度超过 183.98 cm 时,男子与车门碰头的概率小于 0.01

6. (1) 2.24 (2) 1.96 (3) 1.65

习题 9.4

1. $E(X)=\frac{k(n+1)}{2}$ 2. $E(X)=-0.2, E(X^2)=2.8, E(3X^2+5)=13.4$

3. $k=3, \alpha=2$ 4. $E(X)=1$ 5. (1) $E(Y)=2$ (2) $E(Y)=1/3$

6. $E(X)=\lambda=1, D(X)=\lambda=1$

7. 因为 $E(X)=E(Y)=1\,000$,而 $D(X)>D(Y)$,故乙厂生产的灯泡质量较甲厂稳定

8. X 可取值 $0,1,\cdots,9$; $P(X\leqslant 8)=1-\left(\frac{1}{3}\right)^9$

9. $E(Y)=0, D(Y)=19$.

10. 原点矩为 $\frac{4}{3}, 2, 3.2, \frac{16}{3}$;中心矩为 $0, \frac{2}{9}, -\frac{8}{135}, \frac{6}{135}$

自测与评估(9)

一、选择题

1. B 2. C 3. D 4. C

二、填空题

1. $\int_a^b f(x)\,dx$ 2. $P(\xi=i)=p^i(1-p)^{i-1}$(i 表示射击次数) 3. $P(X\neq 3)=0.7$

4. 18 5. 6 6. $D(X)=33$

三、计算题

1. (1) 0.819 2 (2) 0.998 4 2. $4, \frac{4}{5}, \frac{2}{75}$ 3. (1) 0.816 4 (2) 0.952 5 4. (1) 2 (2) e^{-6}

习题 10.1

1. $(X_2^2+X_2^2+X_3^2+X_4^2)/\sigma^2$ 不是统计量,其余都是统计量

2. (1)$A_1=2.95$,$A_2=8.732$　(2)$M_1=0$,$M_2=0.029$

3. 1.64;1.96;2.32;−0.64;−1.32

4. 11.912;21.026;2.086 0;−2.086 0;2.53;0.395

5. (1)0.829 3　(2)0.5　6. 0.262 8　7. 0.75　8. 0.75

习题 10.2

1. $\hat{\mu}=74.002$;$\hat{\sigma}^2=0.016\ 5$　2. $\hat{\theta}=(3-\overline{X})/2$　3. $\hat{\theta}=(\overline{X}/1-\overline{X})^2$　4. $\hat{\theta}=1/\overline{X}$

习题 10.3

1. (1)[5.6,6.4];(2)[5.56,644]　2. [68,80]　3. [0.02,0.115]

习题 10.4

1. $|U|=\left|(\overline{X}-\mu_0)/\frac{\sigma}{\sqrt{n}}\right|=1.833<1.96$,可否认为现在生产的铁水平均含碳量为 4.55

2. $t=(\overline{X}-\mu_0)/\frac{s}{\sqrt{n}}=3.33>1.710$,有明显提高

3. $\chi^2=\frac{(n-1)S^2}{\sigma_0^2}=15.68>t>t_{0.95}(8)=15.507$. 在显著性水平 $\alpha=0.05$ 下,可以认为这批导线的标准差显著偏大

4. $|t|=\left|\frac{\overline{X}-\overline{Y}}{s_\omega\sqrt{\frac{1}{n_1}+\frac{1}{n_2}}}\right|=0.117\ 2<t_{0.975}(12)=2.178$. 两化验室测定的结果无显著差异

5. $F=S_1^2/S_2^2=4\ 018>F_{0.95}(9,8)=3.39$,所以两总体方差不相等

自测与评估(10)

一、选择题

1. D　2. B　3. D

二、填空题

1. 6,t 分布　2. $\hat{\theta}=\overline{X}/2$;　3. [4.412,5.588]

三、计算题

1. (1)[0.032 8,0.084 8]　(2)[0.033 4,0.089 2]

2. 可以认为全体考生的平均成绩为 70 分

3. (1)$H_0:\sigma_1^2=\sigma_2^2$;$H_1:\sigma_1^2\neq\sigma_2^2$,$F=2.29<F(7,7)=4.99$,接受 H_0,可以认为两种淬火温度下振动板的硬度的方差没有显著性差异

(2)$H_0:\mu_1=\mu_2$;$H_1:\mu_1\neq\mu_2$,$|T|=2.34>t_{0.025}(14)=2.14$,拒绝 H_0,即认为两种淬火温度下振动板的硬度的均值有显著差异

参 考 文 献

[1]同济大学数学系. 高等数学(上下册)[M]. 6 版. 北京:高等教育出版社,2007.
[2]高文君. 高等数学[M]. 郑州:郑州大学出版社,2006.
[3]刘建亚. 大学数学教程:微积分[M]. 北京:高等教育出版社,2002.
[4]徐名扬,王殿元. 经济数学[M]. 北京:科学出版社,2008.
[5]陈家鼎. 概率统计讲义[M]. 北京:人民教育出版社,1980.
[6]林少宫. 基础概率与数学统计[M]. 北京:人民教育出版社,1963.
[7]王化久. 高等数学[M]. 北京:机械工业出版社,2001.
[8]侯风波,张益池,张国勇. 高等数学[M]. 北京:科学出版社,2008.
[9]施光燕. 线性代数[M]. 北京:中央广播电视大学出版社,1994.
[10]孙晓晔. 高等数学学习指导[M]. 北京:高等教育出版社,2005.